住房和城乡建设部“十四五”规划教材
高等学校给排水科学与工程学科专业指导委员会规划推荐教材

物理化学

（第四版）

孙少瑞　何　洪　主　编
陈忠林　主　审

中国建筑工业出版社

图书在版编目（CIP）数据

物理化学 / 孙少瑞，何洪主编. — 4 版. — 北京 ：
中国建筑工业出版社，2023.12
住房和城乡建设部“十四五”规划教材 高等学校给
排水科学与工程学科专业指导委员会规划推荐教材
ISBN 978-7-112-29201-1

Ⅰ. ①物… Ⅱ. ①孙… ②何… Ⅲ. ①物理化学一高
等学校一教材 Ⅳ. ①O64

中国国家版本馆 CIP 数据核字(2023)第 186410 号

本书根据全国高等学校给排水科学与工程专业教学指导分委员会编制的《高等学校给排水科学与工程本科专业指南》中对本课程的要求编写。其内容包括：化学热力学基础、溶液理论、化学平衡与相平衡、化学动力学基础、电化学、胶体与表面现象。在满足基本教学内容的前提下，提供了物理化学简史及相关研究的最新内容作为扩展阅读材料。

本书可作为给排水科学与工程、水务工程、环境工程及相关专业本科生的教材，也可作为环境保护科技人员的参考书。

为便于教学，作者特制作了与教材配套的电子课件，如有需求，可发邮件（标注书名、作者名）至 jckj@cabp. com. cn 索取，或到 http：//edu. cabplink. com 下载，电话：(010)58337285。

* * *

责任编辑：王美玲
责任校对：党　蕾

住房和城乡建设部“十四五”规划教材
高等学校给排水科学与工程学科专业指导委员会规划推荐教材
物理化学(第四版)
孙少瑞　何　洪　主　编
陈忠林　主　审
*
中国建筑工业出版社出版、发行（北京海淀三里河路 9 号）
各地新华书店、建筑书店经销
北京红光制版公司制版
北京圣夫亚美印刷有限公司印刷
*
开本：787 毫米×1092 毫米　1/16　印张：13½　字数：332 千字
2023 年 11 月第四版　　2023 年 11 月第一次印刷
定价：**39.00** 元（赠教师课件）
ISBN 978-7-112-29201-1
(41921)

出版说明

党和国家高度重视教材建设。2016年，中共中央办公厅、国务院办公厅联合印发了《关于加强和改进新形势下大中小学教材建设的意见》，提出要健全国家教材制度。2019年12月，教育部牵头制定了《普通高等学校教材管理办法》和《职业院校教材管理办法》，旨在全面加强党的领导，切实提高教材建设的科学化水平，打造精品教材。住房和城乡建设部历来重视土建类学科专业教材建设，从“九五”开始组织部级规划教材立项工作，经过近30年的不断建设，规划教材提升了住房和城乡建设行业教材质量和认可度，出版了一系列精品教材，有效促进了行业部门引导专业教育，推动了行业高质量发展。

为进一步加强高等教育、职业教育住房和城乡建设领域学科专业教材建设工作，提高住房和城乡建设行业人才培养质量，2020年12月，住房和城乡建设部办公厅印发《关于申报高等教育职业教育住房和城乡建设领域学科专业“十四五”规划教材的通知》（建办人函〔2020〕656号），开展了住房和城乡建设部“十四五”规划教材选题的申报工作。经过专家评审和部人事司审核，512项选题列入住房和城乡建设领域学科专业“十四五”规划教材（简称规划教材）。2021年9月，住房和城乡建设部印发了《高等教育职业教育住房和城乡建设领域学科专业“十四五”规划教材选题的通知》（建人函〔2021〕36号）（简称《通知》）。为做好规划教材的编写、审核、出版等工作，《通知》要求：（1）规划教材的编著者应依据《住房和城乡建设领域学科专业“十四五”规划教材申请书》（简称《申请书》）中的立项目标、申报依据、工作安排及进度，按时编写出高质量的教材；（2）规划教材编著者所在单位应履行《申请书》中的学校保证计划实施的主要条件，支持编著者按计划完成书稿编写工作；（3）高等学校土建类专业课程教材与教学资源专家委员会、全国住房和城乡建设职业教育教学指导委员会、住房和城乡建设部中等职业教育专业指导委员会应做好规划教材的指导、协调和审稿等工作，保证编写质量；（4）规划教材出版单位应积极配合，做好编辑、出版、发行等工作；（5）规划教材封面和书脊应标注“住房和城乡建设部‘十四五’规划教材”字样和统一标识；（6）规划教材应在“十四五”期间完成出版，逾期不能完成的，不再作为《住房和城乡建设领域学科专业“十四五”规划教材》。

住房和城乡建设领域学科专业“十四五”规划教材的特点，一是重点以修订教育部、住房和城乡建设部“十二五”“十三五”规划教材为主；二是严格按照专业标准规范要求编写，体现新发展理念；三是系列教材具有明显特点，满足不同层次和类型的学校专业教学要求；四是配备了数字资源，适应现代化教学的要求。规划教材的出版凝聚了作者、主审及编辑的心血，得到了有关院校、出版单位的大力支持，教材建设管理过程有严格保障。希望广大院校及各专业师生在选用、使用过程中，对规划教材的编写、出版质量进行反馈，以促进规划教材建设质量不断提高。

住房和城乡建设部“十四五”规划教材办公室

2021年11月

第四版前言

本书是在《物理化学》(第三版)教材的基础上修订编写而成的。在编写的过程中，编者充分听取使用该教材的一线教师的意见，特别是北京工业大学的严勇和安丽两位老师的意见和建议，对各章的内容，包括文字表述、公式、例题和习题进行了相应的修订。

本书的编写由北京工业大学物理化学教学团队完成，其中孙少瑞和何洪任主编，第 1 章由张桂臻编写和修订，第 2 章、第 5 章、第 6 章、第 8 章和第 9 章由孙少瑞编写和修订，第 3 章、第 4 章和第 7 章由李钒编写和修订。全书由孙少瑞与何洪统稿，最后由哈尔滨工业大学陈忠林教授审定。

文中标“*”号的章节为选学内容，供老师在课堂教学中选用，也可供学生课外参考。

感谢北京工业大学教务处和环境与生命学部的支持。

由于编者水平有限，难免有错误和疏漏，希望读者和专家给予批评指正。

编　者

于北京工业大学

2023 年 8 月

第三版前言

本书是根据高等学校给排水科学与工程学科专业指导委员会编制的《高等学校给排水科学与工程本科指导性专业规范》中对本课程的要求，在石国乐先生主编的《给水排水物理化学》教材的基础上，重新整理编写。

在编写的过程中，编者充分听取了多年来从事给水排水专业物理化学教学的焦庆影老师、北京工业大学王道教授、北京大学夏定国教授的意见，根据给水排水专业和水务工程专业发展的现状，在原有《给水排水物理化学》教材的基础上，加强了溶液物理化学、相图与相平衡、电化学及化学动力学等部分的内容。

由于《给水排水物理化学》教学课时所限，所以本教材中部分内容（用*标出）作为学生自学和扩展阅读，为此增加了物理化学发展史等相关辅助内容，力求提高教材的可读性。

本书由北京工业大学物理化学教学团队编写，其中孙少瑞和何洪任主编，第 1 章热力学第一定律由张桂臻编写，第 2 章热力学第二定律由张丽娟编写，第 3 章多组分系统、第 4 章化学平衡和第 7 章化学动力学基础由李钒编写，第 6 章电化学、第 8 章表面现象和第 9 章胶体化学由孙少瑞编写。全书由孙少瑞与何洪统稿，最后由哈尔滨工业大学的陈忠林审定。

感谢陈言慧、韩沫言、张晚晚和吴惠姣等研究生在习题校验、文字录入和绘图方面的辛勤工作，感谢北京工业大学环境与能源工程学院化学化工系的支持，特别感谢东北大学王淑兰老师等给予的无私帮助和支持。

由于编者水平有限，难免有错误和疏漏，希望读者和专家给予批评指正。

编　者

于北京工业大学

2016 年 11 月

第二版前言

本书初版于 1989 年，经过各校给水排水工程和环境工程专业 5 届师生的广泛使用，对本书再版提出宝贵的修改意见和建议，为修订工作创造了良好条件。本书第二版的内容，按照给水排水工程学科专业指导委员会最近审定通过的“物理化学”课程教学基本要求，结合近年来编者的教学实践编写而成。

修订时，本书采用国家标准局颁布的 GB 3100～3102-93 等文件规定的名称、符号。

经过修订，改正了原书中的错误。由于学时所限（一般院校均为 45～50 学时），因此是在原书的基础上进行修订的。部分内容作了补充或重新改写。删去了部分（暂时保留的）内容。此外，在附录中，根据兄弟院校师生的建议，增编 5 个实验指导，供实验教学时参考和选用。

根据全国高等学校给水排水工程学科专业指导委员会的安排，修订后的教材仍由本书原主审人天津大学王正烈教授审稿；参加本次修订人员，还有黄力群、王勇壮、林传易、周燕生、张敦仪；全国许多兄弟院校，在使用中也提出了大量中肯的意见。所有这些意见和建议，对于修订工作都很有益。编者在此一并表示衷心感谢！

在修订时尽量做到，加强基本理论，联系专业实际，表达准确清楚。但由于时间和作者本人水平所限，缺点和错误亦属难免，希望使用本书的师生随时提出宝贵意见，以便再版时更正。

编　者

于北京工业大学

1996 年 12 月

第一版前言

“给水排水物理化学”试用教材是在北京工业大学土建系过去几年使用的物理化学讲义（上、下册）的基础上，根据高等工业学校给水排水及环境工程类专业教材编审委员会组织制订的高校四年制给水排水工程专业物理化学课程教学基本要求修改编写而成。

教学时数约需 60 学时，其中包括 12 学时实验课。加 * 的部分为选修内容，学时少时可供自学。

为了结合当前专业培养方向和教学实际，我们在编写时在以下几方面做了努力：

1. 结合给排水专业对物理化学知识的需要，有重点地加强基本理论、概念和方法的内容。

2. 在叙述方法上着重物理概念和应用，适当删减数学推导和论证，便于学生自学。并力图联系实践，多举例题，简明易懂。

3. 按照国务院《关于在我国统一实行法定计量单位的命令》，本书所用的物理量的名称、符号和单位采用国家标准和国家法定计量单位。为了计算方便，本书附录中给出了国家法定计量单位与其他单位的换算。

本书的插图和习题，由我校环化系物理化学实验室主任张凤英工程师绘制，编写和演算。

在编写过程中，主要参阅了国内外物理化学和给排水专业有关教材和参考书。本书承天津大学化学系王正烈副教授审稿。在审稿过程中，王正烈副教授提出很多具体修改意见。特致以深切的谢意！

由于编者水平有限，难免有错误和不当之处，恳切希望广大读者在试用中提出意见和批评指正。

编　者

于北京工业大学

1988 年 10 月

目　录

绪　论

物理化学有三个组成部分，即经典物理化学（由化学热力学、化学动力学、电化学、溶液理论等 4 个三级学科组成）、统计力学和量子结构物理化学。物理化学的发展指导人们科学地利用化学反应和物质结构的特征，高效、节能、环保、快速地实现化学反应，以及利用微观结构的变化实现物质的新功能，促进自然科学和国民经济的发展。

本书主要讲授经典物理化学的内容。其中热力学是以实验总结出的热力学三个定律为基础逐渐发展起来的原理性的理论。回顾热力学发展史，对其作出了突出贡献的有：1840 年俄国科学院院士赫斯（Гecc）根据能量守恒原理提出了焓的概念及其计算方式；1842 年英国科学家焦耳（Joule）提出了热功当量的转换与计算；1847 年德国科学家亥姆霍兹（H. L. F. von Helmholtz）在赫斯和焦耳等研究成果的基础上，提出了能量守恒原理，发展为热力学第一定律；在法国科学家卡诺（Carnot）和克拉贝龙（Clapeyron）研究热机的可逆循环过程，得到卡诺循环的结论后，最早提出了熵的概念，1850 年德国物理学家克劳修斯（Clausius）和英国的开尔文（Kelvin）共同提出了热力学第二定律；1906 年能斯特（Nernst）提出了热力学第三定律；1804 年英国化学家亨利（Henry）和 1885 年法国化学家拉乌尔（Raoult ）分别提出了稀溶液的基本定律，从而奠定了溶液的理论基础；1873 年美国科学家吉布斯（J. W. Gibbs）和 1887 年荷兰化学家鲁泽布姆（ Roozeboom）提出了相平衡和相律。直到 1930 年德国科学家普朗克（Planck）系统总结了前人的研究工作，出版了热力学专著，这标志着热力学已经发展成为物理化学中重要的科学分支。

经典动力学的发展可追溯到范特霍夫，1884 年荷兰化学家范特霍夫（ J. H. van′t Hoff）创建了动力学学科分支。动力学研究反应机理、速率和影响因素等问题，它由简单的体系出发，对复杂的体系构筑出物理图像，适应性很强，但不严格，不同条件下其结果完全不同，属结构性理论。

从 1884 年至今，经过 100 多年，化学动力学得到了迅速发展和广泛应用。化学动力学的发展，可分为三个阶段：

（1）前期（19 世纪后半叶），提出了基元反应和基元反应的两个基本定律（质量作用定律和阿累尼乌斯定律），属开拓性的研究成果有：1850 年威廉米（L. F. Wilhelmy）提出了反应速率的概念，发展了反应速率理论；1864 年古德博格（C. M. Guldberg）和瓦格（P. Waage）给出了质量作用定律，给出了基元反应基本速率公式；1889 年阿累尼乌斯（Arrehnius）研究反应速率与温度关系，提出化学反应活化能的概念；1887 年奥斯特瓦尔德（W. Ostwald）提出反应级数和半衰期的概念。

（2）中期（20 世纪前期），提出了化学反应的基本理论（碰撞理论、过渡状态理论和单分子反应理论），突出的研究成果有：1913 年查普曼（Chapman）和博登施坦（M. Max. Bodenstein）提出链反应的概念，1917 年特鲁兹（ Trautz ）和刘易斯（Lewis ）分别独立发现化学反应动力学的碰撞理论，1920 年朗格缪尔（I. Langmuir）和希舍伍德

(Hinshelwood) 提出气体在固体表面上的吸附理论，1934 年赖斯 (Rice) 和 赫兹菲尔德 (Herzfeld) 提出基元反应的概念，证明链反应与自由基有关，此外俄罗斯谢苗诺夫 (Щемёнов) 和能斯特 (Nernst) 分别在燃烧动力学、链反应理论和快速反应测定方法上做出了重要贡献。1935 年艾林 (H. Eyring) 提出过渡态理论，于是碰撞理论、过渡状态理论和单分子反应理论，成为动力学研究中的基本理论。

(3) 近期，计算机和高新技术的应用，化学动力学的近期研究进展体现在，由于新的更灵敏、更高分辨的动力学实验技术的发展和应用以及快速发展的动力学理论研究（如势能面的精确计算），使化学动力学的研究取得了很大的发展。其中，氢原子里德堡飞渡时间谱技术、改进的通用型分子束仪器以及理论化学动力学研究推动了有关基元化学反应过程的态—态反应动力学、多通道反应动力学以及反应动力学中的共振等研究。理论指导了工业的发展，而工业生产的成果又促进了化学动力学、催化理论和表面动力学等的迅速发展。20 世纪 70 年代以来，分子反应动力学得到迅速发展。

今后物理化学发展方向是：由宏观规律向微观层次发展，体现了宏观与介观、微观的结合；由体相反应物理化学规律向表面与界面结构、反应物理化学发展，体现了体相与界面、表面研究相结合；从研究方法上，随着计算机科学及近代物理和化学分析技术的发展，物理化学研究方法由静态观测向动态、原位动态观测相结合，由人工处理数据发展为计算机采集、存储、模拟、优化数据，实现了实验与计算机信息相结合，开拓了新的研究方法、技术和途径。

第1章　热力学第一定律

热力学是从研究热和机械功相互转化问题而产生和发展起来的一门科学。热力学的基础主要是热力学第一定律和热力学第二定律。这两个定律是19世纪建立起来的，是人类长期实践经验的总结，有牢固的实验基础。20世纪初科学家建立了热力学第三定律。用热力学的基本原理来研究化学反应及相变过程的科学，称为化学热力学。热力学第一定律用来计算变化过程的热效应等能量转换问题。

热力学的三个定律都是由大量宏观现象总结出来的，属于经验规律。用热力学方法讨论变化过程，只能确定变化的能量关系以及变化的方向和限度，而不涉及过程所经历的步骤，也不涉及建立平衡状态所需要的时间。也就是说，热力学一般不解决过程的机理和速率问题，有关机理和速率的问题要由化学动力学解决。

1.1　热力学基本概念

1.1.1　系统和环境

物理化学中将所研究的对象称为系统（以前也称为体系），而在系统以外与系统密切相关且影响所能及的部分，则称为环境。系统与环境之间相区别的面称为界面，界面可以是实际存在的，也可以是虚构的。

系统与环境之间通过界面既可能发生物质交换，也可能发生能量交换。根据系统与环境之间的联系，可以把系统分为三类：

(1) 敞开系统：系统与环境之间既有能量交换，又有物质交换。

(2) 封闭系统：系统与环境之间只有能量交换，没有物质交换。

(3) 隔离系统：系统与环境之间既没有能量交换，也没有物质交换，也称孤立系统。

明确所研究的系统属于何种类型至关重要，在解决同样一个问题时，考虑问题的角度不同，所确定的系统也不同，因此，描述它们的变量就不同，所适用的热力学公式也有所不同。例如，在一只盛水的玻璃杯中，水从环境中吸收热量变成水蒸气，若把水当作系统，其他物质（包括水蒸气）作为环境，则系统与环境之间既有物质交换，又有能量交换，故为敞开系统；若把水和水蒸气都当作系统，其他物质（不包括水蒸气）作为环境，则系统与环境之间就只有能量交换而没有物质交换，故属于封闭系统。

1.1.2　系统的性质

系统的性质包括系统的一切物理性质和化学性质，如：温度 T、压强 p、体积 V、质量 m 等。性质又分为宏观性质和微观性质。前面提到的 T、p、V、m 等均为宏观性质。微观性质是指系统内部原子、分子等粒子的结构和运动状态等。系统的宏观性质是其微观性质的综合体现。通常用系统的宏观可测性质来描述系统的热力学状态，这些性质又称为热力学变量，可以将它们分为两类：

(1) 广度性质（或称容量性质）：广度性质的数值与系统中所含物质的数量成正比，具有加和性，例如：V、m 等。

(2) 强度性质：此种性质不具有加和性，其数值取决于系统自身的特性，与系统中所含物质的数量无关，例如：T、p、ρ（密度）等。强度性质为两个容量性质的商值，例如：$\rho=m/V$。

1.1.3 状态和状态函数

系统的状态是系统所有性质的综合表现。当系统的各种性质都确定后，系统就有了确定的状态。当系统处于一定的状态时，其广度性质和强度性质都具有一定的数值。但是，系统的这些性质之间是相互关联的，所以在描述系统的状态时，并不需要罗列其全部性质，通常只需要确定其中几个，其余的性质就随之而定了。

例如，对于液态水来说，若指定温度和压强，则密度和摩尔体积等也就都有了一定的数值。又如，对于理想气体，n、T、p、V 可以根据理想气体状态方程 $pV = nRT$ 把它们联系起来，当 n、T、p 确定后，V 也就随之确定了。若该系统为封闭系统（物质的量 n 一定），则 V 就只是 T、p 的函数。由此可见，只要用系统的几个性质就可以描述出系统所处的状态。由于强度性质与系统的量无关，所以通常尽可能用易于直接测定的一些强度性质和必要的广度性质来描述系统的状态。

当系统处于一定的状态时，系统的性质只取决于其所处的状态而与其过去的历史无关。若外界条件不变，系统的各种性质就不会发生变化。而当系统的状态发生变化时，其一系列性质随之而变。改变多少，只决定于系统的初状态和终状态，而与变化过程无关。系统无论经历了多么复杂的变化，只要系统恢复初始状态，则这些性质也会恢复原状。在热力学中，把具有这种特性的物理量叫作“状态函数”。据此，上述 T、p、V、m、ρ 等都是状态函数。状态函数在数学上具有全微分的性质，可以按全微分的关系来处理。

系统状态函数之间的定量关系式称为状态方程，例如 $pV = nRT$ 就是理想气体的状态方程。

根据全微分原理，以体积为例：V 表示为 T 和 p 的函数，即 $V = f(T,p)$，对于系统的微小变化有

$$\mathrm{d}V = \left(\frac{\partial V}{\partial T}\right)_p \mathrm{d}T + \left(\frac{\partial V}{\partial p}\right)_T \mathrm{d}p \tag{1-1}$$

式中，$\left(\frac{\partial V}{\partial T}\right)_p$ 是恒压下 V 随 T 的变化率，即温度改变 1K 时系统体积的变化，$\left(\frac{\partial V}{\partial T}\right)_p \mathrm{d}T$ 表示压强不变时，由于温度改变了 $\mathrm{d}T$ 而引起的 V 的变化；同理，$\left(\frac{\partial V}{\partial p}\right)_T$ 表示恒温下，V 随 p 的变化率，$\left(\frac{\partial V}{\partial p}\right)_T \mathrm{d}p$ 表示温度不变时，由于压强改变 $\mathrm{d}p$ 所引起的 V 的变化。$\left(\frac{\partial V}{\partial T}\right)_p \mathrm{d}T$ 和 $\left(\frac{\partial V}{\partial p}\right)_T \mathrm{d}p$ 都叫作 V 的偏微分，而 $\mathrm{d}V$ 则是 V 的全微分。整个式子的意义是：当 T、V 发生变化时，V 总的变化等于 T 和 p 单独变化时所引起的 V 的变化的总和。

1.1.4　热力学平衡态

上面讨论的状态，都是指热力学平衡状态。所谓平衡态是指在一定条件下，系统的诸性质不随时间而改变的状态。系统若处于热力学平衡态，必须同时满足如下几个条件：

(1) 热平衡：系统各个部分的温度相等。

(2) 力平衡：系统各个部分的压力相等。

(3) 相平衡：当系统不止一个相时，系统内部物种在各相之间的分布平衡，各相中物种的组成和数量不随时间改变，例如，水和水蒸气在沸点共存时的气-液两相平衡。

(4) 化学平衡：当各物质之间有化学反应时，达到平衡后，系统的组成不再随时间而改变。

宏观上说系统处于一定的状态时，即指系统处于热力学平衡态。若上述条件平衡有一个不能满足，则该系统就不处于热力学平衡态。

1.1.5　过程和途径

在一定的环境条件下，系统发生由始态到终态的变化，我们称系统发生了一个热力学过程，简称为过程。系统由始态到终态的变化可以经过一个或多个不同的步骤来完成，这种具体的步骤称为途径。

常见的简单变化过程有等温过程、等压过程、等容过程、绝热过程和循环过程等。假设系统变化过程始态的温度为 T_1，压强为 p_1，体积为 V_1；终态的温度为 T_2，压强为 p_2，体积为 V_2；环境的温度为 T_{ex}、压强为 p_{ex}。按照系统变化过程始态和终态的 T、p、V 的变化，以上四种过程具体如下：

(1) 等温过程：系统由状态1变化到状态2，整个变化过程中以及始态和终态的温度不变，且等于环境温度，即 $T_1=T_2=T_{ex}$。

(2) 等压过程：系统在变化过程中，始态和终态压强相等，且等于环境压强，即 $p_1=p_2=p_{ex}$。

(3) 等容过程：系统在变化过程中保持体积不变，即 $V_1=V_2$。

(4) 绝热过程：系统变化过程中与环境之间没有热的交换，或是由于有绝热壁的存在，或是因为变化太快而与环境来不及热交换，或是热交换量极少可近似看作绝热过程。

(5) 循环过程：系统从始态出发经一系列变化后又回到初始态。循环过程中，系统所有状态函数的改变值均为零，例如，$\Delta T=0$，$\Delta p=0$，$\Delta V=0$。

1.1.6　热和功

热力学系统在发生变化时，和环境之间就会有能量的交换。能量交换的方式可分为两种，一种是热，另一种是功。热力学中常用符号 Q 表示热，并规定：系统吸热时，Q 取正值，即 $Q>0$；系统放热时，Q 取负值，即 $Q<0$。如果系统既不从环境吸热，也不向环境放热，则过程是绝热的，$Q=0$。热的单位为焦耳（J）或千焦耳（kJ）。

在热力学中，把除热以外其他各种形式被传递的能量都称为功，在物理化学中常遇到的有体积功、电功和表面功等。功用符号 W 表示，其单位为焦耳（J）或千焦耳（kJ），并规定：当系统得到环境所做的功时，W 取正值，即 $W>0$；当系统对环境做功时，W

取负值，即 $W<0$。

几种功的表示式　　表 1-1

功的种类	强度因素	广度因素的改变	功的微分表示形式
机械功	F（力）	dl（位移）	Fdl
电功	E（外加电位差）	dQ（通过的电量）	EdQ
反抗地心引力的功	mg（质量×重力加速度）	dh（高度的改变）	$mgdh$
体积功	p_{ex}（外压）	dV（体积的改变）	$-p_{ex}dV$
表面功	γ（表面张力）	dA（面积的改变）	γdA

一般说来，各种形式的功都可以看成是强度性质和广度性质的乘积，常见类型的功见表 1-1。通常系统对环境所做的功可以表示为

$$\begin{aligned} W &= -\int p_{ex}dV + \int Xdx + \int Ydy + \int Zdz \\ &= W_{ex} + W_f \end{aligned} \tag{1-2}$$

式（1-2）中：p、X、Y、Z……是强度因素，dV、dx、dy、dz……是相应的广度因素的变化；W_{ex}是体积功（它可以是膨胀或压缩）；W_f代表除体积功以外所有其他形式的功，即非体积功。

1.1.7　热力学能

热力学能是指系统内部分子运动的平动能、分子转动能、分子振动能、分子间相互作用的势能、电子运动能、核能等能量的总和。热力学能以符号“U”表示，单位为焦耳（J）或千焦耳（kJ）。

热力学能是系统内部能量的总和，其绝对值是无法确定的，但这一点对于实际问题的解决并无妨碍，只需要知道在变化中的改变量就行了。热力学能是系统自身的性质，只决定于系统的状态，是系统状态的单值函数，系统的状态确定了，热力学能也就确定了。如果物质的量一定，以 T、V 作为状态变量，则

$$U = f(T,V) \tag{1-2}$$

它的改变值也由系统的起始和终了状态决定，而与变化的途径无关。若是系统的始态、终态确定了，则系统的热力学能增量 ΔU 也就确定了，等于系统终态热力学能 U_2减去始态热力学能 U_1，即

$$\Delta U = U_2 - U_1 \tag{1-3}$$

一定状态下系统热力学能的绝对值还无法确定，但这并不影响对系统进行热力学研究，因为热力学研究的重点在于一个过程中能量的转换关系，而变化过程的始态、终态热力学能的改变值 ΔU 是可以测定的。

1.2　热力学第一定律

焦耳从 1840 年起，先后用各种不同的方法求热功当量，与大量的实验结果都是一致的。也就是说热和功之间有一定的转换关系。1842 年，焦耳提出了著名的热功当量：1cal

(卡) =4.1840J (焦耳)。到 1850 年，科学界已经公认能量守恒是自然界的规律了。所谓能量守恒与转化定律即“自然界的一切物质都具有能量，能量有各种不同形式，能够从一种形式转化为另一种形式，在转化中，能量的总量不变”，此即“热力学第一定律”。

假设一个系统由状态 1 变化到状态 2 的过程中，从环境吸收的热为 Q，得到的功为 W，则系统热力学能（又称为内能）的变化是 ΔU 。根据能量转化和守恒定律，ΔU 应等于系统从环境吸收的热 Q 加上得到的功 W，即

$$\Delta U = Q + W \tag{1-4}$$

若系统发生了微小的变化，热力学能的变化

$$\mathrm{d}U = \delta Q + \delta W \tag{1-5}$$

以上两式就是热力学第一定律的数学表达式。在热力学第一定律表达式中，热力学能 U 是状态函数，左边的 ΔU 只与始态、终态有关，与途径无关。而右边的 Q 和 W 都不是状态函数，它们的变化值与具体的变化途径有关，其微小的变化值用符号“δ”表示，以区别状态函数用的全微分符号“d”。应当注意的是，在热力学第一定律表达式中，功既包含体积功，也包含非体积功。在以后的讨论中，如没有特殊说明，通常用 W_f 表示非体积功。

热力学第一定律是建立热力学能函数的依据，它既说明了热力学能、热和功可以互相转化，又表述了它们转化时的定量关系，所以这个定律是能量守恒与转化定律在热现象领域内所具有的特殊形式。

热力学第一定律是人类经验的总结。根据热力学第一定律，要想制造一种机器，它既不依靠外界供给能量，本身也不减少能量，却能不断地对外工作，这是不可能的。人们把这种假想的机器称为第一类永动机。因此，热力学第一定律也可以表述为“第一类永动机是不可能造成的”。

1.3　准静态过程与可逆过程

1.3.1　功与过程

功的值与变化的途径有关。现以气体的膨胀为例。在设定温度下将 $n$mol 理想气体置于横截面为 A 的活塞筒中，如图 1-1 所示，假定活塞的重力及活塞与筒壁之间的摩擦力均忽略不计。当气体膨胀时，活塞从 A 处移到 B 处，气体体积从 V_1 增大到 V_2，那么体积功

$$W = -p_{ex}\Delta V \tag{1-6}$$

如果上述过程是一个微小过程，体积改变的微分值为 dV，则微小过程所做的功（δW）可表示为

$$\delta W = -p_{ex}\mathrm{d}V \tag{1-7}$$

式（1-7）可作为体积功的计算公式。

（1）自由膨胀过程。

若外压 p_{ex} 为 0，这种膨胀过程为自由膨胀。由于 $p_{ex}=0$，所以 $\delta W = 0$，即系统对外不做功。

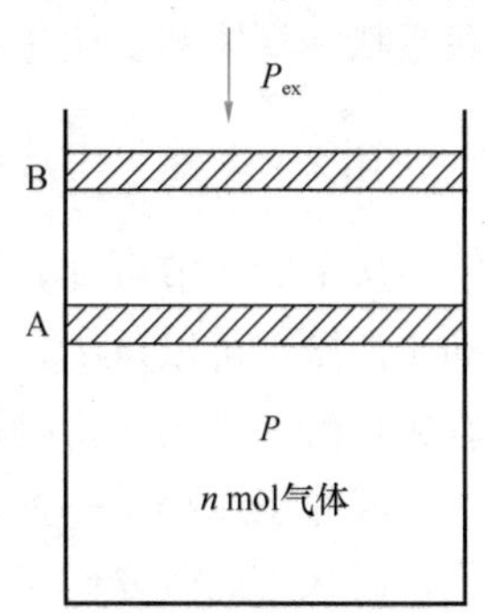

图 1-1　气体的体积功示意图

（2）恒外压膨胀过程。若外压强 p_{ex} 恒定为 p_2，且膨胀过

程中保持恒定不变，从状态 1 膨胀到状态 2 所做的功

$$W_2 = -p_2(V_2 - V_1) \tag{1-8}$$

该过程所做的功 W_2 的绝对值相当于图 1-2（a）中阴影部分的面积。

（3）多次恒外压膨胀过程。若系统从状态 1 膨胀到状态 2 时由几个恒外压膨胀过程所组成，设有两个等外压过程组成，参考图 1-2（b）：第一步，外压保持为 p'，体积从 V_1 膨胀到 V'，体积变化为 $\Delta V_1 = (V' - V_1)$；第二步，外压保持为 p_2，体积从 V' 膨胀到 V_2，体积变化为 $\Delta V_2 = (V_2 - V')$。整个过程中所做的功

$$W_3 = -p'(V' - V_1) - p_2(V_2 - V') \tag{1-9}$$

W_3 的绝对值相当于图 1-2（b）中阴影部分的面积。显然，在始态、终态相同时，系统对环境分步恒外压膨胀做的功比一步恒外压膨胀做的功多。依此类推，分步越多，系统对外所做的功也就越大。

（4）准静态过程。外压 p_{ex} 总是比气体压强 p 小一个无穷小的膨胀，即不断地调整外压，始终使外压保持小于气体压力，且相差无穷小，直到膨胀至 V_2，则

$$W_4 = -\int_{V_1}^{V_2} p\mathrm{d}V = -\int_{V_1}^{V_2} (nRT/V)\mathrm{d}V = -nRT\ln(V_2/V_1) \tag{1-10}$$

W_4 的绝对值相当于图 1-2（c）中阴影部分的面积，显然，这样的膨胀，系统做功最大。

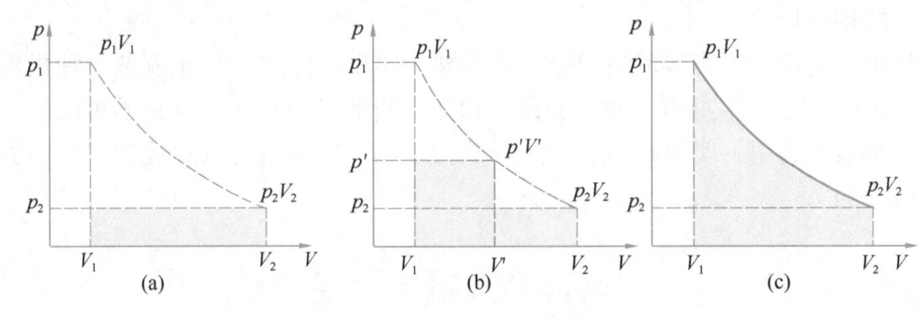

图 1-2　等压膨胀图

由此可见，从相同的始态到相同的终态，由于过程不同，系统所做功的数值并不一样，所以功与变化途径有关，它是一个与过程有关的量。功不是状态函数，不是系统自身的性质，因此，不能说系统中含有多少功。同理，Q 的数值也与变化的途径有关，也不能说“系统含有多少热”。功和热是被传递的能量，只有在过程发生时，才有意义，也只有联系某一具体的变化过程时，才能对功和热进行计算。

1.3.2　准静态过程与可逆过程

从 1.3.1 节可知，准静态过程在进行时，由于外压和气体压强只差无限小，活塞的移动非常慢，可以认为，在该过程进行的每一瞬间，系统都接近平衡状态，即整个过程可以看成是由一系列非常接近于平衡的状态所构成，这种过程称为准静态过程。

准静态过程是一种理想的过程，实际上是做不到的。因为一个过程必定引起状态的变化，而状态的改变必定破坏平衡。但是，当一个过程进行得非常非常慢，速度趋于零时，这个过程就趋于准静态过程。

在热力学过程中有一种极为重要的过程，称为可逆过程。系统由状态 1 变化到状态 2 之后，如果经过某一过程，能使系统和环境都完全复原（即系统回到原来的状态，同时消除了原来过程对环境所产生的一切影响，环境也恢复原状），则这样的过程就称为可逆过程。反之，如果用任何方法都不可能使系统和环境完全复原，则称为不可逆过程。

上述的准静态过程没有任何耗散，就是一种可逆过程，过程中的每一步都可向相反的方向进行，而且系统复原后在环境中并不引起其他变化。如果在等温膨胀过程中将系统对外所做的功贮藏起来，这些功恰恰使系统恢复到原来的状态，同时将膨胀时所吸收的热还给热储器。换言之，经过一次无限慢的膨胀与压缩循环后，系统和环境都恢复原态而没有留下任何影响。由 1.3.1 节可知，在可逆膨胀过程中系统对环境做的功最大，可逆压缩过程中环境对系统做的功最小。存在很多接近于可逆情况的实际变化，例如，液体在其沸点时的缓慢蒸发，固体在其熔点时的缓慢熔化。

不要把不可逆过程理解为系统不能复原的过程，一个不可逆过程发生后，也可以使系统恢复原来的状态，但当系统回到原来的状态后，环境必定发生了某些变化。

总结来说，可逆过程有如下特点：

(1) 可逆过程是以无限小的变化进行的，整个过程是由一连串非常接近平衡态的状态所构成。

(2) 在反向的过程中，循着原来过程的逆过程，可以使系统和环境都完全恢复到原来的状态，而无任何耗散过程。

(3) 在等温可逆膨胀过程中系统对环境做最大功，在等温可逆压缩过程中环境对系统做最小功。

可逆过程是一种理想的过程，是科学的抽象，客观世界中并不存在可逆过程，自然界的一切宏观过程都是不可逆过程，实际过程只能无限趋近于可逆过程。但是可逆过程的概念却很重要。可逆过程是在系统接近于平衡的状态下发生的，因此它和平衡态密切相关。从消耗及获得能量的观点看，可逆过程是效率最高的过程。如果将实际过程与理想的可逆过程进行比较，就可以确定实际过程效率的最高限度。

1.4 焓与热容

1.4.1 恒容热与恒容热容

根据热力学第一定律（式 1-5），即

$$dU = \delta Q + \delta W$$

式中，W 既包括体积功也包括非体积功。恒容过程，$dV=0$，则其体积功为零，若恒容过程的非体积功也为零，则过程的总功 $\delta W=0$，那么

$$dU = \delta Q_V \tag{1-11}$$

Q_V 是系统在恒容且非体积功为零的过程中，与环境交换的热，即恒容热。式 (1-11) 表明，对于非体积功为零的恒容过程，系统热力学能变化值等于该过程与环境交换的热。

n 摩尔的某种物质在恒容且不做非体积功的条件下，温度升高 dT 所吸收的热为 δQ_V，

则其摩尔恒容热容

$$C_{V,\mathrm{m}}(T) = \frac{1}{n}\frac{\delta Q_V}{\mathrm{d}T} \tag{1-12}$$

其单位为“$\mathrm{J \cdot K^{-1}}$”或“$\mathrm{kJ \cdot K^{-1}}$”。

则

$$\delta Q_V = nC_{V,\mathrm{m}}(T)\mathrm{d}T \tag{1-13}$$

同时考虑式（1-11），则

$$C_{V,\mathrm{m}}(T) = \frac{1}{n}\left(\frac{\partial U}{\partial T}\right)_V = \left(\frac{\partial U_\mathrm{m}}{\partial T}\right)_V \tag{1-14}$$

式中，U_m 为物质的摩尔热力学能，即物质的热力学能与物质的量的比值 U/n。

例如，n mol 物质，在恒容条件下，由温度 T_1 升高到 T_2 所吸收的热

$$Q_V = \Delta U = \int_{T_1}^{T_2} nC_{V,\mathrm{m}}(T)\mathrm{d}T \tag{1-15}$$

1.4.2 恒压热与焓

恒压热 Q_p 是系统在恒压且非体积功为零的过程中与环境交换的热。

对于只做体积功的恒压过程，系统始态、终态压强相等，且等于外压强，即 $p_\mathrm{ex} = p_1 = p_2$，过程的体积功以及热力学能改变 ΔU 分别为

$$W = -p_\mathrm{ex}\Delta V = -(p_2V_2 - p_1V_1) \tag{1-16a}$$

$$\Delta U = U_2 - U_1 \tag{1-16b}$$

代入热力学第一定律表达式

$$\Delta U = Q_p + W \tag{1-17}$$

得

$$U_2 - U_1 = Q_p - p_2V_2 + p_1V_1$$

$$Q_p = (U_2 + p_2V_2) - (U_1 + p_1V_1) \tag{1-18}$$

令

$$H = U + pV \tag{1-19}$$

将 H 称为焓，由于 U、p、V 都是状态函数，因此，H 也是状态函数，具有状态函数的特点，即系统在一定状态下，具有一定焓值，焓的变化值只决定于系统的始态、终态，与途径无关。若系统始态、终态的焓分别为 H_1 和 H_2，则焓的变化值 $\Delta H = H_2 - H_1$，ΔH 称为焓变。焓及焓变的单位均为 J 或 kJ。与热力学能一样，焓的绝对值不能确定，但其变化值 ΔH 可以通过计算求得或通过实验测定。由上可知，在恒压条件下

$$Q_p = \Delta H \tag{1-20}$$

对于微小的恒压过程，式（1-20）可写为

$$\delta Q_p = \mathrm{d}H \tag{1-21}$$

n mol 的某种物质在恒压且不做非体积功的条件下，温度升高 $\mathrm{d}T$ 所吸收的热为 δQ_p，则其摩尔恒压热容为

$$C_{p,\mathrm{m}}(T) = \frac{1}{n}\frac{\delta Q_p}{\mathrm{d}T} = \frac{1}{n}\left(\frac{\partial H}{\partial T}\right)_p \tag{1-22}$$

对于 n mol 物质，恒压条件下，由温度 T_1 升高到 T_2 过程的焓变 ΔH，可由式（1-23）计算

$$Q_p = \Delta H = n\int_{T_1}^{T_2} C_{p,\mathrm{m}}(T)\mathrm{d}T \tag{1-23}$$

1.4.3 热容与温度的关系

$C_{V,\mathrm{m}}$（T）和 $C_{p,\mathrm{m}}$（T）都是温度的函数，与物质的本性有关。已经由实验积累了许多物质的标准摩尔恒压热容 $C_{p,\mathrm{m}}$（T）与 T 的经验公式。常用的经验式有以下两种

$$C_{p,\mathrm{m}}(T) = a + bT + cT^2 \tag{1-24}$$

$$C_{p,\mathrm{m}}(T) = a + bT + c'T^{-2} \tag{1-25}$$

式中，a、b 和 c（c'）是经验常数，这些常数可以从热力学手册中查到。在应用这些经验式时，应注意适用的温度范围，超出这个温度范围，计算时就会产生较大误差。

【例 1-1】 已知 100℃、101.3kPa 下，1g 水的体积为 1.043mL，1g 水蒸气的体积为 1677mL，水的蒸发热为 2260J · g^{-1}，在这一温度和压强下，求 1mol 水完全变成水蒸气的 Q，W，ΔU 和 ΔH。

解： 在标准压力，100℃下水的蒸发是可逆相变的过程。其始、末状态变化如图 1-3 所示。

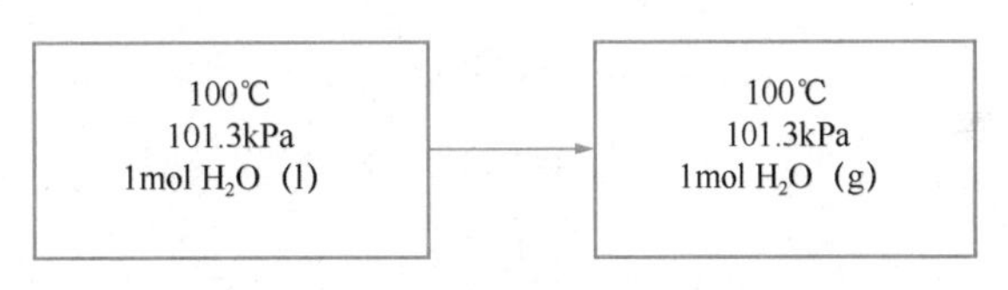

图 1-3 ［例 1-1］状态变化图

已知，水的蒸发热为 2260J · g^{-1}，水的摩尔质量为 18×10^{-3}kg · mol^{-1}，故

$$Q_p = 2260\times18 = 40680\mathrm{J} = 40.68\mathrm{kJ}$$

由于汽化过程中只做膨胀功，因而

$$W = -p\Delta V = -p(V_\mathrm{g} - V_\mathrm{l}) = -101300\times(1677-1.043)\times18\times10^{-6}\mathrm{J}$$
$$= -3055.9\mathrm{J} = -3.06\mathrm{kJ}$$

$$\Delta U = Q + W = 40.68 + (-3.06) = 37.62\mathrm{kJ}$$

$$\Delta H = Q_p = 40.68\mathrm{kJ}$$

【例 1-2】 将 1kg 石灰（设石灰中 CaO 含量为 100%）从 25℃升温到 1600℃，求这一过程的恒压热。已知 CaO 的摩尔质量为 56g/mol。

解： 石灰纯升温过程的恒压热可以通过式（1-23）计算。对于 n mol 石灰，式（1-23）可写成

$$\Delta H = n\int_{T_1}^{T_2} C_{p,\mathrm{m}}\mathrm{d}T$$

查表得 CaO 的 $C_{p,\mathrm{m}}$ 为

$$C_{p,\mathrm{m}} = 48.83 + 4.52\times10^{-3}T - 6.53\times10^5\,(T)^{-2}$$

$$n = \frac{1\times1000}{56} = 17.85\mathrm{mol}$$

$$\Delta H = n\int_{298}^{1873}[48.83 + 4.52\times10^{-3}T - 6.53\times10^5T^{-2}]\mathrm{d}T$$
$$= 17.85\times\left[48.83\times(1873-298) + \frac{1}{2}\times4.52\times10^{-3}(1873^2-298^2)\right.$$
$$\left.+6.53\times10^5\times\left(\frac{1}{1873}-\frac{1}{298}\right)\right]$$
$$= 1.48\times10^3\mathrm{kJ}$$

【例 1-3】 某锅炉注入 20℃软水用来生产 180℃、101.3kPa 的水蒸气，已知 100℃时水的汽化热为 2256kJ・kg^{-1}，求锅炉中每生产 1kg 过热水蒸气所需要的热量（液态水的平均热容可取 $C_{pH_2O(l)}=4.184\text{kJ}\cdot\text{kg}^{-1}\cdot\text{K}^{-1}$）。

解： 该过程包含相变过程。其中相变过程是恒温恒压过程，升温过程则是恒压过程。整个过程的热量需要分段计算，如图 1-4 所示。

$$\underset{20℃}{\text{水}} \xrightarrow[\Delta H_1]{\text{升温}} \underset{100℃}{\text{水}} \xrightarrow[\Delta H_2]{\text{相变}} \underset{100℃}{\text{水蒸气}} \xrightarrow[\Delta H_3]{\text{升温}} \underset{180℃}{\text{过热水蒸气}}$$

图 1-4 状态变化图

三步都是在恒压下进行的，所以 $Q_p=\Delta H$，而 $\Delta H = \Delta H_1 + \Delta H_2 + \Delta H_3$

$$\Delta H_1 = \int_{293}^{373} nC_{pH_2O(l)}\,\mathrm{d}T = nC_{pH_2O(l)}(373-293)$$

$$=1\times 4.184\times 80$$

$$=335\text{kJ}$$

$$\Delta H_2 = 1\times 2256 = 2256\text{kJ}$$

$$\Delta H_3 = \int_{T_1}^{T_2} nC_{p,H_2O(g)}\,\mathrm{d}T = n\int_{T_1}^{T_2}(a+bT+cT^2)\,\mathrm{d}T$$

$$=n\left[a(T_2-T_1)+\frac{1}{2}b(T_2^2-T_1^2)+\frac{1}{3}c(T_2^3-T_1^3)\right]$$

已知 1kg 水蒸气的 $n=\dfrac{1000}{18}$ mol，$T_1=373\text{K}$，$T_2=453\text{K}$，热容数据分别为

$$a=30.00\text{J}\cdot\text{mol}\cdot\text{K}^{-1}$$
$$b=10.71\times10^{-3}\text{J}\cdot\text{mol}\cdot\text{K}^{-2}$$
$$c=0\text{J}\cdot\text{mol}\cdot\text{K}^{-3}$$

则有

$$\Delta H_3 = \frac{1000}{18}\text{mol}\times\left[30.00(453-373)+\frac{1}{2}\times10.71\times10^{-3}(453^2-373^2)+0\right]\text{J}\cdot\text{mol}^{-1}$$

$$=153\text{kJ}$$

每生产 1kg 过热水蒸气所需的热量为

$$\Delta H = \Delta H_1 + \Delta H_2 + \Delta H_3 = 335 + 2256 + 153 = 2744\text{kJ}$$

1.4.4 理想气体的热容

对于 1mol 理想气体的简单状态变化过程

$$\mathrm{d}H_\mathrm{m} = C_{p,\mathrm{m}}\mathrm{d}T \tag{1-26}$$

$$\mathrm{d}U_\mathrm{m} = C_{V,\mathrm{m}}\mathrm{d}T \tag{1-27}$$

根据焓的定义式 $H=U+pV$，可得

$$\mathrm{d}H_\mathrm{m} = \mathrm{d}U_\mathrm{m} + \mathrm{d}(pV) \tag{1-28}$$

将式（1-26）和式（1-27）代入式（1-28）得

$$C_{p,m}\mathrm{d}T = C_{V,m}\mathrm{d}T + \mathrm{d}(pV) \tag{1-29}$$

根据理想气体状态方程 $pV=nRT$，当 $n=1\mathrm{mol}$ 时，$pV=RT$，所以

$$\mathrm{d}(pV) = R\mathrm{d}T \tag{1-30}$$

将式（1-30）代入式（1-29）得

$$C_{p,m} = C_{V,m} + R \tag{1-31}$$

式（1-31）表示理想气体的摩尔定压热容与摩尔定容热容之间的关系，R 为气体常数（$R=8.314\mathrm{J\cdot mol^{-1}\cdot K^{-1}}$）。

1.5 热 化 学

化学变化常伴有吸热或放热现象，对于这些热效应进行精确测定，并作较详尽的讨论，已成为物理化学的一个分支，称为热化学，目的在于计算物理和化学反应过程中的热效应。在热力学第一定律建立之后，热化学中的一些规律和公式成为热力学第一定律的必然推论。因此热化学实质上可以看作是热力学第一定律在化学变化过程中的具体应用。

1.5.1 反应进度和热化学方程式

讨论化学反应时，需要引入一个重要的物理量——反应进度，用符号“ξ”表示，在反应焓变的计算、化学平衡和化学反应速率的表示式中被普遍采用。通常，可以将任一化学反应方程式

写作 $$aA + bB = yY + zZ$$

表示成 $$0 = \Sigma\, v_B B$$

式中，B 代表反应式中的任一组分，v_B 表示参与反应的任一物质 B 的化学计量数，是量纲为一的量。对于反应物，v_B 取负值，$v_A=-a$，$v_B=-b$；对于产物而言，v_B 取正值，$v_Y=y$，$v_Z=z$。

对于此反应，可用 ξ 表示其进行的程度，称为反应进度，其定义为

$$\xi = \Delta n_B / v_B \tag{1-32}$$

采用反应进度这一概念时，必须与化学反应的计量方程对应。因为，对于同一反应，反应前后物质 B 的量的变化值 Δn_B 一定，但反应方程式写法不同，v_B 不同，故反应进度 ξ 不同。当反应按照所给反应式的计量系数比进行了一个单位的化学反应时，即 $\Delta n_B = v_B$ mol，此时反应进度 $\xi=1\mathrm{mol}$。

例如，对于合成氨反应

$$N_2(g) + 3H_2(g) = 2NH_3(g)$$

当 $\Delta n(N_2) = -1\mathrm{mol}$ 时，反应进度

$$\Delta\xi = \Delta n(N_2)/v(N_2) = -1\mathrm{mol}/(-1) = 1\mathrm{mol}$$

对同一反应，若将其写成

$$\frac{1}{2}N_2(g) + \frac{3}{2}H_2(g) = NH_3(g)$$

则反应进度

$$\Delta\xi = \Delta n\ (N_2)\ /v\ (N_2)\ = -1\text{mol}/\ (-0.5)\ = 2\text{mol}$$

对于同一化学反应，不论用反应物还是生成物的物质的量的变化来计算 ξ，所得的值都相等，但是，方程式写法不同，同一物质的计量系数就不同，热化学计算的结果也不同。因为 U、H 等函数的数值与系统状态有关，所以在反应方程式中应明确注明物态、温度、压强、组成等。对于固态还应注明其结晶状态。一般反应式中用“g”代表气体，用“l”代表液体，用“s”代表固体，这种注明具体反应条件的化学反应方程式称为热化学方程式。若不注明反应温度和压强，则通常是指反应温度为 25℃（298.15K）、压强为标准压强 $p^\ominus = 100\text{kPa}$。

1.5.2 化学反应的热效应

当系统发生了化学反应后，系统的温度回到反应前始态的温度，系统放出或吸收的热量，称为该反应在某温度下的热效应。在热化学中，热的取号仍采用热力学中的惯例，即系统吸热为正值，系统放热为负值。

通常所谓的反应热，如不特别注明，都是指恒压热（Q_p）。但是，常用的量热计（如利用氧弹测定燃烧热）所测的热效应是恒容热效应（Q_V），即在恒容条件下反应的热效应。因此，需要知道恒容热效应（Q_V）与恒压热效应（Q_p）之间的关系。若反应进度 $\xi = 1\text{mol}$，分别用 $Q_{V,\text{m}}$ 和 $Q_{p,\text{m}}$ 表示恒容热效应和恒压热效应。

对于 $\xi = 1\text{mol}$ 的化学变化过程，若过程恒容，则

$$Q_{V,\text{m}} = \Delta_r U_\text{m} \tag{1-33}$$

若过程恒压，则

$$Q_{p,\text{m}} = \Delta_r H_\text{m} \tag{1-34}$$

式中，$\Delta_r U_\text{m}$ 和 $\Delta_r H_\text{m}$ 分别表示进度 $\xi = 1\text{mol}$ 的化学变化过程中热力学能和焓的改变值，分别称为摩尔反应热力学能和摩尔反应焓。$Q_{V,\text{m}}$、$Q_{V,\text{m}}$、$\Delta_r U_\text{m}$ 和 $\Delta_r H_\text{m}$ 的单位均为“$\text{J}\cdot\text{mol}^{-1}$”或“$\text{kJ}\cdot\text{mol}^{-1}$”，它们的数值均与方程式的写法有关。若反应是在标准压强 $p^\ominus = 100\text{kPa}$ 条件下进行，则 $\xi = 1\text{mol}$ 的反应的热力学能及焓的改变值称为标准摩尔反应热力学能及标准摩尔反应焓，分别用 $\Delta_r U_\text{m}^\ominus$ 和 $\Delta_r H_\text{m}^\ominus$ 表示，单位仍为“$\text{J}\cdot\text{mol}^{-1}$”或“$\text{kJ}\cdot\text{mol}^{-1}$”。

由焓的定义式（1-19），即 $H = U + pV$ 可知

$$\Delta_r H/\xi = \Delta_r U/\xi + \Delta(pV)/\xi$$

即

$$\Delta_r H_\text{m} = \Delta_r U_\text{m} + \Delta(pV) \tag{1-35}$$

对于反应系统中的凝聚物而言，反应前后的 pV 值相差不大，可忽略不计，$\Delta\ (pV)\ \approx 0$，所以

$$\Delta_r H_\text{m} \approx \Delta_r U_\text{m} \tag{1-36}$$

对于有气体参加的恒温恒压反应，只需要考虑其中气体组分的 pV 差。若气体为理想气体，则 $\Delta(pV) = \Delta(nRT) = \Delta n(RT)$，所以

$$\Delta_r H_\text{m} = \Delta_r U_\text{m} + \Delta n_\text{m}(RT) \tag{1-37}$$

$$Q_{p,\text{m}} = Q_{V,\text{m}} + \Delta n_\text{m}(RT) \tag{1-38}$$

式中，$\Delta n_\text{m} = \Delta n/\xi$ 表示 $\xi = 1\text{mol}$ 的化学反应前后气体物质的量的改变值，$\Delta n_\text{m} = \sum_\text{B} v_\text{B}(\text{g})$。

1.5.3　盖斯（Hess）定律

1840 年，盖斯通过实验证明，不管化学反应是一步完成，还是分几步完成，该反应的热效应相同，只与反应始态、终态有关，与反应变化的途径无关，这就是盖斯定律。盖斯定律只对恒容过程或恒压过程才是完全正确的。因为 H 或 U 都是状态函数，只要化学反应始态、终态确定，则 $\Delta_r H_m$（即 $Q_{p,m}$）或 $\Delta_r U_m$（即 $Q_{V,m}$）也就是定值，而与通过什么途径完成这一反应无关。

盖斯定律的用处很多。有的化学反应进行得很慢，而且由于平衡的存在，化学反应并不都是完全反应的。某些化学反应的热效应没有妥善的方法直接测定。在遇到这种情况时，可以根据已知的其他一些化学反应的热效应间接推求。

例如，C(s)和 O_2(g)反应生成 CO(g)的焓变值无法直接用实验测定，因为很难保证产物为纯的 CO(g)，但是，可以间接地根据下列两个反应式求出：

$$C(s)+O_2(g)=\!=\!=CO_2(g) \qquad \Delta_r H_{m,1}$$

$$CO(g)+1/2O_2(g)=\!=\!=CO_2(g) \qquad \Delta_r H_{m,2}$$

两个反应式相减得

$$C(s)+1/2O_2(g)=\!=\!=CO(g) \qquad \Delta_r H_{m,3}$$

根据盖斯定律

$$\Delta_r H_{m,1}=\Delta_r H_{m,2}+\Delta_r H_{m,3} \tag{1-39}$$

盖斯定律说明，利用热化学方程式的线性组合，可由若干已知反应的摩尔反应焓，求另一反应的摩尔反应焓。应用盖斯定律必须注意：(1) 同种物质的温度、聚集状态和分压都相同时，才可以合并或相消；(2) 热化学方程式乘（或除）某一系数，则热效应也应同时乘（或除）上同一系数。

1.6　标准摩尔反应焓的计算

由于物质热力学能的绝对值不知道，焓的绝对值也不知道，所以无法直接计算反应的 $\Delta_r H_m^\ominus$。标准摩尔生成焓和标准摩尔燃烧焓是计算标准摩尔反应焓 $\Delta_r H_m^\ominus$ 的基础热数据。通过 $\Delta_r H_m^\ominus$ 可以计算化学反应过程的 Q_p、Q_V 及系统的 $\Delta_r H$、$\Delta_r U$ 等。现讨论如何根据这两个基础热数据来计算标准摩尔反应焓。

1.6.1　由物质的标准摩尔生成焓计算化学反应的 $\Delta_r H_m^\ominus$

人们规定在一定温度及标准压强 $p^\ominus=100$kPa 下，由最稳定单质生成化学计量系数 $\upsilon_B=1$ 的物质 B 的反应焓，定义为物质 B 在该温度下的标准摩尔生成焓，用符号 $\Delta_f H_m^\ominus$ 表示，单位为“J · mol^{-1}”或“kJ · mol^{-1}”，298K 下一些物质的标准摩尔生成焓数据见附录 A。

一个化合物的生成焓并不是绝对值，它是相对于合成它的单质的相对焓，根据生成焓的定义，在一定温度及标准压强下，最稳定单质的生成焓等于零。如稀有气体的最稳定单质为单原子分子稀有气体，氢、氧、氮、氟、氯元素的最稳定单质分别为相应的双原子分子气体，溴和汞的最稳定单质分别为液态 Br_2(l)和 Hg(l)，碳、硫的最稳定单质分别为石墨和正交硫等。

根据物质的 $\Delta_f H_m^\ominus$ 数据，可计算出化学反应的标准摩尔反应焓（ξ=1mol）$\Delta_r H_m^\ominus$。

对于化学反应

$$aA + bB = yY + zZ$$

其在 298K 时的标准摩尔反应焓为

$$\begin{aligned}\Delta_r H_m^\ominus &= [y\Delta_f H_m^\ominus(Y) + z\Delta_f H_m^\ominus(Z)] - [a\Delta_f H_m^\ominus(A) + b\Delta_f H_m^\ominus(B)] \\ &= \sum v_B \Delta_f H_m^\ominus(B)\end{aligned} \tag{1-40}$$

1.6.2 由物质的标准摩尔燃烧焓计算化学反应的 $\Delta_r H_m^\ominus$

有机化合物的标准摩尔燃烧焓是指 1mol 有机物在标准压力下完全燃烧时所放出的热量，符号为 $\Delta_c H_m^\ominus$ 表示，单位为“$J \cdot mol^{-1}$”或“$kJ \cdot mol^{-1}$”。燃烧产物指定该化合物中的 C 变为 $CO_2(g)$，H 变为 $H_2O(l)$，N 变为 $N_2(g)$，Cl 变为 HCl(水溶液)，S 的燃烧产物为 $SO_2(g)$，但应注意有些书刊也有不同规定。表 1-2 中列出了一些有机物 25℃时的 $\Delta_c H_m^\ominus$ 数据。对于规定的燃烧产物，其标准摩尔燃烧焓值为零。

25℃时一些有机物的标准摩尔燃烧焓 **表 1-2**

物 质	$\Delta_c H_m^\ominus$(kJ·mol^{-1})	物 质	$\Delta_c H_m^\ominus$(kJ·mol^{-1})
甲烷 $CH_4(g)$	−890.36	甲醇 $CH_3OH(l)$	−726.6
乙烷 $C_2H_6(g)$	−1559.9	乙醇 $C_2H_5OH(l)$	−1366.9
乙烯 $C_2H_4(g)$	−1411.0	乙酸 $CH_3CO_2H(l)$	−871.7
乙炔 $C_2H_2(g)$	−1299.6	萘 $C_{10}H_8(s)$	−5138.7

利用物质的 $\Delta_c H_m^\ominus$ 数据，也可以计算反应的标准摩尔反应焓。如果已经知道反应式中各物质的燃烧焓，则反应的热效应等于各反应物燃烧焓总和减去各产物的燃烧焓的总和。某反应 298K 时的标准摩尔反应焓用式（1-41）表示：

$$\Delta_r H_m^\ominus = -\sum_B v_B \Delta_c H_m^\ominus(B, T) \tag{1-41}$$

【例 1-4】 计算下列反应在 298K 时的标准反应热

$$CH_4(g) + 2O_2(g) = CO_2(g) + 2H_2O(l)$$

解：查附录 A 得到各物质的标准生成焓见表 1-3 所列。

各物质的标准生成焓 **表 1-3**

	CH_4	O_2	CO_2	H_2O
$\Delta_f H_{298}^\ominus$ (kJ·mol^{-1})	−74.847	0	−393.511	−285.838

上述反应的标准反应热为

$$\begin{aligned}\Delta_r H_{298}^\ominus &= (\Delta_f H_{298,CO_2}^\ominus + 2\Delta_f H_{298,H_2O(l)}^\ominus) - (\Delta_f H_{298,CH_4}^\ominus + 2\Delta_f H_{298,O_2}^\ominus) \\ &= [(-393.511) + 2 \times (-285.838)] - (-74.847 + 0) \\ &= -965.187 + 74.847 \\ &= -890.340kJ\end{aligned}$$

1.6.3　标准摩尔反应焓与温度的关系——基尔霍夫公式

在等压下，同一化学反应在不同温度下进行，则所产生的热效应是不同的。可利用标准摩尔生成焓或标准摩尔燃烧焓的数据计算标准摩尔反应焓，通常可查到的数据为 298K 的数据，因此算得的是 298K 时的 $\Delta_r H_m^\ominus$。而实际遇到的化学反应往往在其他温度下进行，尤其是冶金反应，大多数是在高温条件下发生。那么如何计算其他温度下化学反应的 $\Delta_r H_m$？

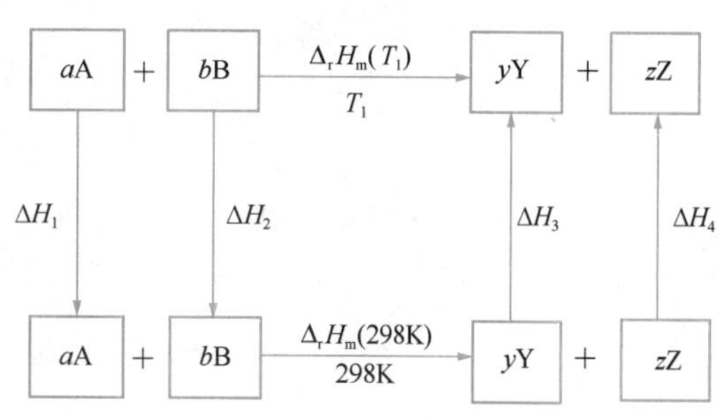

图 1-5　化学反应焓计算途径

设在温度 T_1 下，已知某化学反应的标准摩尔反应焓为 $\Delta_r H_m^\ominus$（T_1），求温度为 T_2 时，该反应的 $\Delta_r H_m^\ominus$（T_2），设计途径如图 1-5 所示。

因为
$$\Delta H_1 = a\int_{T_1}^{298\text{K}} C_{p,\text{m}}^\ominus(\text{A})\text{d}T\ ;\qquad \Delta H_2 = b\int_{T_1}^{298\text{K}} C_{p,\text{m}}^\ominus(\text{B})\text{d}T\ ;$$
$$\Delta H_3^\ominus = y\int_{298\text{K}}^{T_1} C_{p,\text{m}}^\ominus(\text{Y})\text{d}T\ ;\qquad \Delta H_4^\ominus = z\int_{298\text{K}}^{T_1} C_{p,\text{m}}^\ominus(\text{Z})\text{d}T$$

根据状态函数性质可得
$$\Delta_r H_m^\ominus(T_1) = \Delta H_1 + \Delta H_2 + \Delta H_3 + \Delta H_4 + \Delta_r H_m^\ominus(298\text{K})$$

所以
$$\Delta_r H_m^\ominus(T_1) = \Delta_r H_m^\ominus(298\text{K}) + \int_{298\text{K}}^{T_1}\sum_B v_B C_{p,\text{m}}^\ominus(B)\text{d}T$$

式中
$$\sum_B v_B C_{p,\text{m}}^\ominus(B) = yC_{p,\text{m}}^\ominus(\text{Y}) + zC_{p,\text{m}}^\ominus(\text{Z}) - aC_{p,\text{m}}^\ominus(\text{A}) - bC_{p,\text{m}}^\ominus(\text{B})$$

令
$$\Delta_r C_{\text{p,m}}^\ominus = \sum_B v_B C_{p,\text{m}}^\ominus(\text{B})$$

则
$$\Delta_r H_m^\ominus(T_1) = \Delta_r H_m^\ominus(298\text{K}) + \int_{298\text{K}}^{T_1}\Delta_r C_{p,\text{m}}^\ominus(\text{B})\text{d}T \tag{1-42}$$

式（1-42）是标准摩尔反应焓与温度的关系式，称为基尔霍夫公式。

【例 1-5】 求反应 $H_2(g) + \frac{1}{2}O_2(g) \rightarrow H_2O(g)$，在 673K 时的热效应。

解：

此时 $\Delta H'$ 不变，只是温度范围不同，但 $\Delta H''$ 却不同了，因为在过程 H_2O（298K，l）→ H_2O（673K，g）中，状态发生了改变（图 1-6），即

$$\text{H}_2\text{O}(298\text{K},\text{l}) \xrightarrow{\Delta H_1} \text{H}_2\text{O}(373\text{K},\text{l}) \xrightarrow{\Delta H_2}$$
$$\text{H}_2\text{O}(373\text{K},\text{g}) \xrightarrow{\Delta H_3} \text{H}_2\text{O}(673\text{K},\text{g})$$

因此
$$\begin{aligned}\Delta H'' &= \Delta H_1 + \Delta H_2 + \Delta H_3 \\ &= \int_{298\text{K}}^{373\text{K}} C_{p,\text{H}_2\text{O(l)}}\text{d}T + \Delta H_2 + \int_{373\text{K}}^{673\text{K}} C_{p,\text{H}_2\text{O(g)}}\text{d}T\end{aligned}$$

所以
$$\Delta H_{673}^\ominus = \Delta H_{298}^\ominus + \int_{673}^{298}\left(C_{p,\text{H}_2(\text{g})} + \frac{1}{2}C_{p,\text{O}_2(\text{g})}\right)\text{d}T + \int_{298}^{373} C_{p,\text{H}_2\text{O}(l)}\text{d}T + \Delta H_2 + \int_{373}^{673} C_{p,\text{H}_2\text{O(g)}}\text{d}T$$

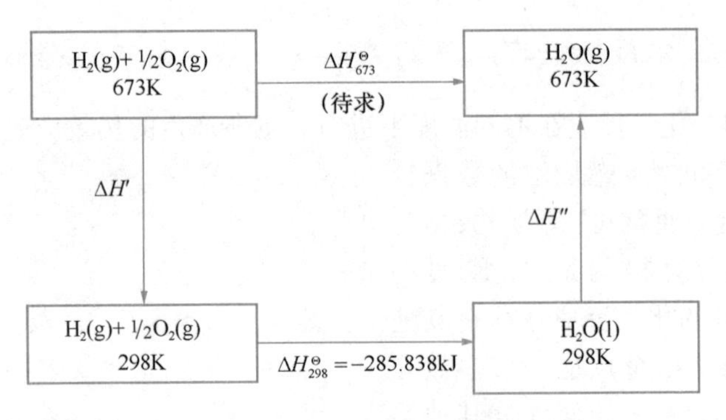

图 1-6　例题 1-5 状态变化图

已知各物质的热容数据如下

$$C_{p,H_2}=29.658-0.8346\times10^{-3}T+2.012\times10^{-6}T^2$$

$$C_{p,O_2}=36.162+0.845\times10^{-3}T$$

$$C_{p,H_2O(l)}=75.295\text{J}\cdot\text{mol}^{-1}\cdot\text{K}^{-1}$$

$$C_{p,H_2O(g)}=30.00+10.71\times10^{-3}T$$

$$\Delta H_2=40.668\text{kJ}\cdot\text{mol}^{-1}$$

$$\Delta H_{298}^{\ominus}=-285.838\text{kJ}$$

计算得

$$\Delta H_{673}^{\ominus}=-212.997\text{kJ}$$

思　考　题

1. 试举出几个非体积功的实例。

2. 状态函数是否都可以写成全微分的形式，试说明原因？

3. 现实中是否存在可逆过程？能否构造出一个准可逆过程？

4. 试判断 H、p、W、ΔU、pV 各量，何为状态函数？

5. “pV 就是体积功”的说法对吗？“水在可逆相变时，pV_g 可近似等于体积功”的说法对吗？真空膨胀过程的体积功是多少？

6. “热力学能与热、功都是能量，所以它们的性质相同”的说法对吗？

7. “作为一个热力学量，焓只有在等压过程才存在”的说法对吗？

8. 盖斯定理的应用有没有前提条件？

习　　题

1. 68g 的气态氨在 298K 恒温可逆膨胀，容积从 25L 变到 75L，计算这一过程所做的功与所吸收的热。

（−10.888kJ，10.888kJ）

2. 1mol 理想气体，经恒温膨胀，恒容加热，恒压冷却三个步骤完成一个循环回到最初状态。若已知气体吸热 4.184kJ，求这一过程的 W 及气体的 ΔU。

（−4.184kJ，0）

3. 在 291K 和 100kPa 下，1mol Zn（s）溶于足量稀盐酸中，置换出 1molH_2（g），并放热 152kJ。若以锌和盐酸作为系统，求这一反应所做的 W 及系统的 ΔU。

（−2419J，−154419J）

4. 求 1mol 理想气体在恒定压强下温度升高 1℃时系统与环境交换的功。

（−8. 314J）

5. 在 298. 15K 及恒定压强下，电解 1mol 水，求这一过程的体积功。

$$H_2O\ (l)\ =H_2\ (g)\ +\frac{1}{2}O_2\ (g)$$

（−3. 718kJ）

6. 系统始末状态相同，过程不同。若过程 a 的 $Q_a=2.078$kJ，$W_a=-4.157$kJ，而过程 b 的 $Q_b=-0.692$kJ，求 W_b 。

（−1. 387kJ）

7. 求 4mol 某理想气体，温度升高 20℃的 $\Delta H-\Delta U$。

（665. 12J）

8. 求 1molH_2由 27℃升温至 527℃时所吸收的热。（所需数据自行查表）$C_{p,m}$（H_2，g）＝（$29.1-0.837\times10^{-3}T+2.01\times10^{-6}T^2$）J·mol·$k^{-1}$

（14. 64kJ）

9. 将 10mol 的 300K、101. 30kPa 的理想气体分别作下列两种方式恒温压缩，求过程的功。

（1）可逆压缩至气体压强为 1013. 00kPa。

（2）用 1013. 00kPa 的恒定压强压缩至气体的压强变为 1013. 00kPa。

（57. 43kJ，224. 50kJ）

10. 在 298K 和标准压强下，Zn 与稀酸反应生成 1molH_2。放热 117. 90kJ，求这一过程的 Q、W、ΔU 。（设 H_2为理想气体，Zn 的体积可以忽略不计，过程不作有用功）

（−117. 90kJ，−2. 48kJ，−120. 38kJ）

11. 10molH_2由 298K，1013kPa 自由膨胀到 298K，101. 3kPa，再经可逆压缩回到初态。求这一循环过程的 Q、W、ΔU 和 ΔH 。（设氢气为理想气体）

（−57. 05kJ，57. 05kJ，0，0）

12. 如果一个系统从环境吸收了 40J 的热，而系统的热力学能却增加了 200J，求系统从环境得到了多少功？如果该系统在膨胀过程对环境做了 10kJ 的功，同时吸收了 28kJ 的热，求系统的 ΔU。

（160J，18kJ）

13. 现有 10mol 的理想气体，压强为 1000kPa，温度为 300K，分别求出等温时下列过程的功：

（1）在空气压强为 100kPa 时，体积胀大 1dm^3；

（2）在空气压强为 100kPa 时，体积膨胀到气体压强也是 100kPa；

（3）等温可逆膨胀至气体的压强为 100kPa。

（−100J，-2.24×10^4J，-5.74×10^4J）

14. 1mol 单原子理想气体，$C_{V,m}=\frac{3}{2}R$，始态 A 的温度为 273K，体积为 22. 4dm^3，经

历如下三步，又回到始态，请计算每个状态的 Q、W、ΔU：

(1) 等容可逆升温由始态 A 到 546K 的状态 B；

(2) 等温 (546K) 可逆膨胀由状态 B 到 $44.8dm^3$ 的状态 C；

(3) 经等压过程由状态 C 回到始态 A。

[(1)3404.58J，0J，3404.58J；(2)3146.50J，－3146.50J，0J；(3)－5674.31J，2269.72J，－3404.59J]

15. 5mol 某理想气体，$C_{V,m}=\frac{3}{2}R$，在恒容下温度升高 50℃。求过程的 W、Q、ΔU 和 ΔH。

(0，3.118kJ，3.118kJ，5.196kJ)

第 2 章　热力学第二定律

热力学第一定律反映过程的能量守恒，否定了制造第一种永动机的可能，人们开始研究热和功之间相互转化的问题，即如何提高热机效率，从而建立了热力学第二定律，并由此引出了熵等重要的状态函数。这些函数可用于判断系统变化过程的方向和限度，这些问题在科学研究和实际生产中都是十分重要的。热力学第三定律主要解决物质的熵值规定问题，它对化学平衡的计算有重要意义。

2.1　热力学第二定律

2.1.1　热力学第二定律所要解决的问题

在 298K 和各物质处于标准状态下，热化学方程式

$$C(\text{石墨})+O_2(g)=\!=\!=CO_2(g);\ \Delta_r H_m^{\ominus}=-393.5\text{kJ/mol}$$

由热力学第一定理可知，当有 1mol 的 CO_2 生成时，会放出 393.5kJ 热；而当 1mol 的 CO_2 分解成 1mol 的 C（石墨）和 1mol 的 O_2 时，要吸收 393.5kJ 热量。但在上述条件下，该反应究竟是向左进行还是向右进行？反应能进行到什么程度？热力学第一定律无法回答。而热力学第二定律的中心任务就是要找到一个判据来判断某一条件下化学或物理变化能否进行以及能够进行的限度。

自发过程是指系统不需要任何外力推动就可以发生的过程，举例如下：

（1）传热过程。当两个不同温度的物体接触时，热量会从高温物体自动地流向低温物体，直到两物体的温度相等。但它的相反过程，即热量从低温物体流向高温物体，使高温物体温度更高，低温物体温度更低，不可能自动发生。

（2）气体膨胀过程。不同压强的气体分别存于两个气缸中，连通两个气缸之后，气体会自动从压强大的容器膨胀到压强小的容器，直到两边的压强相等。其相反过程，气体从压强低的容器流入到压力高的容器，不可能自动发生。

（3）溶质扩散过程。两个容器分别盛有浓度不同的同种溶液，将两个容器连通后，溶质会从浓度高的容器中向浓度低的容器中扩散，直到两个容器中的溶液浓度相等。其相反过程，溶质从低浓度的容器中迁移到高浓度的容器中，不可能自动发生。

（4）Zn 与 $CuSO_4$ 溶液的化学反应过程。

$$Zn+CuSO_4=\!=\!=Cu+ZnSO_4$$

在一定的温度下 Zn 可以自动地将 $CuSO_4$ 溶液中的 Cu^{2+} 还原成 Cu，Zn 变成 Zn^{2+}。其相反过程，Zn^{2+} 变成 Zn，Cu 还原成 Cu^{2+}，不可能自动发生。

由以上的自发过程可以看到，在所有的自发过程发生之后，如无外界做功，就不能自动恢复原有状态。即自发过程都是单方向的，都具有不可逆性，这就是自发过程的共同

特征。

应当注意，不可逆性并不是说过程不能向相反的方向进行，而是可以通过外界做功来使发生自发过程的系统恢复原有状态。如利用制冷机做功，可以使低温物体冷却，并使热流到高温物体中去，即使低温物体的温度更低，高温物体的温度更高。此时，虽然系统恢复原有状态，但环境会留下其向系统做功的痕迹，即环境做了功同时得到了热。也就是说，将系统和环境作为一个整体来看，该过程仍然不可逆。

所有的自发过程除了不可逆之外，还都有一定的限度。如传热过程的限度是温度差为零，气体膨胀过程的限度是压力差为零，溶质扩散过程的限度是浓度差为零。

自发过程不仅不需外界做功就可进行，而且通过适当装置，该类过程还能对外做功。例如，可以利用热自动从高温物体流向低温物体这个过程制造热机，可以利用自发的氧化还原反应制成电池。也就是说，自发过程都有对环境做功的能力。

热力学第二定律在19世纪中叶被提出，是人类长期生产实践和科学实验的总结。这个定律有很多种说法，最重要的是其中两种：克劳修斯说法和开尔文说法。

(1) 克劳修斯说法："不可能把热从低温物体传到高温物体而不产生其他影响。"也就是说，使热从低温物体传到高温物体，环境要付出代价，如前面所述的制冷机。

(2) 开尔文说法："不可能从单一热源吸取热量使之完全转变为功而不产生其他影响。"气体做恒温膨胀时，可以从单一热源吸热做功，气体的体积同时增大；当使气体恢复到初始状态时，必然要经历压缩过程，此时环境要对系统做功，并同时得到系统放出的热。因此，无法从单一热源吸取热量使之完全转变为功而不产生其他影响。历史上曾有人幻想制造出一种从单一热源吸热而对外不断做功的机器，即第二类永动机。开尔文的说法表明第二类永动机是不可能造成的。热力学第二定律的两种说法是等效的，违反一种必违反另一种。

热机是将热转化为功的装置。热机在一个循环过程中，从高温热源（温度为 T_1）吸热（$Q_1>0$），向低温热源（温度为 T_2）放热（$Q_2<0$），同时对环境做功（$W<0$）（图2-1）。热机对环境所做的功 W 与其从高温热源吸收的热 Q_1 之比称为热机效率，用 η 表示，即

$$\eta=\frac{-W}{Q_1}=\frac{Q_1+Q_2}{Q_1}=1+\frac{Q_2}{Q_1} \tag{2-1}$$

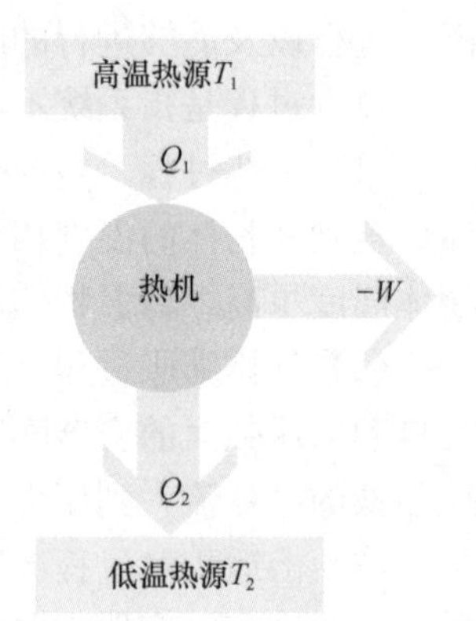

图2-1 热机工作循环示意图

通过普通物理的学习，可知在高温热源和低温热源之间工作的所有热机中，可逆热机（即卡诺热机）的热机效率最大，这就是卡诺定理。卡诺热机的循环过程分为四个阶段（图2-2），即高温区的等温膨胀过程（A→B），绝热膨胀过程（B→C），低温区的等温压缩过程（C→D），绝热压缩过程（D→A）。

卡诺热机的效率定义为

$$\eta=\frac{-W}{Q_1}=\frac{Q_1+Q_2}{Q_1}=\frac{T_1-T_2}{T_1} \tag{2-2}$$

由式（2-2）可知，卡诺热机的效率只与两个热源的温度有关。若两个热源温差越大，热机效率就越高。由于 T_2 不可能为零，无论何时，卡诺热机的效率也不可能为100%。

对于一个卡诺循环，根据式（2-2）有

$$1+\frac{Q_2}{Q_1}=1-\frac{T_2}{T_1}$$

$$\frac{Q_1}{T_1}+\frac{Q_2}{T_2}=0 \tag{2-3}$$

系统吸收的热与吸热时的绝对温度之比 Q/T 称为“热温商”。式（2-3）表明卡诺循环过程的热温商之和为零。

对于无限小的卡诺循环则有

$$\frac{\delta Q_1}{T_1}+\frac{\delta Q_2}{T_2}=0$$

设有任意一个可逆循环，如图 2-3 中封闭曲线 AaBbA 所示，该可逆循环可以划分成无限多个小的卡诺循环。也就是说，可以用无限多的小卡诺循环总和来代替任一个可逆循环。而对于这些无限多的小卡诺循环中的每一个都应存在下列关系

$$\frac{\delta Q_1}{T_1}+\frac{\delta Q_2}{T_2}=0$$

$$\frac{\delta Q_3}{T_3}+\frac{\delta Q_4}{T_4}=0$$

……

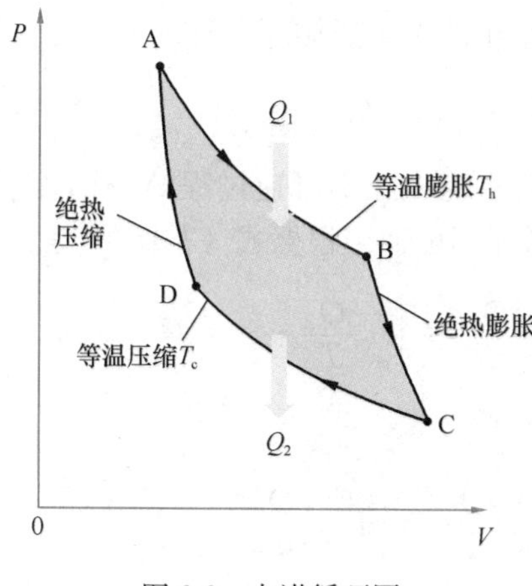

图 2-2　卡诺循环图

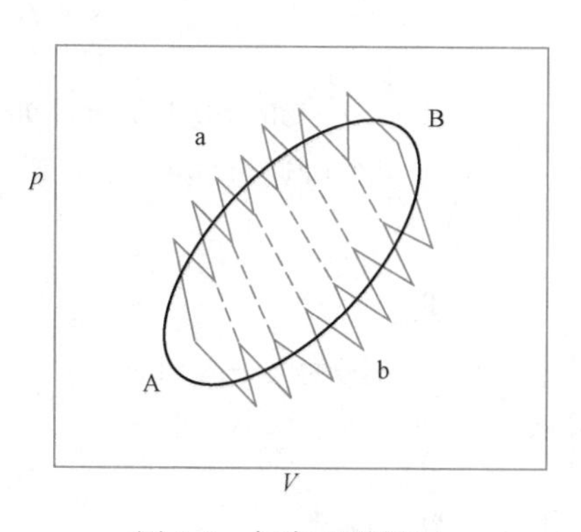

图 2-3　任意可逆循环

将以上各式相加得

$$\sum_i \frac{\delta Q_i}{T_i}=\frac{\delta Q_1}{T_1}+\frac{\delta Q_2}{T_2}+\frac{\delta Q_3}{T_3}+\frac{\delta Q_4}{T_4}+\cdots\cdots=0$$

写为积分形式

$$\oint \frac{\delta Q_R}{T}=0 \tag{2-4}$$

式中，R 表示可逆过程。此式表明$\frac{\delta Q_R}{T}$沿闭合曲线的环路积分为零，则$\frac{\delta Q_R}{T}$为某函数的全微分。克劳修斯将此函数定义为熵，用 S 表示，即有

$$\mathrm{d}S=\frac{\delta Q_R}{T} \tag{2-5}$$

系统由始态 A 变化到终态 B 过程的熵的改变称为熵变，用 ΔS 表示

$$\Delta S = S_B - S_A = \int_A^B \frac{\delta Q_R}{T} \tag{2-6}$$

熵（S）是状态函数，单位为"$J \cdot K^{-1}$"或"$kJ \cdot K^{-1}$"，是广度量。熵变只决定于过程的始态、终态，与所经途径无关。

2.1.2 熵变与不可逆过程的热温商

卡诺定理为在两个热源 T_1 和 T_2（$T_1 > T_2$）之间工作的不可逆热机，其工作效率（η_{IR}）应小于可逆热效率（η_R），即

$$\eta_{IR} < \eta_R \tag{2-7}$$

有

$$\eta_R = 1 - \frac{T_2}{T_1}$$

而

$$\eta_{IR} = 1 + \frac{Q_2}{Q_1}$$

将上述二式代入式（2-7）并整理得

$$\frac{Q_1}{T_1} + \frac{Q_2}{T_2} < 0 \tag{2-8}$$

对于任意一个不可逆循环，可将其分为许多小的不可逆循环，有

$$\sum_i \left(\frac{\delta Q_{IR}}{T}\right)_i < 0 \tag{2-9}$$

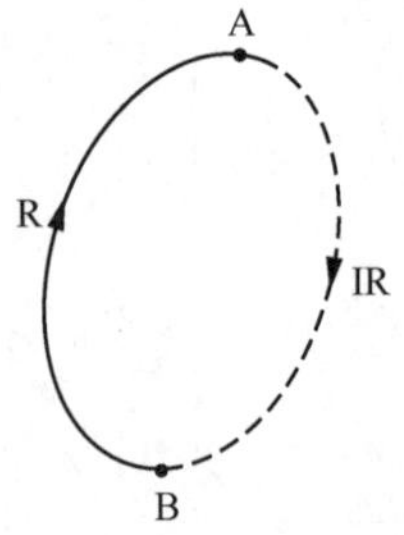

图 2-4　不可逆循环

如图 2-4 所示，如果某系统先经不可逆过程 A→B，然后再经一个可逆过程 B→A，整个循环不可逆。根据式（2-9）可得

$$\int_A^B \frac{\delta Q_{IR}}{T} + \int_B^A \frac{\delta Q_R}{T} < 0$$

因为 B→A 可逆，

$$\int_B^A \frac{\delta Q_R}{T} = -\int_A^B \frac{\delta Q_R}{T}$$

所以对于整个不可逆循环过程有

$$\int_A^B \frac{\delta Q_R}{T} > \int_A^B \frac{\delta Q_{IR}}{T}$$

即

$$\Delta S > \int_A^B \frac{\delta Q_{IR}}{T} \tag{2-10}$$

微分形式为

$$dS > \frac{\delta Q_{IR}}{T} \tag{2-11}$$

式（2-10）和式（2-11）说明不可逆过程的熵变大于该过程的热温商。应当注意，无论过程可逆与否，只要过程的始态终态确定，熵变就相同。不可逆过程的熵变也要通过可逆过程热温商来衡量，在具体计算不可逆过程的熵变 ΔS 时，也要通过设计可逆过程来实现。

2.1.3　热力学第二定律表达式

考虑式（2-6）和式（2-11）有

$$\mathrm{d}S \geqslant \frac{\delta Q}{T}\begin{pmatrix} > \text{不可逆} \\ = \text{可逆} \end{pmatrix} \tag{2-12}$$

此式称为克劳修斯不等式。积分形式为

$$\Delta S \geqslant \int_{\mathrm{A}}^{\mathrm{B}} \frac{\delta Q}{T}\begin{pmatrix} > \text{不可逆} \\ = \text{可逆} \end{pmatrix} \tag{2-13}$$

式（2-12）和式（2-13）即为热力学第二定律的数学表达式。当等号成立时，为可逆过程，当大于号成立时为不可逆过程。

如果热温商的积分值等于 ΔS，该过程必是可逆过程；如果积分值小于 ΔS，则此过程一定是不可逆过程。式（2-12）和式（2-13）可以作为一个热力学过程是否可逆的判据。

如果将克劳修斯不等式用于绝热系统，则由于绝热系统与环境之间无热交换，即

$$\delta Q = 0$$

则

$$\mathrm{d}S_{\text{绝热}} \geqslant 0 \tag{2-14}$$

或

$$\Delta S_{\text{绝热}} \geqslant 0 \tag{2-15}$$

说明对于绝热系统，发生不可逆过程时，其熵值增加；发生可逆过程时，其熵值不变，即在绝热情况下，系统不可能发生熵值减小的过程，这就是熵增加原理。

如果系统与环境之间不绝热，系统可以发生熵减小的过程。但将系统与环境合在一起看作是一个孤立系统，那么根据熵增加原理可知，孤立系统的熵值永远不会减小；若过程可逆，则熵值不变；若过程不可逆，则熵值增加。孤立系统的熵变可表示为

$$\mathrm{d}S_{\text{孤立系统}} = \mathrm{d}S_{\text{系统}} + \mathrm{d}S_{\text{环境}} \geqslant 0 \tag{2-16}$$

或

$$\Delta S_{\text{孤立系统}} = \Delta S_{\text{系统}} + \Delta S_{\text{环境}} \geqslant 0 \tag{2-17}$$

通过式（2-16）或式（2-17）可判断孤立系统内部进行的过程是否可逆。

2.1.4　熵的物理意义

一种指定的宏观状态可以通过多种微观状态来实现，与某一宏观状态相对应的微观状态数目，称为这种宏观状态的“微观状态数”，也称为这一宏观状态的“热力学概率”，用符号 Ω 表示。实际上，某热力学状态所对应的微观状态数就是系统处于该状态时混乱度的度量。

在热力学过程中，系统热力学概率 Ω 的增减与系统熵的增减趋势是相同的。由统计热力学可知，二者的函数关系为

$$S = k\ln\Omega \tag{2-18}$$

式中，k 为玻尔兹曼常数。根据这一定量关系可用熵来度量系统的混乱程度。

热力学第二定律指出，一切自发过程的不可逆性均可归结为热功转化的不可逆性，即功可全部转化为热，而热不可能全部转化为功并且不引起其他任何变化。这是由于热是分子混乱运动的表现。从统计学的观点看，在孤立系统中有序性较高（即混乱度较低）的状态总是要自发地向有序性较低（即混乱度较高）的状态转变。一切自发过程，都是向混乱度增加的方向进行。

2.2 熵变的计算及其应用

对于如何判断一个过程的反应方向及其限度，所需要的状态函数就是熵。熵是系统的状态函数，如果系统的始态、终态确定，熵变就有定值，且与过程无关。熵变需要用可逆过程的热温商来计算。

系统熵变的计算可分为三种情况，分别是单纯 p、V、T 变化过程熵变的计算，相变化过程和化学反应过程熵变的计算。下面将介绍几种常见的物理过程熵变的计算。

2.2.1 系统熵变的计算

当状态发生变化时，根据熵的定义式，对于任意封闭系统，可由式（2-6）计算获得。如果实际过程是可逆的，可以直接使用该公式；如果实际过程是不可逆的，则需通过设计始态、终态相同的可逆过程进行计算。

如果环境由不发生相变化和化学变化，处于热力学平衡态的物质构成，且相对于系统，环境是无限大的，可看成一个恒温热源。当系统发生变化时，环境温度不变，对于无限大的环境来说，可以认为变化是可逆的。可依据下面公式计算环境熵变

$$\Delta S_{amb}=\frac{Q_{amb}}{T_{amb}}=-\frac{Q_{sys}}{T_{amb}} \tag{2-19}$$

2.2.2 不同过程系统熵变的计算

1. 恒温过程的熵变

对于恒温可逆过程，熵变为

$$\Delta S=\frac{Q_R}{T} \tag{2-20}$$

式中，Q_R为恒温可逆过程中的热。

对于理想气体恒温可逆过程，熵变为

$$\Delta S=\frac{nRT\ln\dfrac{V_2}{V_1}}{T}=nR\ln\frac{V_2}{V_1}=nR\ln\frac{p_1}{p_2} \tag{2-21}$$

2. 恒压变温过程的熵变

定压条件下，如果过程是不可逆的，则需要设计一个可逆过程来计算系统的熵变。假设在 T_1与 T_2之间有无数个热源，热源之间的温度差为无穷小，系统与热源逐个接触，使其温度由 T_1缓慢变成 T_2，这样的加热过程可以看作是可逆过程。系统与每个热源接触时，系统的 $\delta Q_R=C_p\mathrm{d}T$ 。因此，对等压不做非体积功的系统有

$$\delta Q_R=\mathrm{d}H=nC_{p,m}\mathrm{d}T$$

故

$$\Delta S=\int_{T_1}^{T_2}\frac{nC_{p,m}}{T}\mathrm{d}T=nC_{p,m}\ln\frac{T_2}{T_1} \tag{2-22}$$

式（2-22）是在假定 C_p 不随温度变化而改变的条件下推导出的。如果 C_p 随着温度的改变而改变，那么需要依据 $C_p=f(T)$ 带入积分式才可以得到。

3. 恒容变温过程的熵变

定容条件下，如恒容变温过程所述，根据热力学第一定律

$$\delta Q_{\mathrm{R}} = \mathrm{d}U + p\mathrm{d}V = C_V \mathrm{d}T = nC_{V,\mathrm{m}} \mathrm{d}T$$

故
$$\Delta S = \int_{T_1}^{T_2} \frac{nC_{V,\mathrm{m}}}{T} \mathrm{d}T = nC_{V,\mathrm{m}} \ln \frac{T_2}{T_1} (\text{假定 } C_V \text{ 不变}) \tag{2-23}$$

式（2-22）和式（2-23）适用于气体、液体和固体熵变的计算。但是要求在计算的温度范围内，不能有相变发生。因为如果有相变发生，那么系统的热容将会发生突变。

4. 任意变温过程的熵变

设系统由状态 1（p_1，T_1，V_1）可逆变化到状态 2（p_2，T_2，V_2），由热力学第一定律得

$$\delta Q_{\mathrm{R}} = \mathrm{d}U + p\mathrm{d}V (\text{无非体积功})$$

对理想气体
$$\mathrm{d}U = C_V \mathrm{d}T$$

故
$$\mathrm{d}S = \frac{C_V}{T} \mathrm{d}T + \frac{p}{T} \mathrm{d}V \tag{2-24}$$

将系统的 C_{V} 及理想气体状态方程代入式（2-23）并积分即可得到系统的熵变。

$$\Delta S = nC_{V,\mathrm{m}} \ln \frac{T_2}{T_1} + nR \ln \frac{V_2}{V_1} \tag{2-25}$$

也有
$$\Delta S = nC_{p,\mathrm{m}} \ln \frac{T_2}{T_1} - nR \ln \frac{p_2}{p_1} \tag{2-26}$$

由于熵是状态函数，因而上列各式既能用于可逆过程，也可用于不可逆过程。如绝热不可逆压缩过程的熵，只要确定了其始末态，就可以通过上述公式进行计算。

5. 相变化的熵变

在恒温恒压两相平衡时所发生的相变化过程，属于可逆过程。这时由于 $Q_{\mathrm{R}} = \Delta H$ 为相变焓，故 α 相转变为 β 相时，其熵变为

$$\Delta_{\alpha}^{\beta} S = \frac{n\Delta_{\alpha}^{\beta} H_{\mathrm{m}}}{T} \tag{2-27}$$

然而，不在平衡条件下发生的相变化是不可逆过程。这时，由于 $Q_{\mathrm{R}} \neq \Delta H$，故不能直接用式（2-26），而要设计可逆过程方能计算 ΔS。

【例 2-1】 将 2mol Ar（g），视作理想气体，已知其 $C_{V,\mathrm{m}} = 1.5R$，计算其从始态 273K，100kPa，变到终态 298K，1000kPa 过程的熵变。

解：

$$\begin{aligned}
\Delta S &= nR \ln \frac{P_1}{P_2} + \int_{T_1}^{T_2} \frac{C_p}{T} \mathrm{d}T \\
&= nR \ln \frac{P_1}{P_2} + n(C_{V,\mathrm{m}} + R) \ln \frac{T_2}{T_1} \\
&= 2\mathrm{mol} \times 8.314 \times \ln \frac{100}{1000} + 2 \times \frac{5}{2} \times 8.314 \times \ln \frac{298}{273} \\
&= -34.64 \mathrm{J} \cdot \mathrm{K}^{-1}
\end{aligned}$$

【例 2-2】 有一通过导热壁间隔的绝热箱子，左边容积是右边容积的两倍，左边放 3mol，160K 的某双原子理想气体 A，右边放 1mol，100K 的某单原子理想气体 B。

A	B
3mol	1mol
160K	100K

试求：

(1) 不抽掉隔板达平衡后的熵变。

(2) 抽掉隔板达平衡后的熵变。

解：

(1) 不抽掉隔板达平衡后的熵变

$$n_A C_{V,m_A}(T_A - T) = n_B C_{V,m_B}(T - T_B)$$

$$3 \times \frac{5}{2} \times 8.314 \times (160 - T) = 1 \times \frac{3}{2} \times 8.314 \times (T - 100)$$

$$T = 150K$$

$$\Delta S = n_A C_{V,m_A} \ln \frac{T}{T_A} + n_B C_{V,m_B} \ln \frac{T}{T_B}$$

$$= 3 \times \frac{5}{2} \times 8.314 \times \ln \frac{150}{160} + 1 \times \frac{3}{2} \times 8.314 \times \ln \frac{150}{100}$$

$$= 1.03 J \cdot K^{-1}$$

(2) 抽掉隔板达平衡后的熵变

$$\Delta S = \Delta S_A + \Delta S_B$$

$$= n_A C_{V,m_A} \ln \frac{T}{T_A} + n_A R \ln \frac{V}{V_A} + n_B C_{V,m_B} \ln \frac{T}{T_B} + n_B R \ln \frac{V}{V_B}$$

$$= 3 \times \frac{5}{2} \times 8.314 \times \ln \frac{150}{160} + 3 \times 8.314 \times \ln \frac{3}{2}$$

$$+ 1 \times \frac{3}{2} \times 8.314 \times \ln \frac{150}{100} + 1 \times 8.314 \times \ln 3$$

$$= 20.28 J \cdot K^{-1}$$

【例 2-3】 在标准压强以及绝热条件下，将温度为 263.15K（T_1）的 1.0kg$H_2O(s)$ 投到温度为 293.15K（T_2）的 4.0kg$H_2O(l)$ 中，求这一过程的熵变。

已知 $\Delta_{fus}H = 6.029 kJ \cdot mol^{-1}$，$C_{p,m}(H_2O, l) = 75.291 J \cdot K^{-1} \cdot mol^{-1}$，

$$C_{p,m}(H_2O, s) = 33.577 J \cdot K^{-1} \cdot mol^{-1}。$$

解： 冰和水混合后可能是下列四种情况之一：①冰和水共存；②恰好全部变成 0℃的液态水；③全部变成液态水；④全部变成冰。要确定最终结果，可通过冰变成 0℃的液态水所需的热与液态水降温至 0℃所放出的热的大小比较来判断。

$H_2O(s)$ 的物质的量：$n_s = \frac{W_s}{M} = \frac{1.0}{0.0180148} = 55.510 mol$

$H_2O(l)$ 的物质的量：$n_l = \frac{W_l}{M} = \frac{4.0}{0.0180148} = 222.040 mol$

冰恰好全部变成 0℃（T_0）的液态水需要吸收的热量为：

$$Q'_{吸} = n_s[C_{p,m}(s)(T_0 - T_1) + \Delta_{fus}H_m^\theta]$$

$$= 55.510 \times [33.577 \times (273.15 - 263.15) + 6.029 \times 10^3] = 353.307 kJ$$

20℃液态水变成 0℃（T_0）的液态水将放出的热量为：

$$Q'_{放} = n_l C_{p,m}(l)(T_0 - T_2)$$

$$= 222.040 \times 75.291 \times (273.15 - 293.15) = -334.351 kJ$$

显然，液态水所放出的热不足以使冰全部融化，因两者相差不大，故必为冰—水两相

平衡。

设平衡时仍未融化的冰的物质的量为 n_{ss}，有

$$n_s C_{p,m}(s)(T_0 - T_1) + (n_s - n_{ss}) \times \Delta_{fus} H_m^{\ominus} + n_l C_{p,m}(l)(T_0 - T_2) = 0$$

$$n_{ss} = \frac{n_s[C_{p,m}(s)(T_0 - T_1) + \Delta_{fus} H_m^{\ominus}] + n_l C_{p,m}(l)(T_0 - T_2)}{\Delta_{fus} H_m^{\ominus}}$$

$$= \frac{55.510[33.577 \times (273.15 - 263.15) + 6029] + 222.040 \times 75.291 \times (273.15 - 293.15)}{6029}$$

$$= 3.144\text{mol}$$

则过程的熵变为：

$$\Delta S = n_s C_{p,m}(s) \ln \frac{T_0}{T_1} + \frac{(n_s - n_{ss})\Delta_{fus} H_m^{\ominus}}{T_0} + n_l C_{p,m}(l) \ln \frac{T_0}{T_2}$$

$$= 55.510 \times 33.577 \times \ln \frac{273.15}{263.15} + \frac{(55.510 - 3.144) \times 6029}{273.15} + 222.040 \times 75.291 \times \ln \frac{273.15}{293.15} = 44.02\text{J} \cdot \text{K}^{-1}$$

【例 2-4】 请计算 1mol 过冷水在 263K，101325Pa 凝固成冰的熵变，并说明该过程的可逆性。

已知在 273K 时水的标准摩尔相变焓为 $\Delta_l^s H_m(H_2O) = -6020\text{J} \cdot \text{mol}^{-1}$，水和冰在该温度范围内的平均摩尔定压热容分别为：

$$C_{p,m}(H_2O,l) = 75.3\text{J} \cdot \text{mol}^{-1} \cdot \text{K}^{-1},\ C_{p,m}(H_2O,s) = 37.6\text{J} \cdot \text{mol}^{-1} \cdot \text{K}^{-1}。$$

H_2O(l, 263K, 101325Pa) —ΔS→ H_2O(s, 263K, 101325Pa)

ΔS_1 ↓　　　　↑ ΔS_3

H_2O(l, 273K, 101325Pa) —ΔS_2→ H_2O(s, 273K, 101325Pa)

解：

$$\Delta S_{系} = \Delta S_1 + \Delta S_2 + \Delta S_3$$

$$= \int_{T_1}^{T_2} \frac{nC_{p,m}(H_2O,l)}{T} dT + \frac{\Delta_l^s H(H_2O)}{T_2} + \int_{T_2}^{T_1} \frac{nC_{p,m}(H_2O,s)}{T} dT$$

$$= nC_{p,m}(H_2O,l) \ln \frac{T_2}{T_1} + \frac{n\Delta_l^s H_m(H_2O)}{T_2} + nC_{p,m}(H_2O,s) \ln \frac{T_1}{T_2}$$

$$= 1 \times 75.3 \times \ln \frac{273}{263} + \frac{1 \times (-6020)}{273} + 1 \times 37.6 \times \ln \frac{263}{273}$$

$$= -20.64\text{J} \cdot \text{K}^{-1}$$

$$\Delta H_{系} = \Delta H_1 + \Delta H_2 + \Delta H_3$$

$$= \int_{T_1}^{T_2} nC_{p,m}(H_2O,l) dT + [\Delta_l^s H(H_2O)] + \int_{T_2}^{T_1} nC_{p,m}(H_2O,s) dT$$

$$= nC_{p,m}(H_2O,l)(T_2 - T_1) + [n\Delta_l^s H_m(H_2O)] + nC_{p,m}(H_2O,s)(T_1 - T_2)$$

$$= 1 \times 75.3 \times (273 - 263) + 1 \times (-6020) + 1 \times 37.6 \times (263 - 273)$$

$$= -5643\text{J}$$

$$\Delta S_{环} = \frac{-Q}{T_{环}} = -\frac{\Delta H_{系}}{T_{环}} = \frac{5643}{263} = 21.46\text{J} \cdot \text{K}^{-1}$$

$$\Delta S_{孤立} = \Delta S_{系} + \Delta S_{环} = -20.64 + 21.46 = 0.82\mathrm{J \cdot K^{-1}}$$

$$0.82\mathrm{J \cdot K^{-1}} > 0$$

计算结果表明，该过程自发，不可逆。

与上述过冷液体的凝固过程一样，过冷蒸气的液化及过热液体的汽化等过程，均属于不可逆相变过程。对这一类不可逆过程，我们都需要设计一个可逆相变过程来求解。并结合环境熵变来判断过程的方向。

2.3 热力学第三定律和化学反应熵变的计算

在热力学第二定律中，我们使用熵来判断过程的方向和限度，但是熵的物理意义并不能直观明确地表示。熵的绝对值目前还没有可用来计算的理论依据，也没有实验方法可以测定，我们只能求解某一指定变化过程中熵的变化值，为了计算方便，人为选定了一些计算的基准。热力学第三定律解决的就是这个基准问题。

2.3.1 热力学第三定律

20 世纪初，人们从低温化学反应和电池电动势的测定中发现，凝聚态系统恒温过程的熵变 $\Delta_T S$ 随温度的下降而减少。能斯特据此提出一个假定：

凝聚态系统在恒温过程中的熵变，随温度趋于 0K 而趋于零，即

$$\lim_{T \to 0\mathrm{K}} \Delta_T S = 0 \text{（凝聚系统）}$$

上述即为能斯特热定理。它奠定了热力学第三定律的基础。

而普朗克等人最终确定热力学第三定律的表述形式为：

纯物质完美晶体的熵，0K 时为零，即

$$S^*(0\mathrm{K}, \text{完美晶体}) = 0 \tag{2-28}$$

这里的完美晶体是指没有任何缺陷的晶体。上述表述与熵的物理意义是一致的，也符合统计力学中对熵的定义。

2.3.2 规定熵和标准熵

以 $S^*(0\mathrm{K}, \text{完美晶体}) = 0$ 为始态，以温度为 T 时的指定状态 $S_B(T)$ 为终态，所得到的 1mol 物质的熵变称为物质 B 在该指定状态下的摩尔规定熵 $S_B(T)$，即 $\Delta S_B = S_B(T) - S_B(0\mathrm{K}) = S_B(T)$。

由于规定熵是以第三定律 $S^*(0\mathrm{K}, \text{完美晶体}) = 0$ 为基础的，故又称为第三定律熵。标准状态下的摩尔规定熵即为标准摩尔熵，常用 $S_m^\ominus(T)$ 表示。

1mol 纯固体（完美晶体）在标准压强 $p^\ominus$ 下，若从 0K 到温度 T 时不发生相变化，则温度 T 时的标准摩尔熵 $S_m^\ominus(T)$ 可表示为

$$S_m^\ominus(T) - S_m^\ominus(0\mathrm{K}) = \int_{0\mathrm{K}}^{T} (C_{p,\mathrm{m}}/T)\mathrm{d}T$$

因：S^*（0K，完美晶体）=0，故

$$S_{\mathrm{m}}^{\ominus}(T)=\int_{0\mathrm{K}}^{T}(C_{p,\mathrm{m}}/T)\mathrm{d}T=\int_{0\mathrm{K}}^{T}C_{p,\mathrm{m}}\mathrm{dln}T \tag{2-29}$$

可见，$S_{\mathrm{m}}^{\ominus}(T)$ 可由实测的 $C_{p,\mathrm{m}}\sim \ln T$ 或 $\frac{C_{p,\mathrm{m}}}{T}\sim T$ 曲线经图解积分获得。由于极低温度下实测 $C_{p,\mathrm{m}}$ 非常困难，缺乏 15K 以下的数据，故在 0～15K 范围内常用下式计算

$$C_{p,\mathrm{m}}\approx C_{V,\mathrm{m}}=aT^{3}\ (\text{非金属}),\ C_{p,\mathrm{m}}\approx C_{V,\mathrm{m}}=aT^{3}+bT\ (\text{金属})$$

式中，a、b 是物质的特性常数，由极低温度下的实验测得数据，再外推至 T 趋于 0 时得到。前者又称为德拜（Debye）T^{3} 公式，计算规定熵时，通常还要考虑相变过程中的熵。

2.3.3 标准摩尔反应熵

若一化学反应是在 298.15K 下进行的

$$a\mathrm{A}(\alpha)+b\mathrm{B}(\beta)\rightarrow y\mathrm{Y}(\gamma)+z\mathrm{Z}(\delta)$$

各组分均处于标准态，则标准摩尔反应熵 $\Delta_{\mathrm{r}}S_{\mathrm{m}}^{\ominus}$ 等于末态各产物标准摩尔熵之和减去始态各反应物标准摩尔熵之和，即

$$\begin{aligned}\Delta_{\mathrm{r}}S_{\mathrm{m}}^{\ominus}&=[yS_{\mathrm{m}}^{\ominus}(\mathrm{Y})+zS_{\mathrm{m}}^{\ominus}(\mathrm{Z})]-[aS_{\mathrm{m}}^{\ominus}(\mathrm{A})+bS_{\mathrm{m}}^{\ominus}(\mathrm{B})]\\&=\sum \nu_{\mathrm{B}}S_{\mathrm{m}}^{\ominus}(\mathrm{B})\end{aligned} \tag{2-30}$$

式中，ν_{B} 是反应计量系数，对产物为正，反应物为负。由于恒温恒压下物质的混合过程也有熵变，因此式（2-30）实际上计算的只是反应物和产物均处于纯的标准态时反应进度为 1mol 时的熵变。

与基尔霍夫公式推导类似，由已知温度下的反应熵变求另一温度下反应的熵变可用下列公式计算（两温度间同样不能发生相变化）

$$\Delta_{\mathrm{r}}S_{\mathrm{m}}^{\ominus}(T_{2})=\Delta_{\mathrm{r}}S_{\mathrm{m}}^{\ominus}(T_{1})+\int_{T_{1}}^{T_{2}}\frac{\Delta C_{p,\mathrm{m}}^{\ominus}}{T}\mathrm{d}T \tag{2-31}$$

2.4 亥姆霍兹自由能和吉布斯自由能

通过上面章节的学习，我们知道用系统本身的熵变 ΔS 的符号可以判断过程自发进行的方向和达到平衡的条件，但是要求系统本身必须是一个孤立系统，即孤立系统与环境之间无物质交换，也无功和热的交换。然而，我们研究的众多过程通常不能满足上述条件。例如，化学反应更多的是在恒温、恒压或恒温、恒容的条件下进行。由于反应过程常伴有热量的吸收或放出，系统不是一个孤立系统。这时，如果使用熵判据，除了需要计算系统的熵变外，还需要计算环境的熵变，用大的孤立系统的总熵变的符号来判断过程自发进行的方向。这样不仅很不方便，而且很多情况下环境的熵变无法计算。因此为了判断恒温恒压或恒温恒容下一个过程自发进行的方向，亥姆霍兹和吉布斯分别定义了两个新的热力学函数——亥姆霍兹函数 A 和吉布斯函数 G，在一定条件下可以根据系统本身的这些函数改变值的符号就能判断过程自发进行的方向。

2.4.1 亥姆霍兹函数

根据热力学第二定律，有式（2-12），即

$$dS \geqslant \frac{\delta Q}{T}$$

结合热力学第一定律（式 1-5），即

$$dU = \delta Q + \delta W$$

若过程恒温，则

$$-d(U - TS) \geqslant -\delta W$$

定义

$$A = U - TS \tag{2-32}$$

A 称为亥姆霍兹函数。由于 U、T 和 S 都是状态函数，因此 A 也是状态函数，是容量性质，具有能量的量纲，于是可得

$$-dA \geqslant -\delta W \begin{cases} \text{“>” 表示过程不可逆} \\ \text{“=” 表示过程可逆} \\ \text{“<” 不可能发生} \end{cases} \tag{2-33}$$

由上可知，在等温可逆过程中，封闭系统的亥姆霍兹自由能的减少等于系统对外所做的最大功，即 $\Delta A = W_{f,max}$ 。故亥姆霍兹自由能可看作等温条件下系统做功的本领。若过程不可逆，则系统亥姆霍兹自由能的增加将小于系统所获得的功。

若将式中的功分为体积功和非体积功，即

$$\delta W = \delta W_{ex} + \delta W_f = p_{ex} dV + \delta W_f \text{ ,}$$

则

$$-dA \geqslant -(p_{ex} dV + \delta W_f)$$

在恒温恒容条件下，即

$$-dA_{T,V} \geqslant -\delta W_f \tag{2-34}$$

此式表示，在恒温、恒容的条件下，可以用系统亥姆霍兹函数的减少值 $-\Delta A$ 与系统对外所做的非体积功 W_f 的大小来判断过程的可逆性。

若在恒温恒容，同时系统不做非体积功的条件下，则

$$-dA_{T,V} \geqslant 0$$

或

$$\Delta A_{T,V} \leqslant 0 \tag{2-35}$$

此式表示恒温恒容，无非体积功交换时，系统的亥姆霍兹自由能不会增加，即可逆过程中亥姆霍兹自由能不变，在不可逆过程中，亥姆霍兹自由能减少。系统内如果发生了一个不可逆过程，则这个不可逆过程是一个自发过程。也就是说，在恒温恒容无非体积功的封闭系统内，自发过程总是朝着 $\Delta A<0$ 的方向进行，直到系统达到平衡态。而在恒温恒容系统无非体积功的条件下，亥姆霍兹自由能增加是不可能发生的。这样，在恒温恒容系统不做非体积功的条件下，亥姆霍兹函数的改变值 ΔA 的符号就可以用来判断过程自发进行的方向和达到平衡的条件，即

$$\Delta A_{T,V} \leqslant 0 \begin{cases} \text{“<” 表示过程自发进行} \\ \text{“=” 表示系统达到平衡状态} \\ \text{“>” 表示不可能发生} \end{cases}$$

由于系统热力学能和焓的绝对值大小无法确定，所以 A 的绝对值的大小也无法确定。一个过程发生后，亥姆霍兹函数的改变值 ΔA 可以用恒温恒容可逆过程中系统对外所做的非体积功来度量。

2.4.2　吉布斯函数

在恒温条件下，对于一个封闭系统由式

$$-(\mathrm{d}U - T\mathrm{d}S) \geqslant -\delta W$$

得

$$-\mathrm{d}(U - TS) \geqslant p_{\mathrm{ex}}\mathrm{d}V - \delta W_{\mathrm{f}}$$

如果过程在恒温恒压下进行，有

$$-\mathrm{d}(U + p_{\mathrm{ex}}V - TS) \geqslant -\delta W_{\mathrm{f}}$$

或

$$-\mathrm{d}(H - TS) \geqslant -\delta W_{\mathrm{f}}$$

令

$$G = H - TS \tag{2-36}$$

则得

$$-\mathrm{d}G_{T,p} \geqslant -\delta W_{\mathrm{f}}\begin{cases}\text{“>”表示过程不可逆}\\ \text{“=”表示过程可逆}\\ \text{“<”不可能发生}\end{cases} \tag{2-37}$$

式中，G 叫作吉布斯自由能，亦称吉布斯函数，它也是状态函数。

此式表示在等温等压可逆条件下的封闭系统中，环境对系统所做的最大非体积功等于其吉布斯自由能的减少（$-\Delta G$），即 $\Delta G = \mathrm{W_{f,max}}$ 。若过程不可逆，则所做的非体积功小于系统的吉布斯自由能的减少（$-\Delta G$）。而在恒温恒压条件下不可能发生系统所做非体积功比系统吉布斯函数减少值还大的过程。因此，在恒温恒压的条件下，可以用系统所做的非体积功 δW_{f} 与系统本身吉布斯函数的减少值（$-\Delta G$）相比较来判断过程的可逆性。

在恒温恒压不做非体积功的封闭系统内自发过程必定是朝着 $\Delta G<0$ 减少的方向进行，直到系统达到平衡状态；而在恒温恒压不做非体积功的封闭系统内，$\Delta G>0$ 的过程是不可能发生的。可以用 ΔG 的符号来判断恒温恒压不做非体积功的封闭系统内自发过程进行的方向和是否达到平衡，即

$$\Delta G_{T,p} \leqslant 0\begin{cases}\text{“<”表示过程自发进行}\\ \text{“=”表示系统达到平衡态}\\ \text{“>”不可能发生}\end{cases} \tag{2-38}$$

由于系统热力学能和焓的绝对值的大小是无法确定，所以 G 的绝对值的大小也无法确定。一个过程发生后，吉布斯函数的改变值 ΔG 可以用恒温恒压可逆过程中系统对外所做的非体积功来度量。

我们知道 A 、G 是状态函数，系统处于一定的状态时它就有完全确定的值，系统发生变化后也有确定的 ΔA、ΔG ，与过程是否恒温恒容或恒温恒压无关。只是，如果不满足这些条件，ΔA、ΔG 与系统所做的功 W 没有必然的关系。

2.5　热力学基本方程

已知的热力学状态函数可分为两大类：一类是可直接测定的，如：p、V、T、$C_{p,\mathrm{m}}$、$C_{V,\mathrm{m}}$ 等；另一类是不能直接测定的，如：U、H、S、A、G，其中，U 和 S 是系统的基本状态函数，而 H、A、G 均为导出函数，是由 U 和 S 组合而成。U 和 H 用于解决能量计算问

题，而 S、A 和 G 则主要用来进行过程可能性的判断。

根据定义，在五个热力学函数之间有如下关系：

$$H = U + pV$$
$$A = U - TS$$
$$G = H - TS = U + pV - TS = A + pV$$

这几个公式都是定义式。据热力学第一、第二定律，对于封闭系统只做体积功不做非体积功的可逆过程，有

$$\mathrm{d}U = \delta Q_{\mathrm{R}} - p\mathrm{d}V \text{ 和 } \delta Q_{\mathrm{R}} = T\mathrm{d}S$$

两式结合得

$$\mathrm{d}U = T\mathrm{d}S - p\mathrm{d}V \tag{2-39a}$$

这是第一定律与第二定律的联合公式，适用于组成不变且不做非体积功的封闭系统。

根据 $H = U + pV$，微分后代入式（2-39a）可得

$$\mathrm{d}H = T\mathrm{d}S + V\mathrm{d}p \tag{2-39b}$$

同法可得

$$\mathrm{d}A = -S\mathrm{d}T - p\mathrm{d}V \tag{2-39c}$$

$$\mathrm{d}G = -S\mathrm{d}T + V\mathrm{d}p \tag{2-39d}$$

式（2-39a）～式（2-39d）都是热力学基本公式，其应用条件均相同，可以看出 U、H、A、G 变量的函数，它们只能适用于双变量的密闭系统。

从这几个基本公式还可导出很多有用的关系式，如

$$T = \left(\frac{\partial U}{\partial S}\right)_V = \left(\frac{\partial H}{\partial S}\right)_p \tag{2-40a}$$

$$p = -\left(\frac{\partial U}{\partial V}\right)_S = -\left(\frac{\partial A}{\partial V}\right)_T \tag{2-40b}$$

$$V = \left(\frac{\partial H}{\partial T}\right)_S = \left(\frac{\partial G}{\partial p}\right)_T \tag{2-40c}$$

$$S = -\left(\frac{\partial A}{\partial T}\right)_V = -\left(\frac{\partial G}{\partial T}\right)_p \tag{2-40d}$$

2.6 麦克斯韦（Maxwell）关系式

2.6.1 四个重要关系式

若用 z 代表系统的任一状态函数，且 z 是两个变量 x 和 y 的函数。因其变化与过程无关，在数学上状态函数具有全微分的性质，即若

$$z = f(x, y)$$

则有

$$\mathrm{d}z = \left(\frac{\partial z}{\partial x}\right)_y \mathrm{d}x + \left(\frac{\partial z}{\partial y}\right)_x \mathrm{d}y = M\mathrm{d}x + N\mathrm{d}y$$

M 对 y 偏微分，N 对 x 偏微分，得 $\left(\frac{\partial M}{\partial y}\right)_x = \frac{\partial^2 z}{\partial y \partial x}$ 及 $\left(\frac{\partial N}{\partial x}\right)_y = \frac{\partial^2 z}{\partial x \partial y}$

有：$\left(\frac{\partial M}{\partial y}\right)_x = \left(\frac{\partial N}{\partial y}\right)_x$ 即二阶偏导数与求导的次序无关。这是全微分的充分必要条件，因此利用该式，由基本公式 $\mathrm{d}U = T\mathrm{d}S - P\mathrm{d}V$

可得

$$\left(\frac{\partial T}{\partial V}\right)_S = -\left(\frac{\partial p}{\partial S}\right)_V$$

整理得

$$\left(\frac{\partial S}{\partial p}\right)_V = -\left(\frac{\partial V}{\partial T}\right)_S \tag{2-41a}$$

同理，由 $\mathrm{d}H = T\mathrm{d}S + V\mathrm{d}p$

可得：$\left(\frac{\partial T}{\partial p}\right)_S = \left(\frac{\partial V}{\partial S}\right)_p$，即

$$\left(\frac{\partial S}{\partial V}\right)_p = \left(\frac{\partial p}{\partial T}\right)_S \tag{2-41b}$$

由　$\mathrm{d}A = -S\mathrm{d}T - p\mathrm{d}V$ 可得

$$\left(\frac{\partial S}{\partial V}\right)_T = \left(\frac{\partial p}{\partial T}\right)_V \tag{2-41c}$$

由　$\mathrm{d}G = -S\mathrm{d}T + V\mathrm{d}p$　可得

$$\left(\frac{\partial S}{\partial p}\right)_T = -\left(\frac{\partial V}{\partial T}\right)_p \tag{2-41d}$$

以上四式为麦克斯韦关系式。利用这些关系式，可以用容易从实验测定的偏微商表示那些不易直接测定的偏微商。

2.6.2　循环公式

对于组成不变的封闭系统，任意两个独立的状态函数确定以后，系统的状态函数就确定了，也就是说任意一个状态函数可以表示为其他两个状态函数的函数。故系统只有两个独立的状态函数，即在系统组成不变的前提下，二者可以任意变动。设 x、y、z 为系统的状态函数，则有 $z=z\ (x,\ y)$，其全微分为

$$\mathrm{d}z = \left(\frac{\partial z}{\partial x}\right)_y \mathrm{d}x + \left(\frac{\partial z}{\partial y}\right)_x \mathrm{d}y$$

z 一定时，$\mathrm{d}z=0$，两边同时除以 $\mathrm{d}y$ 得

$$\left(\frac{\partial x}{\partial y}\right)_z = -\frac{\left(\frac{\partial z}{\partial y}\right)_x}{\left(\frac{\partial z}{\partial x}\right)_y}$$

同理，x 一定时，$\mathrm{d}x=0$，两边同时除以 $\mathrm{d}z$ 得

$$\left(\frac{\partial y}{\partial z}\right)_x = \frac{1}{\left(\frac{\partial z}{\partial y}\right)_x}$$

结合上面两式有

$$\left(\frac{\partial z}{\partial x}\right)_y \left(\frac{\partial x}{\partial y}\right)_z \left(\frac{\partial y}{\partial z}\right)_x = -1 \tag{2-42}$$

式 (2-42) 为循环公式，即对于函数 $z=z\ (x,\ y)$，其中三个变量依次求偏导的积为 -1。

例如对于函数 $P = P(T,V)$，有：

$$\left(\frac{\partial p}{\partial T}\right)_V\left(\frac{\partial T}{\partial V}\right)_p\left(\frac{\partial V}{\partial p}\right)_T=-1 \tag{2-43}$$

循环公式在热力学推导中也经常被使用。

【例 2-5】 求 $\left(\frac{\partial U}{\partial V}\right)_T$、$\left(\frac{\partial H}{\partial p}\right)_T$。

解： 根据基本关系式

$$\mathrm{d}U=T\mathrm{d}S-p\mathrm{d}V$$

在一定温度时，等式两边同时除以 dV

$$\left(\frac{\partial U}{\partial V}\right)_T=T\left(\frac{\partial S}{\partial V}\right)_T-p$$

由麦克斯韦关系式 $\left(\frac{\partial S}{\partial V}\right)_T=\left(\frac{\partial p}{\partial T}\right)_V$ 代入得

$$\left(\frac{\partial U}{\partial V}\right)_T=T\left(\frac{\partial p}{\partial T}\right)_V-p$$

根据基本关系式

$$\mathrm{d}H=T\mathrm{d}S+V\mathrm{d}p$$

在一定温度时，两边同时除以 dp

$$\left(\frac{\partial H}{\partial p}\right)_T=T\left(\frac{\partial S}{\partial p}\right)_T+V$$

由麦克斯韦关系式 $\left(\frac{\partial S}{\partial p}\right)_T=-\left(\frac{\partial V}{\partial T}\right)_p$ 代入得

$$\left(\frac{\partial H}{\partial p}\right)_T=V-T\left(\frac{\partial V}{\partial T}\right)_p$$

同理可求解 $\left(\frac{\partial U}{\partial p}\right)_T$、$\left(\frac{\partial H}{\partial V}\right)_T$。

2.7 ΔG 的计算

进行 ΔG 的计算需要注意两点，第一，利用 ΔG 的值作为过程自发方向的判据时，过程必须满足恒温、恒压，无非体积功的条件。第二，吉布斯函数是状态函数，一个过程发生之后，ΔG 只取决于始态和终态，与所经历的途径无关，它等于恒温、恒压、可逆过程中系统所做的非体积功。常见的几种变化过程如下。

2.7.1 简单状态变化的恒温过程的 ΔG

由定义式 $G=H-TS$，在恒温时有

$$\Delta G=\Delta H-T\Delta S \tag{2-44}$$

这个公式不仅适用于恒温的简单状态变化过程，而且也适用于恒温的相变化和化学变化过程。对于理想气体的简单的 pVT 变化过程，恒温下 $\Delta H=0$，$\Delta U=0$，$Q=W=nRT\ln\frac{V_2}{V_1}$，由此可知

$$\Delta G=\Delta H-T\Delta S=-T\left(\frac{Q_R}{T}\right)=nRT\ln\frac{V_1}{V_2} \tag{2-45}$$

【例 2-6】 将 3mol 理想气体在 300K 从 500kPa 恒温膨胀至 100kPa，求过程的 ΔU、

ΔH、ΔS、ΔA、ΔG。

解： 理想气体的 U、H 只是温度的函数，在恒温条件下

$$\Delta U = 0$$

$$\Delta H = 0$$

$$\Delta S = nR\ln\frac{p_1}{p_2} = 3\times 8.314\times\ln\frac{500}{100} = 40.14\text{J}\cdot\text{K}^{-1}$$

$$\Delta A = -W_R = -\int_{V_1}^{V_2} p\mathrm{d}V = -nRT\ln\frac{V_2}{V_1} = nRT\ln\frac{p_2}{p_1}$$

$$= 3\times 8.314\times 300\times\ln\frac{100}{500} = -12043.5\text{J}$$

$$\Delta G = \int_{p_1}^{p_2} V\mathrm{d}p = nRT\ln\frac{p_2}{p_1} = -12043.5\text{J}$$

【例 2-7】 标准压强下，1.00mol 氮气由 25℃升温至 225℃，已知氮气（可作理想气体）$S_m^{\ominus}(298.15\text{K}) = 191.61\text{J}\cdot\text{mol}^{-1}\cdot\text{K}^{-1}$，求该过程的 ΔH、ΔS 及 ΔG。

解： 氮气看作双原子理想气体时，其 $C_{p,m} = \frac{7}{2}R$

$$\Delta H = nC_{p,m}(T_2 - T_1) = 1.00\times\frac{7}{2}\times 8.314\times(498.15 - 298.15) = 5.82\times 10^3\text{J}$$

由　$\Delta S = nC_{p,m}\ln\frac{T_2}{T_1} + nR\ln\frac{p_1}{p_2}$ 可知，在恒压条件下

$$\Delta S = nC_{p,m}\ln\frac{T_2}{T_1} = 1.00\times\frac{7}{2}\times 8.314\times\ln\frac{498.15}{298.15} = 14.9\text{J}\cdot\text{K}^{-1}$$

由 G 的定义式 $G = H - TS$ 可得

$$\Delta G = \Delta H - \Delta(TS) = \Delta H - (T_2S_2 - T_1S_1)$$

$$S_2 = S_1 + \Delta S = (1.00\times 191.61 + 14.9)\text{J}\cdot\text{K}^{-1}$$

所以　$\Delta G = 5.82\times 10^3 - (498.15\times 206.50 - 298.15\times 191.61) = -39.90\times 10^3\text{J}$

2.7.2　相变化过程的 ΔG

如果相变化过程是在恒温、恒压两项达平衡条件下发生的，例如水在 100℃、101.325kPa 下蒸发为 100℃、101.325kPa 的水蒸气这一过程，始态和终态达平衡时，根据吉布斯函数判据有

$$\mathrm{d}G = 0$$

或

$$\Delta G_{T,p} = 0$$

如果始态和终态两个相不是平衡的，则应该设计一个从始态到终态的可逆过程来计算这些相变过程的 ΔG 。

【例 2-8】 已知固态苯的熔点是 278.6K；在 268.2K 时固态苯的饱和蒸气压为 2280pa，液态苯的饱和蒸气压为 2675Pa。且假定压强对固体和液体的吉布斯自由能的影响都可以忽略。试求 1mol 过冷液态苯在 268.2K 和 101325Pa 下变成固态苯的吉布斯自由能的变化。

解：

根据已知条件设计可逆过程如下。

$$
\begin{array}{ccc}
C_6H_6\,(l,\,268.2K,\,101325Pa) & \longrightarrow & C_6H_6\,(s,\,268.2K,\,101325Pa) \\
\downarrow (1) & & \uparrow (5) \\
C_6H_6\,(l,\,268.2K,\,2675Pa) & & C_6H_6\,(s,\,268.2K,\,2280Pa) \\
\downarrow (2) & & \uparrow (4) \\
C_6H_6\,(g,\,268.2K,\,2675Pa) & \xrightarrow{(3)} & C_6H_6\,(g,\,268.2K,\,2280Pa)
\end{array}
$$

$$\Delta G_1 = \int_{p^\theta}^{p_1} V_l \mathrm{d}p = V_l(p_1 - p^\theta) = V_l(2675 - 101325)$$

$$\Delta G_5 = \int_{p_2}^{p^\theta} V_s \mathrm{d}p = V_s(p^\theta - p_2) = V_s(101325 - 2280)$$

由于液态苯和固态苯的体积可压缩性较小，摩尔体积相差不大，$V_l \approx V_s$ 且题目假定压强对吉布斯自由能的影响忽略不计，忽略 Δp_l 和 Δp_s 的误差，因此 $\Delta G_1 \approx -\Delta G_5$。

途径（2）和途径（4）都是恒温恒压可逆相变

$\Delta G_2 = 0, \Delta G_4 = 0$

$$\Delta G_3 = nRT\ln\frac{p_2}{p_1} = 1 \times 8.314 \times 268.2 \times \ln\frac{2280}{2675} = -356.3\mathrm{J}$$

$$\Delta G = \Delta G_1 + \Delta G_2 + \Delta G_3 + \Delta G_4 + \Delta G_5 = -356.3\mathrm{J}$$

2.7.3 化学反应的 $\Delta_r G_m$

化学反应通常条件下都是不可逆的。因此，需要设计一个可逆的过程来计算化学反应的摩尔吉布斯函数变化值 $\Delta_r G_m$。关于化学反应 ΔG 的求算，将在化学平衡一章中详细学习，这里只介绍一种简便的由状态函数求算的方法。根据 G 的定义式（2-26），即

$$G = H - TS$$

对一定温度压力下的化学反应来说

$$\Delta G = \Delta H - T\Delta S$$

因此，可根据此反应的 ΔH 和 ΔS 计算 ΔG，而反应的 ΔH 可由标准生成焓求得，ΔS 可由物质的标准规定熵求得。

*2.7.4 ΔG 随温度 T 的变化——吉布斯-亥姆霍兹方程

在讨论化学反应问题时，常需通过反应在某一温度时的 $\Delta_r G(T_0)$ 求另一个温度时的 $\Delta_r G(T)$。

因为
$$\left[\frac{\partial\left(\frac{G}{T}\right)}{\partial T}\right]_p = \frac{T\left(\frac{\partial G}{\partial T}\right)_p - G}{T^2}$$

而
$$\left(\frac{\partial G}{\partial T}\right)_p = -S$$

故
$$\left[\frac{\partial (G/T)}{\partial T}\right]_p = \frac{T(-S) - G}{T^2} = -\frac{H}{T^2} \tag{2-46}$$

由于系统的各个状态函数的绝对值均无法得到，故常将各状态函数写成相对值形式。

因而，式（2-46）又可写成

$$\left[\frac{\partial\left(\frac{\Delta G}{T}\right)}{\partial T}\right]_p=-\frac{\Delta H}{T^2} \tag{2-47}$$

式（2-46）和式（2-47）均为吉布斯-亥姆霍兹方程式。因其推导过程中引入了等压的条件，故只能在等压下使用。将其移项积分得

$$\frac{\Delta G_2}{T_2}-\frac{\Delta G_1}{T_1}=\int_{T_1}^{T_2}\left(-\frac{\Delta H}{T^2}\right)\mathrm{d}T \tag{2-48}$$

同理可得

$$\left[\frac{\partial\left(\frac{A}{T}\right)}{\partial T}\right]_V=-\frac{U}{T^2}$$

即

$$\left[\frac{\partial\left(\frac{\Delta A}{T}\right)}{\partial T}\right]_V=-\frac{\Delta U}{T^2} \tag{2-49}$$

式（2-46）～式（2-49）均为吉布斯-亥姆霍兹方程式，有了这些公式，就可以由某一温度下的 ΔG 求算另一温度下的 ΔG 。

思　考　题

1. 热力学第二定理有几种表述方式，分别是什么？
2. “熵就是热温商”的说法对吗？
3. 使用熵判据 $\Delta S \geqslant 0$ 的前提条件是什么？
4. “0K 时，任何纯物质的熵值等于零”的说法对吗？
5. 在标准压力下，298K 时，反应 $H_2O(l)=H_2(g)+\frac{1}{2}O_2(g)$ 的等压热为 $Q_p=285.8\text{kJ}\cdot\text{mol}^{-1}$，则 $\Delta S=\frac{Q_p}{T}=\frac{285.8\times10^3}{298}=956.68\text{J}\cdot\text{K}^{-1}$ 。该计算过程正确吗？应该如何计算。
6. “$\Delta G_{T,p}>0$ 的过程，一定不可能发生”的说法对吗？
7. “吉布斯自由焓 ΔG 就是系统中能做有用功的那一部分能量”的说法对吗？

习　　题

1. 卡诺热机在 $T_1=600\text{K}$ 的高温热源和 $T_2=300\text{K}$ 低温热源间工作。求：

（1）热机效率 η；

（2）当系统对环境做功 W 为 −100kJ 时，系统从高温热源吸收的热 Q_1 及向低温热源放出的热 Q_2。

（0.5，200 kJ，−100 kJ）

2. 1mol 的理想气体，在 27℃，从 1013kPa 恒温可逆膨胀到 101.3kPa，求过程的 ΔG 。

(−5743J)

3. 5mol 过冷水在−5℃，101.3kPa 下凝结为冰，求过程的 ΔG，并判断过程在此条件下能否发生。已知水和冰的平均热容分别是 $75.3\mathrm{J\cdot K^{-1}\cdot mol^{-1}}$ 和 $37.6\mathrm{J\cdot K^{-1}\cdot mol^{-1}}$，且水在 0℃，101.3kPa 下的凝固热 $\Delta H_{\mathrm{m,凝}}=-6.009\mathrm{kJ\cdot mol^{-1}}$。

(−541.74J，可以发生)

4. 室温为 300K 的实验室中，某一大恒温槽（例如油浴）的温度为 400K，因恒温槽绝热不良而有 4.0kJ 的热传给空气，用计算过程来说明这一过程是否为可逆?

(否)

5. 在 100kPa，绝热条件下将 2.00mol、280K 的水（1）与 5.00mol、360K 的水（2）混合，求过程的熵变。已知 $C_{p,\mathrm{m,H_2O(l)}}=75.29\mathrm{J\cdot mol^{-1}\cdot K^{-1}}$。

$(3.27\mathrm{J\cdot K^{-1}})$

6. 高温热源温度 $T_1=600\mathrm{K}$，低温热源温度 $T_2=300\mathrm{K}$。现有 120kJ 的热直接从高温热源传给低温热源，求此过程的 ΔS。

$(200\mathrm{J\cdot K^{-1}})$

7. 5mol He（g）（可看成理想气体），$C_{V,\mathrm{m}}=1.5R$，从始态 273K、100kPa 变到末态 298K、1000kPa，求过程的熵变。

$(-86.62\mathrm{J\cdot K^{-1}})$

8. 已知，标准压强下，氮气（可看成理想气体）的摩尔定压热容与温度的关系为

$$C_{p,\mathrm{m}}=[27.32+6.226\times10^{-3}T-0.9502\times10^{-6}T^2]\mathrm{J\cdot mol^{-1}\cdot K^{-1}}$$

且 25℃时氮气的标准摩尔熵 $S_{\mathrm{m}}^{\ominus}=191.61\mathrm{J\cdot mol^{-1}\cdot K^{-1}}$，求氮气在 80℃、5kPa 下的摩尔规定熵。除热容随温度变化外，气体可看作理想气体。

$(221.55\mathrm{J\cdot mol^{-1}\cdot K^{-1}})$

9. 在 25℃、101325Pa 下，石墨转化为金刚石的 $\Delta_{\mathrm{trs}}H_{\mathrm{m}}=1895\mathrm{J\cdot mol^{-1}}$，$\Delta_{\mathrm{trs}}S_{\mathrm{m}}=-3.363\mathrm{J\cdot mol^{-1}\cdot K^{-1}}$。石墨和金刚石的密度分别为 $2260\mathrm{kg\cdot m^{-3}}$ 和 $3513\mathrm{kg\cdot m^{-3}}$。

(1) 求 25℃、101325Pa 下，石墨转化为金刚石的 $\Delta_{\mathrm{trs}}G_{\mathrm{m}}$。

(2) 试判断在这种条件下，哪种晶型比较稳定?

(3) 增加压强能否使两种晶型的稳定性发生转变? 如果可能，则至少需要加多大的压强才能实现这种转变? 假设密度不随压强而变。

$(2897.174\mathrm{J\cdot mol^{-1}}$，石墨稳定，$1.528\times10^{9}\mathrm{Pa})$

10. 标准压强下，1.00mol 氮气（可看作理想气体）。从 25℃加热到 225℃，求过程的 ΔH、ΔS 及 ΔG，已知氮气的 $S_{\mathrm{m}}^{\ominus}(298.15\mathrm{K})=191.61\mathrm{J\cdot mol^{-1}\cdot K^{-1}}$。

$(5.82\times10^{3}\mathrm{J}$，$14.9\mathrm{J\cdot K^{-1}}$，$-39.9\times10^{3}\mathrm{J})$

11. 在−3℃时，冰的蒸气压为 475.4Pa，水的蒸气压为 489.2Pa。求在−3℃、101.3kPa 下 3mol 过冷水变为冰这一过程的 ΔG。

(−193J)

12. 101325Pa 下将一盛有 100℃、1mol 水的密闭玻璃球放在 100L 的容器中，整个容器放在 100℃的恒温槽内。将玻璃小球击破，水即发生汽化（设蒸气为理想气体），计算该过程的 Q、W、ΔU、ΔH、ΔS、ΔA 和 ΔG。已知 100℃水的汽化热为 $40.59\mathrm{kJ\cdot mol^{-1}}$。

$(W=0$，$Q=\Delta U=37.49\mathrm{kJ}$，$\Delta H=40.59\mathrm{kJ}$，$\Delta S=118.60\mathrm{J\cdot K^{-1}}$，$\Delta A=-6.771\mathrm{kJ}$，

$\Delta G=-3.672\text{kJ}$)

13. 1molCO（g，理想气体）在 298.15K，101.3kPa 时被 506.6kPa 的环境压力压缩到 473.15K，求此过程的 $Q,W,\Delta U,\Delta H,\Delta S$ 。已知 CO（g）的 $C_{p,\mathrm{m}}\approx 3.5R$ 。

（-4.825kJ，8.462kJ，3.637kJ，5.092kJ，$5.587\times10^{-2}\text{J}\cdot\text{K}^{-1}$）

14. 2mol 单原子理想气体，由始态 300K、1MPa 反抗 0.2MPa 的恒定外压绝热不可逆膨胀至平衡态，求过程的 W，ΔU，ΔH 及 ΔS。

（-2.39kJ，-2.39kJ，-3.99kJ，$10.73\text{J}\cdot\text{K}^{-1}$）

15. 1mol 水在 373K、101.3kPa 时，等温向真空容器蒸发至终态压力为 0.5×101.3kPa，计算该过程的 $Q,W,\Delta U,\Delta H,\Delta S,\Delta A$ 和 ΔG ，并判断上述过程是否为不可逆过程。已知水在 101.3kPa 下的汽化热为 $40.66\text{kJ}\cdot\text{mol}^{-1}$。

($W=0,Q=\Delta U=37559\text{J},\Delta S=114.8\text{J}\cdot\text{K}^{-1},\Delta G=-2160.4\text{J},\Delta A=-5261.4\text{J}$,过程不可逆)

16. 2mol 理想气体，从始态（300K，20L）经下列不同过程等温膨胀至 50L，计算各过程的 $Q,W,\Delta U,\Delta H,\Delta S$ 。

（1）可逆膨胀；（2）真空膨胀；（3）对抗恒外压 100kPa 膨胀。

[（1）4570.82J，-4570.82J，0，0，$15.24\text{J}\cdot\text{K}^{-1}$；（2）0，0，0，0，$15.24\text{J}\cdot\text{K}^{-1}$；（3）3000J，$-3000$J，0，0，$15.24\text{J}\cdot\text{K}^{-1}$]

第3章　多组分系统（溶液）热力学

在水处理体系中常会遇到多组分系统。所谓多组分系统是指两种或两种以上的物质（组分）互相混合形成的系统。多组分分散系统可以是单相（均相）的也可以是多相的。形成单相（均相）的条件是混合物必须是以分子形式均匀分散。在涉及多组分的物质以分子形式混合在一起形成的单相（均相）系统时，常会遇到混合物、溶液和稀溶液等名词。混合物是指含一种以上组分均匀混合的系统，它可以是气相、液相或固相。溶液是指一种以上组分均匀混合的液相或固相，并在相当大的范围内可以改变其组成，其中一种组分称为溶剂，而将其余的组分称为溶质。若溶液中的溶质含量很少，溶质摩尔分数总和远小于1，这种溶液称之为稀溶液。

表示溶液中任意一个组分B的浓度，常用的方法有以下几种。

1. 溶质B的摩尔分数（也称B的物质的量分数）

它是溶质B的物质的量n_B与溶液的物质的量Σn_B的比值，用符号x_B表示，x_B是量纲为一的量，单位为1。在气体混合物中，B的摩尔分数用y_B表示。

2. 溶质B的质量摩尔浓度

它是溶质B的物质的量n_B与溶剂质量的比值，用符号m_B表示，单位通常是“mol · kg^{-1}”。

$m_B = \dfrac{n_B 1000}{n_A M_A}$（$n_A M_A$为溶剂A的克数，$M_A$为溶剂A的摩尔分子质量），

$$m_B = \frac{x_B \times 1000}{M_A}; \qquad x_B = \frac{M_A}{1000} m_B$$

3. 溶质B的物质的量浓度（也称溶质B的浓度）

它是溶质B的物质的量n_B与溶液体积V的比值，用符号c_B表示，单位是“mol · m^{-3}”，通常用“mol · dm^{-3}”或“mol · L^{-1}”。

4. 溶质B的质量分数

它是溶质B的质量m_B与溶液的质量Σm_B的比值，用符号w_B表示，w_B是量纲为一的量，单位为1。

3.1　偏　摩　尔　量

在本章之前讨论的热力学系统都是纯物质（单组分）系统，或者是由多种物质构成的组成不变的系统，也就是统称为的单组分系统。因此，只需要温度和压力以及体积三个变量就能描述系统的状态，即所有热力学性质（如U、H、S和G等）都是温度和压力以及体积三个变量的函数。但是对由多种物质构成的溶液而言，由于溶液的性质与溶液的组成有着密切的关系，溶液的组成变化，常会引起溶液性质的变化。因此，描述这个均相多组

分系统的热力学状态时，除使用在单组分系统用的温度、压强和体积三个变量之外，还应增加各组分的浓度（相对含量）这个变量。溶液虽然是混合物，但是在形成溶液时并不是组分之间机械的混合结果，而是分子之间除了物理变化（分子作用力的改变）之外还有化学变化，比如分子的缔合和解离等。此时溶液中某组分的性质已不同于其未形成溶液时该组分的纯物质性质，明显地体现在形成溶液时体积的变化和伴有热效应的产生。例如，在298K和标准压力下，将100mL水与100mL乙醇混合，形成的乙醇水溶液的体积并不等于200mL，而是192mL左右；而将150mL水与50mL乙醇混合，此时形成的乙醇水溶液体积却为195mL。而且其他热力学性质也会有变化。在均匀的多组分系统中，系统的某种广度性质不等于各个纯组分的该种广度性质之和，因此需要引入一个新概念——偏摩尔量。

3.1.1　偏摩尔量的定义

设一个由k个物质组成的多组分均相系统，系统的任一种热力学广度性质X（可分别代表V，U，H，S，A，G等）与温度T、压强p和k个组分的物质的量$n_1,n_2,n_3,\cdots,n_k$有关，写成函数形式为

$$X=f(T,p,n_1,n_2,n_3,\cdots,n_k) \tag{3-1}$$

如果温度、压强以及组成有微小的变化，则X也相应有微小变化，即

$$\mathrm{d}X=\left(\frac{\partial X}{\partial T}\right)_{p,n_j}\mathrm{d}T+\left(\frac{\partial X}{\partial p}\right)_{T,n_j}\mathrm{d}p+\left(\frac{\partial X}{\partial n_1}\right)_{T,p,n_j\neq n_1}\mathrm{d}n_1+\left(\frac{\partial X}{\partial n_2}\right)_{T,p,n_j\neq n_2}\mathrm{d}n_2+\cdots+\left(\frac{\partial X}{\partial n_k}\right)_{T,p,n_j\neq n_k}\mathrm{d}n_k \tag{3-2}$$

在等温等压的条件下，即$\mathrm{d}T=0,\mathrm{d}p=0$，式（3-2）可写成

$$\mathrm{d}X=\sum_{i=1}^{k}\left(\frac{\partial X}{\partial n_i}\right)_{T,p,n_j\neq n_i}\mathrm{d}n_i \tag{3-3}$$

定义

$$X_i=\left(\frac{\partial X}{\partial n_i}\right)_{T,p,n_j\neq n_i} \tag{3-4}$$

因此，式（3-3）可以写为

$$\mathrm{d}X=X_1\mathrm{d}n_1+X_2\mathrm{d}n_2+\cdots+X_k\mathrm{d}n_k=\sum_{i=1}^{k}X_i\mathrm{d}n_i \tag{3-5}$$

式中，X_i称为组分i的某种热力学广度性质X的偏摩尔量。如X为体积V时，V_i为偏摩尔体积；X为吉布斯自由能G时，G_i为偏摩尔吉布斯自由能，X为焓H时，H_i为偏摩尔焓，其余类推。须强调的是，只有系统的广度性质才有偏摩尔量，系统的强度性质没有偏摩尔量，因为广度性质才与系统的物质的量有关；而偏摩尔量属于强度性质。使用偏摩尔量时，要有偏微商外的下角标$T,p,n_{C(C\neq i)}$，即表明只有等温等压下才能称为偏摩尔量，而非等温等压条件下不能称为偏摩尔量。

X_i偏摩尔量的物理意义是，在等温等压条件下，在无限大的系统中，保持i以外的其他组分不变，即加入了1mol的纯物质i所引起该系统的某个广度性质X的改变量。或者是在等温等压的有限系统中，当加入$\mathrm{d}n_i$量的物质i引起系统某个广度性质改变$\mathrm{d}X$，$\mathrm{d}X$与$\mathrm{d}n_i$的比值就是X_i。

3.1.2 偏摩尔量的加和（集合）公式

若在一个系统中同时加入按原来配比的 k 个物质组分，且保持系统的浓度不变，由于偏摩尔量是强度性质，与混合物的浓度有关，而与混合物的总量无关。因此各组分的偏摩尔量 X 的数值也保持不变。根据上节中偏摩尔量 X 的定义及式（3-5），在定温 T 下，有

$$dX = X_1 dn_1 + X_2 dn_2 + \cdots + X_k dn_k = \sum_{i=1}^{k} X_i dn_i$$

当加入 k 个组分的物质的量 n_1，n_2，$n_3\cdots$，k 后，系统的总 X 为

$$X = X_1 \int_0^{n_1} dn_1 + X_2 \int_0^{n_2} dn_2 + \cdots + X_k \int_0^{n_k} dn_\mathrm{k}$$

得到

$$X = n_1 X_1 + n_2 X_2 + \cdots + n_k X_k = \sum_{i=1}^{k} n_i X_i \qquad (3\text{-}6)$$

式（3-6）是偏摩尔量的加和（也称集合）公式。

如果系统仅有 n_A摩尔的 A 和 n_B摩尔的 B 两种物质组分，在恒温和恒压的条件下，向系统中加入 dn_A摩尔的 A 物质和 dn_B摩尔的 B 物质时，系统的热力学广度性质会发生相应的变化。例如系统的吉布斯自由能 G 的微分为 dG

$$dG = G_\mathrm{A} dn_\mathrm{A} + G_\mathrm{B} dn_\mathrm{B} \qquad (3\text{-}7)$$

而系统的吉布斯自由能 G 为

$$G = G_\mathrm{A} n_\mathrm{A} + G_\mathrm{B} n_\mathrm{B} \qquad (3\text{-}8)$$

若系统是有 i 个组分的多组分体系，则系统的吉布斯自由能 G 写成通式

$$G = \sum_i G_i n_i \qquad (3\text{-}9)$$

式（3-6）偏摩尔量加和（集合）公式表明，系统的某个热力学广度性质等于系统中各个物质的热力学广度性质对该热力学广度性质的贡献之和。式（3-6）中 X 代表系统的任何热力学广度性质，为方便起见，表 3-1 给出几种常用的偏摩尔量定义式与它们的加和公式。

几种常用的偏摩尔量定义式与它们的加和（集合）公式 **表 3-1**

X 代表热力学广度性质	偏摩尔量表达式	加和（集合）公式
偏摩尔体积	$V_i = \left(\frac{\partial V}{\partial n_i}\right)_{T,p,n_{j(j\neq i)}}$	$V = \sum_i V_i n_i$
偏摩尔热力学能	$U_i = \left(\frac{\partial U}{\partial n_i}\right)_{T,p,n_{j(j\neq i)}}$	$U = \sum_i U_i n_i$
偏摩尔焓	$H_i = \left(\frac{\partial H}{\partial n_i}\right)_{T,p,n_{j(j\neq i)}}$	$H = \sum_i H_i n_i$
偏摩尔吉布斯自由能	$G_i = \left(\frac{\partial G}{\partial n_i}\right)_{T,p,n_{j(j\neq i)}}$	$G = \sum_i G_i n_i$
偏摩尔亥姆霍兹自由能	$A_i = \left(\frac{\partial A}{\partial n_i}\right)_{T,p,n_{j(j\neq i)}}$	$A = \sum_i A_i n_i$

由表 3-1 中公式可以看出，在多组分系统中，各组分的偏摩尔量必须满足偏摩尔量的

加和公式，不是彼此无关的。偏摩尔吉布斯自由能又称化学势，用符号 μ_i 表示，这将在后面用到。

*3.1.3　偏摩尔量的测定

测量偏摩尔量必须在保持系统恒温、恒压以及浓度不变的条件下进行。现以测量组分 A 在 A、B 两种物质组成的混合物系统中的偏摩尔体积 V_A 为例，来描述偏摩尔量的测定方式和方法。

1. 直接测量法

方法一：在恒温、恒压条件下，在某一定浓度的极大量的（A+B）混合系统中加入 1mol 的组分 A，测得系统体积的改变值为 ΔV，由于系统量极大可以认为加入 1mol 组分 A 后系统的浓度几乎没有变化。因此，所测得 ΔV 就是组分 A 在此浓度时的混合系统中的摩尔体积，也就是组分 A 的偏摩尔体积 V_A。

方法二：在恒温、恒压条件下，在某一定浓度的有限量的（A+B）混合系统中加入极微量的组分 A（dn_A），此情况可认为系统的浓度几乎没有改变，测量加入 dn_A 摩尔的组分 A 引起系统体积的微小变化 dV_A，再换算到加入 1mol 组分 A 所引起的体积改变，即可求得组分 A 的偏摩尔体积 V_A。即已知 dn_A 和测得的 dV_A，利用下面关系就可计算

$$dn_A : dV_A = 1 : V_A$$

$$V_A = \left(\frac{\partial V_A}{\partial n_A}\right)_{T,p,n_B} \tag{3-10}$$

因为是在固定温度 T 和压强 p 以及浓度不变的条件下测量的，所以写成偏微商形式。

2. 切线法（图解法）

若已知溶液的热力学性质与组分的关系，例如根据组分偏摩尔体积的定义，在恒温、恒压和组分 A 的物质的量恒定的条件下，向系统中加入不同数量组分 B，依次测量溶液系统总体积 V 随 n_B 的变化。然后以总体积 V 为纵坐标，B 物质的量 n_B 为横坐标作图，得到一条系统总体积 V 随 n_B 变化的实验曲线，如图 3-1 所示。若求某一浓度时组分 B 的偏摩尔体积，就在相应浓度处作曲线的切线，根据偏摩尔体积的定义式可知，切线斜率 $\left(\frac{\partial V}{\partial n_B}\right)_{T,p,n_A} = V_B$，即得到在该浓度时组分 B 的偏摩尔体积 V_B。

3. 解析法

已知溶液的某热力学性质（如 V，U，H，S 和 G 等）与组分 B 的物质的量之间的函数关系时，可直接根据偏摩尔量的定义式（3-4）或表 3-1 中相应的偏摩尔量的定义式，通过对该热力学性质求偏微商计算该组分的偏摩尔量。

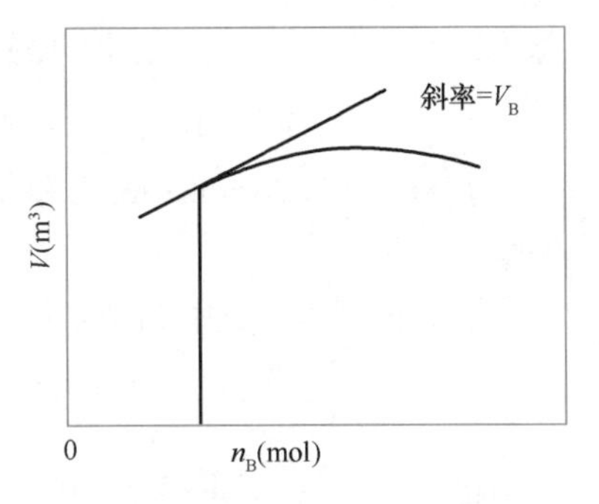

图 3-1　切线法求偏摩尔体积

4. 截距法

若已知 A、B 二组分溶液的摩尔体积 V_m 与组分 B 的摩尔分数 x_B 的关系曲线（图 3-2），求在某一浓度时（曲线 P 点的浓度），组分 A 和组分 B 的偏摩尔体积。具体做法是，过 P 点作曲线的切线，并延长切线分别与 $x_B = 0$（$x_A = 1$）和 $x_B = 1$ 处的纵坐

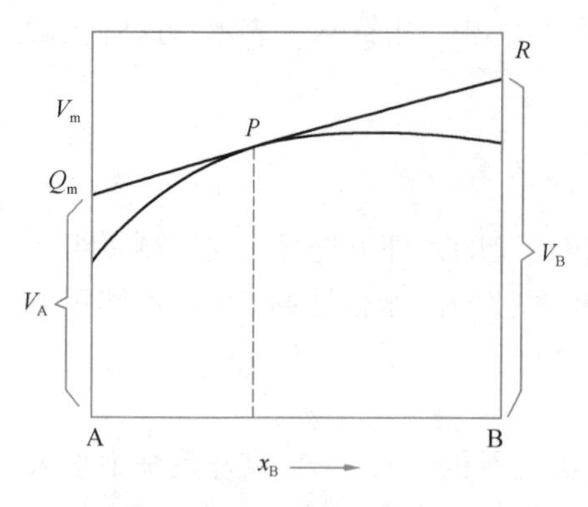

图 3-2　截距法求偏摩尔体积

标相交。已有人根据几何原理证明得到，过曲线 P 点的切线在两个纵轴上的截距，分别等于该点对应浓度的溶液中组分 A 和组分 B 的偏摩尔体积 V_A 和 V_B。所以用此截距法可以同时求出 A、B 二元溶液中任意一个浓度的组分 A 和 B 的偏摩尔体积。

【例 3-1】 在 25℃，101.3kPa 下，将 NaCl（B）溶于 1kg H_2O（A）中，形成的溶液总体积 V 与组分 B 的物质的量 n_B 之间满足如下关系式

$$V=(1002.8+16.4n_B+2.5n_B^2-1.2n_B^3)\ \text{cm}^3$$

求 $n_B=1.00$mol 时，NaCl 和 H_2O 的偏摩尔体积。

解：根据表 3-1 中偏摩尔体积的定义式和溶液总体积 V 与组分 B 的物质的量 n_B 之间的关系式，可求得 NaCl（B）的偏摩尔体积 V_B 与组分 B 的物质的量 n_B 之间的关系为

$$V_B=\left(\frac{\partial V}{\partial n_B}\right)_{T,p,n_A}=(16.4+5.0n_B-3.6n_B^2)\text{cm}^3\cdot\text{mol}^{-1}$$

将 $n_B=1$ 代入，得 NaCl 的偏摩尔体积

$$V_B=17.8\text{cm}^3\cdot\text{mol}^{-1}$$

根据溶液总体积 V，再计算 H_2O（A）的偏摩尔体积 V_A。根据偏摩尔量的加和（集合）公式，即溶液的总体积等于各组分的偏摩尔体积与相应的物质的量的乘积之和

$$V=n_AV_A+n_BV_B$$

则组分 A 的偏摩尔体积

$$V_A=(V-n_BV_B)/n_A$$

而 $n_B=1$mol，$V_B=17.8\text{cm}^3\cdot\text{mol}^{-1}$

$$V=1002.8+16.4\times1+2.5\times1^2-1.2\times1^3=1021\ \text{cm}^3$$

$$n_A=\frac{1\text{kg}}{18.0152\times10^{-3}\text{kg}.\text{mol}^{-1}}=55.5\text{mol}$$

求得 $V_A=18.08\text{cm}^3\cdot\text{mol}^{-1}$

【例 3-2】 在 25℃，101.3kPa 下，1kg H_2O（A）中加入 NaBr（B），形成的水溶液总体积 V 与溶质 B 的质量摩尔浓度 m_B 之间关系式可用下面经验方程式表示

$$V=1002.93+23.189m_B+2.197m_B^{\frac{3}{2}}-0.178m_B^2\qquad(\text{cm}^3)$$

求 $m_B=0.25\text{mol}\cdot\text{kg}^{-1}$ 和 $m_B=0.50\text{mol}\cdot\text{kg}^{-1}$ 时，在溶液中 NaBr(B)和 H_2O(A)的偏摩尔体积。

解：根据表 3-1 中偏摩尔体积的定义式，NaBr(B)的偏摩尔体积 V_B 为

$$V_B=\left(\frac{\partial V}{\partial m_B}\right)_{T,P,n_A}=\left(23.189+\frac{3}{2}\times2.197m_B^{\frac{1}{2}}-2\times0.178m_B\right)\text{cm}^3\cdot\text{mol}^{-1}$$

分别将 $m_B=0.25\text{mol}\cdot\text{kg}^{-1}$ 和 $m_B=0.50\text{mol}\cdot\text{kg}^{-1}$ 代入，计算出在这两种浓度时 NaBr(B)的摩尔体积 V_B 为

$$m_B=0.25\text{mol}\cdot\text{kg}^{-1}\text{时},V_B=24.748\ \text{cm}^3\cdot\text{mol}^{-1}$$

$$m_B=0.50\text{mol}\cdot\text{kg}^{-1}\text{时},V_B=25.341\ \text{cm}^3\cdot\text{mol}^{-1}$$

由摩尔量加和（集合）公式知 $V = n_A V_A + n_B V_B$ ，所以溶液中 H_2O（A）的偏摩尔体积 $V_A = (V - n_B V_B)/n_A$ 。

为计算 V_A，先将溶质B的质量摩尔浓度换算成溶质B的物质的量 n_B（摩尔）。已知溶剂 H_2O（A）为1kg，$m_B = \dfrac{n_B}{1kg}$ 所以 $n_B = m_B \times 1kg$ 。同理，$m_B=0.25mol \cdot kg^{-1}$ 换算成溶质B的物质的量 $n_B=0.25mol$；$m_B = 0.50mol \cdot kg^{-1}$ 换算成溶质B的物质的量 $n_B=0.50mol$。

1kg溶剂 $H_2O(A)$ 换算成物质的量 n_A

$$n_A = \frac{1}{18.0152 \times 10^{-3}} = 55.51mol$$

然后，分别将 $m_B = 0.25mol \cdot kg^{-1}$ 和 $m_B = 0.50mol \cdot kg^{-1}$ 代入给出的水溶液体积与溶质B的质量摩尔浓度 m_B 的经验式，计算出在这两种浓度时溶液的体积 V

$m_B = 0.25mol \cdot kg^{-1}$ 时，$V = 1008.991\ cm^3$ ；

$m_B = 0.50mol \cdot kg^{-1}$ 时，$V = 1015.2568\ cm^3$ 。

最后，计算出在这两种溶液中 $H_2O(A)$ 的偏摩尔体积分别为

$$V_A = 18.065\ cm^3 \cdot mol^{-1}\ ;\ V_B=18.061cm^3 \cdot mol^{-1} 。$$

3.1.4 吉布斯-杜亥姆方程

在均相系统中，各组分的偏摩尔量除遵从偏摩尔量的加和（集合）公式外，偏摩尔量之间还存在着一个相互关联的重要关系——吉布斯-杜亥姆关系式，这可以从下面的推导中看出来。若向系统中分批地加入 k 种物质，不是按比例地同时加入，在加入过程中系统的浓度将有所改变，不但 n_1，n_2，n_3，…，n_k 改变，系统的任何一个广度性质的偏摩尔量 X_1，X_2，X_3，…，X_k 等也同时改变。在等温、等压条件下，对偏摩尔量加和（集合）式（3-6）微分，得

$$dX = n_1 dX_1 + X_1 dn_1 + n_2 dX_2 + X_2 dn_2 + \cdots + n_k dX_k + X_k dn_k \tag{3-11}$$

将此式与式（3-5）比较，可以得出式（3-11）中的求和项

$$n_1 dX_1 + n_2 dX_2 + \cdots + n_k dX_k = 0$$

或

$$\sum_{i=1}^{k} n_i dX_i = 0 \tag{3-12}$$

如果式（3-12）除以系统中混合物的总的物质的量，则得

$$x_1 dX_1 + x_2 dX_2 + \cdots + x_k dX_k = 0$$

或

$$\sum_{i=1}^{k} x_i dX_i = 0 \tag{3-13}$$

式中，n_i 为溶液中 i 组分的物质的量（摩尔数），x_i 为 i 组分的摩尔分数。X_i 为 i 组分的偏摩尔量。式（3-12）和式（3-13）都称为吉布斯-杜亥姆公式。特别提请注意，只有在温度和压力恒定条件下才能使用这些公式。

吉布斯-杜亥姆公式表明，系统中组分的偏摩尔量不是完全独立的变量，各个组分的偏摩尔量之间具有一定的联系，即存在着由吉布斯-杜亥姆公式建立的关系。具体体现在一个两组分系统中，一个组分的偏摩尔量减少的同时，另一个组分的偏摩尔量一定增加。

3.2 化 学 势

3.2.1 化学势的定义

在多组分系统的所有偏摩尔性质中，偏摩尔吉布斯自由能是最重要的物理量，因此，有专门的名称“化学势”，用符号 μ 表示。对有 k 个组分的系统，组分 i 的化学势定义为

$$\mu_i = \left(\frac{\partial G}{\partial n_i}\right)_{T,p,n_j(j\neq i)} \tag{3-14}$$

用定义的化学势替换系统以式（3-2）表示的系统吉布斯自由能微分式中偏摩尔吉布斯自由能，则

$$\mathrm{d}G = \left(\frac{\partial G}{\partial T}\right)_{p,n_j}\mathrm{d}T + \left(\frac{\partial G}{\partial p}\right)_{T,n_j}\mathrm{d}p + \sum_{i=1}^{k}\mu_i\mathrm{d}n_i \tag{3-15}$$

根据 $\left(\frac{\partial G}{\partial T}\right)_{p,n}=-S$ 和 $\left(\frac{\partial G}{\partial p}\right)_{T,n}=V$，式（3-15）可以改写为

$$\mathrm{d}G = -S\mathrm{d}T + V\mathrm{d}p + \sum_{i=1}^{k}\mu_i\mathrm{d}n_i \tag{3-16}$$

将热力学函数的定义式 $G = A + pV$ 求微分后，代入式（3-16）中，得

$$\mathrm{d}A = -S\mathrm{d}T - p\mathrm{d}V + \sum_{i=1}^{k}\mu_i\mathrm{d}n_i \tag{3-17}$$

将 $G = H - TS = U + pV - TS$ 分别求微分，并代入式（3-16）中得

$$\mathrm{d}H = T\mathrm{d}S - V\mathrm{d}p + \sum_{i=1}^{k}\mu_i\mathrm{d}n_i \tag{3-18}$$

$$\mathrm{d}U = T\mathrm{d}S - p\mathrm{d}V + \sum_{i=1}^{k}\mu_i\mathrm{d}n_i \tag{3-19}$$

式（3-16）～式（3-19）是组成可变的封闭系统的热力学基本方程。它们表示系统的热力学性质 G，A，H，U 随 T，p，V，S 及组分物质的量变化的关系。可通过对这些方程式的积分获得热力学性质 G，A，H，U 的变化。与单组分或组成恒定的多组分系统热力学基本方程比较可知，多组分系统热力学基本方程中多了化学势与相应的物质的量增量乘积的加和项，即当系统中组成发生变化时，系统的热力学性质 G，A，H 和 U 随着组成变化的程度是由物质的化学势决定。

根据热力学基本方程式（3-16），在恒温、恒压及除了 i 组分外其他物质的量均不变的条件下，系统的吉布斯自由能的变化为

$$\mathrm{d}G = \mu_i\mathrm{d}n_i \tag{3-20}$$

由此得到化学势的定义式

$$\mu_i = \left(\frac{\partial G}{\partial n_i}\right)_{T,p,n_j(j\neq i)} \tag{3-21}$$

在恒温、恒容和其他物质的量都不变的条件下，由热力学基本方程式（3-17），可得由系统的亥姆霍兹自由能定义的 i 组分化学势，即

$$\mu_i = \left(\frac{\partial A}{\partial n_i}\right)_{T,V,n_j(j\neq i)} \tag{3-22}$$

在恒熵、恒压和其他物质的量都不变的条件下，由热力学基本方程式（3-18），得到由系统的焓定义的 i 组分化学势，即

$$\mu_i = \left(\frac{\partial H}{\partial n_i}\right)_{S,p,n_j(j\neq i)} \tag{3-23}$$

以及在恒熵、恒容和其他物质的量都不变的条件下，由热力学基本方程式（3-19），得到由系统的内能定义的 i 组分化学势，即

$$\mu_i = \left(\frac{\partial U}{\partial n_i}\right)_{S,V,n_j(j\neq i)} \tag{3-24}$$

因此，用系统的各种广度性质定义的 i 组分化学势为

$$\mu_i = \left(\frac{\partial G}{\partial n_i}\right)_{T,p,n_j(j\neq i)} = \left(\frac{\partial A}{\partial n_i}\right)_{T,V,n_j(j\neq i)} = \left(\frac{\partial H}{\partial n_i}\right)_{S,p,n_j(j\neq i)} = \left(\frac{\partial U}{\partial n_i}\right)_{S,V,n_j(j\neq i)} \tag{3-25}$$

这四个偏微商都称为 i 组分的化学势，具有广义化学势含义。在上述化学势的定义中，各偏微商的下角标是不同的，即每个热力学函数所选择的独立变量是不相同的。只有 $\left(\frac{\partial G}{\partial n_i}\right)_{T,p,n_j(j\neq i)}$ 在恒温、恒压和其他物质的量不变的条件下求的偏微商，才具有系统组分的偏摩尔性质，而其他偏微商都不具有偏摩尔性质（因为不是在恒温、恒压条件下求的偏微商）。在以后的课程中提到的化学势如果不是特别注明，一般都是指 $\mu_i = \left(\frac{\partial G}{\partial n_i}\right)_{T,p,n_j(j\neq i)}$。

化学势是系统中最重要的热力学性质，是决定物质转移和化学反应自发进行的方向和限度的量。

3.2.2　化学势在多相平衡中的应用

当多组分达到多相系统平衡时，各相的温度和压强都相同，且每种组分在每个相中的物质转移也达到了平衡，因此从宏观来看，各相的组成不再随着时间变化。下面推导多组分系统中达到多相平衡的条件。

假设系统中有 α 相和 β 相的两相均为多组分。在等温、等压条件下，设有物质的量等于 dn_i^α 的 i 组分从 α 相中转移至 β 相中，在这个物质转移的过程中，只有 i 组分物质的量发生了变化。根据热力学基本方程式（3-16），系统在等温、等压条件下的吉布斯自由能的变化 dG 为

$$dG = dG^\alpha + dG^\beta$$

$$dG = \sum_i \mu_i dn_i = \mu_i^\alpha dn_i^\alpha + \mu_i^\beta dn_i^\beta$$

式中，μ_i^α 和 μ_i^β 分别代表组分 i 在 α 相和 β 相中的化学势。

如果组分 i 从 α 相向 β 相的转移达到平衡，则 $dG=0$，组分 i 从 α 相中迁出的量等于迁入 β 相的量，故两相中的 dn_i 大小相等，符号相反，即 $dn_i^\alpha = -dn_i^\beta$，所示

$$dG = (\mu_i^\beta - \mu_i^\alpha)dn_i^\beta = 0 \tag{3-26}$$

因为 $dn_i^\beta \neq 0$，所以

$$\mu_i^\alpha = \mu_i^\beta \tag{3-27}$$

这表明，组分 i 在 α 和 β 两相中达到平衡的条件是该组分在两相中的化学势相等。换句话说，组分 i 在 α 相和 β 相中的化学势相等时，转移过程停止，系统达到平衡。因此物质在

两相中的化学势相等是物质转移过程达到平衡的必要条件。

根据热力学第二定律，在恒温恒压无非膨胀功的条件下，系统自发过程是朝着吉布斯自由能减小的方向进行，即

$$\mathrm{d}G \leqslant 0 \tag{3-28}$$

式中，“$<$”表示自发过程，“$=$”表示平衡。

在上述 i 物质转移过程中，组分 i 由 α 相转移到 β 相，即 $\mathrm{d}n_i^{\beta} > 0$，因此式（3-28）变为

$$\mathrm{d}G = (\mu_i^{\beta} - \mu_i^{\alpha})\mathrm{d}n_i^{\beta} \leqslant 0$$

所以

$$\mu_i^{\beta} - \mu_i^{\alpha} \leqslant 0$$

即

$$\mu_i^{\alpha} \geqslant \mu_i^{\beta} \tag{3-29}$$

这表明组分 i 从 α 相向 β 相转移时，组分 i 在 α 相中的化学势高于其在 β 相中的化学势，即化学势是使物质发生转移的推动力。

虽然上面的结论是根据两相系统中物质转移的过程推导出来的，但对多相系统也同样成立。即多相系统达到相平衡的必要条件是，系统中各相的温度和压强必须相同，且各组分在各相中的化学势也都必须相等，即

$$\mu_i^{\alpha} = \mu_i^{\beta} = \cdots = \mu_i^{\kappa} \tag{3-30}$$

式中，上标 α，β，…，κ 代表系统中存在的平衡相，下标代表系统中的 i 组分。物质 i 自发转移变化的方向是从其化学势 μ_i 较大的相流向其化学势 μ_i 较小的相，直到物质 i 在各相中的化学势 μ_i 相等为止。

3.2.3 化学势与温度、压强的关系

依据偏微商的规则，可以推导出化学势与温度、压强的关系。

1）化学势与压强的关系

下面依据偏微商的规则，推导出化学势与压强的关系

$$\left(\frac{\partial \mu_i}{\partial p}\right)_{T,n_i,n_j} = \left[\frac{\partial}{\partial p}\left(\frac{\partial G}{\partial n_i}\right)_{T,p,n_j}\right]_{T,n_i,n_j} = \left[\frac{\partial}{\partial n_i}\left(\frac{\partial G}{\partial p}\right)_{T,n_i,n_j}\right]_{T,n_i,p,n_j}$$

$$= \left(\frac{\partial V}{\partial n_i}\right)_{T,p,n_j(j\neq i)} = V_i \tag{3-31}$$

即

$$\left(\frac{\partial \mu_i}{\partial p}\right)_{T,n_i,n_j} = V_i \tag{3-32}$$

V_i 就是物质 i 的偏摩尔体积，可以证明对于纯物质来说，$\left(\frac{\partial G}{\partial p}\right)_T = V$，与式（3-32）对比，若将式中的吉布斯自由能 G 换成化学势 μ_i，则体积 V 也要换成偏摩尔体积 V_i。

2）化学势与温度的关系

同样方法推导出化学势与温度的关系

$$\left(\frac{\partial \mu_i}{\partial T}\right)_{p,n_i,n_j} = \left[\frac{\partial}{\partial T}\left(\frac{\partial G}{\partial n_i}\right)_{T,p,n_j}\right]_{p,n_i,n_j} = \left[\frac{\partial}{\partial n_i}\left(\frac{\partial G}{\partial T}\right)_{p,n_i,n_j}\right]_{T,p,n_j}$$

$$= \left[\frac{\partial}{\partial n_i}(-S)\right]_{T,p,n_j} = -S_i$$

即

$$\left(\frac{\partial \mu_i}{\partial T}\right)_{p,n_i,n_j} = -S_i \tag{3-33}$$

式中，S_i 是物质 i 的偏摩尔熵。

已知定义 $G=H-TS$，在等温、等压条件下，将此式中的各项对 n_i 微分

$$\left(\frac{\partial G}{\partial n_i}\right)_{T,p,n_j}=\left(\frac{\partial H}{\partial n_i}\right)_{T,p,n_j}-T\left(\frac{\partial S}{\partial n_i}\right)_{T,p,n_j}$$

即

$$\mu_i=H_i-TS_i \tag{3-34}$$

同理可证明

$$\left[\frac{\partial\left(\frac{\mu_i}{T}\right)}{\partial T}\right]_{p,n_i,n_j}=\frac{T\left(\frac{\partial \mu_i}{\partial T}\right)_{T,p,n_j}-\mu_i}{T^2}=-\frac{TS_i+\mu_i}{T^2}=-\frac{H_i}{T^2} \tag{3-35}$$

将这些公式与对纯物质的公式相比，可以推知，在多组分系统中的热力学公式与纯物质的公式具有完全相同的形式，不同之处只是用偏摩尔量代替相应的摩尔量。对纯物质来说，不存在偏摩尔量，只有摩尔量。

3.3　理想气体的化学势

由于许多化学反应是在气相中进行的，因此需要知道气体混合物中各组分的化学势，而且这也有益于深入理解溶液中各组分的化学势的内涵。这里先讨论理想气体混合物的化学势。

3.3.1　纯组分理想气体的化学势

对纯物质系统来说，一种物质的偏摩尔吉布斯自由能，即化学势就等于该物质在纯态时的摩尔吉布斯自由能，即 $G_i=\mu_i=\frac{G}{n_i}=G_{i,\mathrm{m}}$，$G=\sum n_i G_i$。纯固体组分和纯液体组分的化学势也可用此式表示。

在恒定温度 T，若系统中只有 1mol 的一种理想气体，由式（3-16）知，此时纯组分理想摩尔吉布斯自由能的微分可表示为

$$\mathrm{d}G_\mathrm{m}=V_\mathrm{m}\mathrm{d}p \tag{3-36}$$

将 $V=RT/p$ 代入式（3-36），并从标准压强 $p^\ominus$ 积分到任意压力 p，可以得到

$$G_\mathrm{m}(p)-G_\mathrm{m}(p^\ominus)=RT\ln(p/p^\ominus)$$

$$G_\mathrm{m}(p)=G_\mathrm{m}(p^\ominus)+RT\ln(p/p^\ominus) \tag{3-37}$$

式中，$G_\mathrm{m}(p)$ 是压强为 p 时的摩尔吉布斯自由能，即此时的化学势 μ；$G_\mathrm{m}(p^\ominus)$ 是标准压强 $p^\ominus$（$10^5\mathrm{Pa}$）时的摩尔吉布斯自由能。

式（3-37）是纯理想气体的摩尔吉布斯自由能与温度和压强的关系式。由于纯物质的摩尔吉布斯自由能就是该物质的化学势，式（3-37）可以改写成

$$\mu(T,p)=\mu^\ominus(T)+RT\ln(p/p^\ominus) \tag{3-38}$$

式（3-38）就是纯理想气体化学势的表达式。理想气体压强为标准压强 $p^\ominus$ 时的状态称为标准态，$\mu^\ominus$ 称为标准态化学势，它仅与温度有关，而与压强无关。

3.3.2 理想气体混合物的化学势

对理想气体混合物来说，由于理想气体分子之间除相互碰撞外，无别的作用。因此，其中任一种气体的行为与该气体单独占有混合气体总体积时的行为相同。所以理想气体混合物中任一种气体的化学势表示法与该气体纯态时的化学势表示法相同。由此，对混合理想气体中每个组分的化学势表达式都有与式（3-38）相同的形式，如对混合气体中的组分 i 的化学势可以写成

$$\mu_i = \mu_i^{\ominus}(T) + RT\ln(p_i/p^{\ominus}) \tag{3-39}$$

式中，p_i 是组分 i 的分压；$\mu_i^{\ominus}(T)$ 为纯气体 i 处在温度 T 和标准压强时的化学势，它仅与温度有关。

同样，通过混合理想气体中组分 i 的分压 p_i，求得组分 i 偏摩尔吉布斯自由能 G_i 的表达式

$$G_i = G_i^{\ominus} + RT\ln\frac{p_i}{p^{\ominus}} \tag{3-40}$$

混合气体系统的总的吉布斯自由能 G，可用加和（集合）公式得到

$$G = \sum n_i\mu_i \tag{3-41}$$

3.4 稀溶液的两个定律

对液态混合物组成的稀溶液，有两个重要的定律——拉乌尔定律和亨利定律，它们是经验的总结，对溶液热力学的发展起着重要的作用，在研究溶液性质时也常会用到。

3.4.1 拉乌尔定律

当非挥发性溶质溶于溶剂后，溶剂的蒸气压会降低。这是 1887 年拉乌尔（法国化学家）总结归纳一系列实验结果得到的规律，并发表了定量关系式，称之为拉乌尔定律："在一定温度下，稀溶液中溶剂的蒸气压等于纯溶剂的蒸气压乘以溶液中溶剂的摩尔分数。"用公式表示为

$$p_A = p_A^* x_A \tag{3-42}$$

式中 p_A^*——在一定温度下，纯溶剂的饱和蒸气压；

p_A——相同温度时溶液中溶剂的蒸气压；

x_A——溶液中溶剂的摩尔分数。

式（3-42）表明形成溶液后溶剂的蒸气压会降低，降低量为

$$p_A^* - p_A = p_A^*(1 - x_A) \tag{3-43}$$

若溶液仅由 A、B 两组分构成，对第二组分 B 来说，$1 - x_A = x_B$，则式（3-43）改写成

$$p_A^* - p_A = p_A^* x_B \quad 或 \quad \frac{p_A^* - p_A}{p_A^*} = x_B \tag{3-44}$$

式（3-44）表明，溶剂蒸气压降低值与溶质摩尔分数 x_B 有关。

一般来说，只有在稀溶液中的溶剂才能较准确地遵守拉乌尔定律。因为在稀溶液中，溶质浓度很低，一个溶质分子周围几乎全部被溶剂分子所包围。因此，溶剂的饱和蒸气压就仅与单位体积的溶液中溶质的分子数有关，与其性质无关。但是，当溶液浓度变大时，

溶剂分子的蒸发受到溶质分子的显著影响，此时溶液不再遵守拉乌尔定律。因此拉乌尔定律一般仅是在稀溶液中才适用。

3.4.2 亨利定律

1803年英国化学家亨利研究气体在溶剂中的溶解度时发现，在一定温度和平衡状态下，气体在溶液里的溶解度（用摩尔分数表示）与液面上方该气体的平衡压强成正比，称之为亨利定律。用公式表示

$$p_B = k_{x,B} x_B \tag{3-45}$$

式中，p_B、$k_{x,B}$、x_B 分别代表该气体在液面上方的平衡分压、亨利定律中的比例常数和溶质在溶液中的摩尔分数。

亨利定律也适用于计算挥发性溶质的平衡蒸气分压，即稀溶液中一挥发性溶质的平衡分压与该溶质在溶液中的摩尔分数成正比。虽然亨利定律在形式上与拉乌尔定律相似，但亨利定律中的比例常数 $k_{x,B}$ 是与溶剂和溶质的性质、压强及温度均有关的量，需要通过实验数据获得。

一般说来，只有在稀溶液中的溶质能比较准确地遵守亨利定律。因为只有在稀溶液中，溶质分子周围绝大多数都是溶剂分子，因此溶质分子从溶液中逸出进入气相的能力，不仅与单位体积溶液中溶质的量（浓度）有关，还与溶质与溶剂分子之间的作用力有关。因为稀溶液这个作用力可以看作是常数，所以表现为溶质 B 的平衡蒸气压只与它在溶液中的浓度（摩尔分数）成正比。

在稀溶液中，由于 $\frac{n_B}{n_A + n_B} \approx \frac{n_B}{n_A}$，所以溶质 B 的摩尔分数几乎正比于溶质的质量摩尔浓度 m_B 或物质的量浓度 c_B。因此，亨利定律中溶质的浓度也可以用其他的浓度标度来表示。例如：

质量摩尔浓度表示的亨利定律

$$p_B = k_{m,B} m_B \tag{3-46}$$

物质的量浓度表示的亨利定律

$$p_B = k_{c,B} c_B \tag{3-47}$$

亨利定律在环境保护和水处理中已得到广泛应用。例如利用溶剂对混合气体中各种气体的溶解度的差异进行吸收分离，达到从混合气体中去除某种气体的目的。利用亨利常数作为选择吸收剂的依据，因为在相同压强下亨利定律常数值越小，气体溶质的溶解度就越大。表3-2列出25℃时几种气体的亨利定律常数 $k_{x,B}$。

25℃时几种气体的亨利定律常数 $k_{x,B}$ **表3-2**

气体溶质 B	亨利定律常数 $k_{x,B}$(kPa)		气体溶质 B	亨利定律常数 $k_{x,B}$(kPa)	
	水为溶剂	苯为溶剂		水为溶剂	苯为溶剂
H_2	7.02×10^7	3.61×10^6	CH_4	4.13×10^7	5.62×10^5
N_2	8.57×10^7	2.35×10^6	C_2H_2	1.33×10^6	—
O_2	4.34×10^7	—	C_2H_4	1.14×10^7	—
CO	5.71×10^7	1.61×10^6	C_2H_6	3.03×10^7	—
CO_2	1.64×10^7	1.12×10^5			

在运用亨利定律时，应该注意下面几点。

(1) 式 (3-45) ~式 (3-47) 三式中亨利定律的系数 (亨利常数) $k_{x,B}$ 、$k_{m,B}$ 、$k_{c,B}$ 的量纲不同，即 $k_{x,B} \neq k_{m,B} \neq k_{c,B}$ ；同时亨利常数 k 不仅与所用溶质的浓度单位有关，还与 p_B 所用压强单位有关；温度改变时 k 值也随之改变。阅读参考书和文献资料时，特别要认真考察作者所选用的单位。

(2) 亨利定律只适用于溶质在气相和溶液中的分子状态相同的情况。溶质分子在溶液中与溶剂作用形成化合物，发生聚集或电离，如氯化氢溶于水形成氯化氢水溶液，在与水溶液平衡的气相中溶质氯化氢是 HCl 分子，而在液相中却是 H^+ 、Cl^- 离子，此种情况亨利定律不再适用。公式中的浓度应该是溶解态的分子在溶液中的浓度。

(3) 亨利定律只适用于稀溶液和低压下的气体；对于压强不大的混合气体，亨利定律适用于每一种气体，与其他种类气体的存在无关。

(4) 对于大多数气体溶于水时，溶解度随温度的升高而降低，因此升高温度或降低气体的分压都能使溶液更稀，更服从亨利定律。

3.4.3 亨利定律和拉乌尔定律的比较

亨利定律和拉乌尔定律有下列几点区别：

(1) 拉乌尔定律适用于计算稀溶液中溶剂的蒸气压，而亨利定律适用于计算稀溶液中溶质的蒸气压。

(2) 拉乌尔定律中的比例常数是同温度下纯溶剂的蒸气压，与溶质性质无关；而亨利定律中的比例常数是与溶剂、溶质的性质都有关的量，需要通过实验确定。

(3) 在亨利定律中，溶质组分可用任何浓度标度来表示，但拉乌尔定律中的组分必须用摩尔分数。

【例 3-3】 293K 时，氯化氢气体 (HCl，g) 溶于苯 (C_6H_6，l) 中，形成理想的稀溶液。当达到气液平衡时，液相中氯化氢 (HCl，l) 的摩尔分数为 0.0385，气相中苯 (C_6H_6，g) 的摩尔分数为 0.095。已知 293K 时，苯 (C_6H_6，l) 的饱和蒸气压为 10.01kPa。试求：气液平衡时，气相的总压。

解： 据题意分析 C_6H_6 为溶剂，服从 Raoult 定律，气相为理想气体，服从 Dalton 分压定律。

$$p_{C_6H_6} = p_{C_6H_6} x_{C_6H_6} = 10.01 \times (1 - 0.0385) = 9.625\text{kPa}$$

$$p_{C_6H_6} = y_{C_6H_6} p_{总}$$

$$p_{总} = \frac{p_{C_6H_6}}{y_{C_6H_6}} = \frac{9.625}{0.095} = 101.316\text{kPa}$$

【例 3-4】 在 0℃、标准压强 (100kPa) 下，1kg 水中最多可溶解 0.0488L 的纯氧气，试计算：

(1) 0℃时氧溶解于水的亨利定律常数 k_x (kPa) (以 kPa 表示)；

(2) 计算 0℃、101.33kPa 下，空气中的氧气溶于 1kg 水的最大体积。

解： (1) 亨利定律 $p_{O_2} = k_x x_{O_2}$ ，根据已知条件计算 0℃时，水中溶解氧的摩尔数

1kg 水溶剂的摩尔数 $n_{H_2O} = \dfrac{1}{18.0125 \times 10^{-3}} = 55.51\text{mol}$

0℃溶解0.0488L氧气的摩尔分数

$$x_{O_2}=\frac{n_{O_2}}{n_{O_2}+n_{H_2O}}\approx\frac{n_{O_2}}{n_{H_2O}}=\frac{0.0488/22.70}{55.51}=3.87\times10^{-5}$$

0℃时氧溶解于水的亨利定律常数为

$$k_x=\frac{p_{O_2}}{x_{O_2}}=\frac{100}{3.87\times10^{-5}}=2.58\times10^6\text{kPa}$$

（2）通过（1）中亨利常数的值计算101.33kPa下，在1kg水中溶解氧气的最大浓度。

0℃空气中，氧的分压

$$p_{O_2}=101.33\times21\%=21.28\text{kPa}$$

水中溶解的氧的摩尔分数

$$x_{O_2}=\frac{p_{O_2}}{k_x}=\frac{21.28}{2.58\times10^{-5}}=8.25\times10^{-6}$$

1kg水的摩尔数为

$$n_{H_2O}=\frac{1}{18.0125\times10^{-3}}=55.51\text{mol}$$

1mol氧气在0℃、101.33kPa时的体积为

$$V_{O_2}=1\times\frac{RT}{p}=\frac{8.314\times273}{101.33}=22.40\text{L}$$

$$x_{O_2}=\frac{n_{O_2}}{n_{O_2}+n_{H_2O}}\approx\frac{n_{O_2}}{n_{H_2O}}=\frac{V_{O_2}/22.40}{n_{H_2O}}$$

$$V_{O_2}=8.25\times10^{-6}\times55.5\times22.40=0.01\text{L}$$

所以，0℃、101.33kPa压强下，空气中的氧溶于水的最大体积为0.01L。

3.5　理想液态混合物（理想溶液）

3.5.1　理想液态混合物（理想溶液）的定义

一定温度下液态混合物（溶液）中，任一组分在全部浓度范围内都遵守拉乌尔定律，这种液态混合物（溶液）称为理想液态混合物（理想溶液）。光学异构体的混合物、同位素化合物的混合物（如$C^{13}H_3I$和$C^{12}H_3I$）、立体异构体的混合物以及紧邻同系物的混合物（如C_6H_6和$CH_3C_6H_5$、C_2H_5Br和C_2H_5I）都可看作理想液态混合物。

理想液态混合物中组分之间的相互作用力相同，即溶剂分子之间、溶质分子之间及溶剂与溶质分子之间的作用力均近似相同，组分从液相中逸出进入气相时，产生的蒸气压大小仅与其在液相混合物中的摩尔分数成正比，即遵从拉乌尔定律

$$p_i=p_i^*x_i$$

这里i代表液态混合物中的任一组分。若式中的p_i^*由$k_{x,i}$替代，就成为亨利定律的表达式，即理想液态混合物中任一组分也全程遵从亨利定律。

假设A-B两组分形成理想液态混合物，并达到气、液两相平衡。用p表示气相总压，p_A、p_B分别表示气相中组分A和B的分压，x_A、x_B表示液相混合物中A和B的摩尔分

数，则气相总压等于 A 与 B 的分压之和，即

$$p = p_A + p_B = p_A^* x_A + p_B^* x_B$$

考虑溶液相混合物中组分摩尔分数浓度关系 $x_A = 1 - x_B$，得到理想液态混合物的蒸气压与组分 B 的摩尔分数 x_B 之间的关系为

$$p = p_A^* + (p_B^* - p_A^*)x_B \tag{3-48}$$

当 $x_B = 0$ 时，$p = p_A^*$；$x_B = 1$ 时，$p = p_B^*$；$0 < x_B < 1$ 时，p 随 x_B 线性变化，如图 3-3 所示。

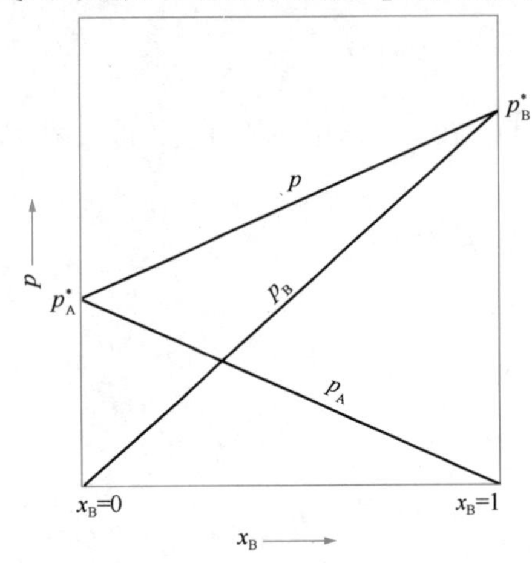

图 3-3　A-B 二组分理想液态混合物蒸气压与组成的关系

从微观的角度看，理想液态混合物的各组分的分子结构、大小及相互作用力相似或相等，在恒温恒压下各组分混合形成理想液态混合物过程中，没有体积变化和热效应发生，即

$$\Delta_{mix}V = 0 \quad \Delta_{mix}H = 0 \tag{3-49}$$

$$V_B = V_{m,B}^* \quad H_B = H_{m,B}^* \tag{3-50}$$

也就是说 B 物质在理想液态混合物中的偏摩尔体积与它在纯态时的摩尔体积相等，而在理想液态混合物中的偏摩尔焓与它在纯态时的摩尔焓相等。

3.5.2　理想液态混合物中任一组分的化学势

由多组分理想液态混合物的定义，可以推导出其中任一组分的化学势表达式。

设在温度 T，理想液态混合物与其气相达到平衡，根据 3.2 节中，定温、定压下多相系统达到相平衡时，各组分在各相的化学势相等，可以得出理想液态混合物中任一组分 A 在液相的化学势与气相中该组分的化学势相等，即

$$\mu_A^l = \mu_A^g$$

式中，μ_A^g 和 μ_A^l 分别代表组分 A 在气相中的化学势和在液相中的化学势。

假设与液态混合物平衡的气相是理想气体混合物，由式（3-39），理想气体混合物中组分 A 的化学势为

$$\mu_A^g = \mu_A^\ominus + RT\ln\frac{p_A}{p^\ominus}$$

在理想液体混合物中组分 A 的化学势为

$$\mu_A^l = \mu_A^g = \mu_A^\ominus + RT\ln\frac{p_A}{p^\ominus} \tag{3-51}$$

由于液相是理想液态混合物，根据理想液态混合物定义其任一组分都遵从拉乌尔定律 $p_A = p_A^* x_A$（p_A^* 是纯 A 的蒸气压）。将此式代入式（3-51）中，得

$$\mu_A^l = \mu_A^g = \mu_A^{\ominus,g} + RT\ln\frac{p_A^*}{p^\ominus} + RT\ln x_A \tag{3-52}$$

对纯的液相 A，$x_A = 1$，由此在温度 T、压强 p 下

$$\mu_A^{*,l} = \mu_A^{\ominus,g} + RT\ln\frac{p_A^*}{p^\ominus} \tag{3-53}$$

将式（3-53）代入式（3-52），得

$$\mu_{A}^{l} = \mu_{A}^{*,l} + RT\ln x_{A} \tag{3-54}$$

μ_{A}^{*} 是纯 A 液体在温度 T 和压强 p_{A}^{*} 时的化学势。注意：此压强不是标准压强，因此 $\mu_{A}^{*,l}$ 也不是纯 A 液体的标准态化学势。

若纯 A 液体在温度 T 时，压强 p_{A}^{*} 与标准压强 $p^{\ominus}$ 相差不大，此时 $\mu_{A}^{*,l} \approx \mu_{A}^{\ominus,l}$ 纯 A 液体的标准态化学势，式（3-54）可改写成

$$\mu_{A}^{l} = \mu_{A}^{\ominus,l} + RT\ln x_{A} \tag{3-55}$$

此式也是理想液态混合物中任一组分 A 的化学势表达式，在整个浓度范围都能使用。

3.5.3　理想稀溶液中任一组分的化学势

如本章开始所述，从热力学角度对液态混合物和溶液中组分的处理是不同的。在液态混合物中对其任一组分的热力学上的处理是等同的；而在溶液中则有溶剂和溶质之分，因它们的参考标准态不同，必须分别处理。上一节讲述的是理想液态混合物中任一组分的化学势，本节将讲述理想稀溶液中任一组分的化学势。

在一定温度 T、压强 p 下和一定浓度范围内，溶剂 A 遵从拉乌尔定律，溶质遵从亨利定律的溶液称之为理想稀溶液。对一个 A 为溶剂、B 为溶质的理想稀溶液系统，用上节相同的方法推导可以得出稀溶液中溶剂 A 的化学势为

$$\mu_{A} = \mu_{A}^{*}(T, p^{*}) + RT\ln x_{A} \tag{3-56}$$

式中，μ_{A}^{*} 表示在某确定温度 T，$p = p_{A}^{*}$ 时，纯液态 A（$x_{A}=1$）的化学势。

稀溶液中溶剂化学势的表达式由纯溶剂的化学势和浓度的对数两项组成。由于稀溶液中溶剂的摩尔分数 $x_{A} < 1$，相同温度下稀溶液中溶剂的化学势小于纯溶剂的化学势 $\mu_{A}(T, p_{A}^{*})$，所以 $\mu_{A} - \mu_{A}(T, p_{A}^{*}) = RT\ln x_{A} < 0$。

例如，25℃时在纯水中加入少量其他物质，使水的摩尔分数下降到 0.95，按理想稀溶液计算，在这个过程中，水的化学势的变化为

$$\Delta\mu_{H_2O} = \mu_{H_2O} - \mu_{H_2O}(T, p^{*}) = RT\ \ln 0.95 = 8.314 \times 298 \times \ln 0.95 = -127.08\text{J} \cdot \text{mol}^{-1}$$

对稀溶液中溶质 B 与气相平衡时的化学势为

$$\mu_{B}^{l} = \mu_{B}^{g} = \mu_{B}^{\ominus}(T) + RT\ln\frac{p_{B}}{p^{\ominus}} \tag{3-57}$$

因是理想稀溶液，溶质服从亨利定律，溶质 B 的蒸气分压与其浓度有下面的关系

$$p_{B} = k_{B}x_{B} \tag{3-58}$$

将式（3-58）代入式（3-57），则得到理想稀溶液中溶质 B 的化学势

$$\mu_{B} = \mu_{B}^{\ominus}(T) + RT\ln\frac{k_{x,B}}{p^{\ominus}} + RT\ln x_{B} \tag{3-59}$$

令 $\mu_{B}^{*}(T, k_{x,B}) = \mu_{B}^{\ominus}(T) + RT\ln\dfrac{k_{x,B}}{p^{\ominus}}$，并代入式（3-59）中，则得到

$$\mu_{B} = \mu_{B}^{*}(T, k_{x,B}) + RT\ln x_{B} \tag{3-60}$$

$\mu_{B}^{*}(T, k_{x,B})$ 是溶质 B 的摩尔分数 $x_{B}=1$，且遵守亨利定律，蒸气压 $p_{B} = k_{x,B}$，此假想状态时的化学势，也称组分 B 的参考标准态化学势。

由式（3-56）和式（3-60）可以看出，在理想稀溶液中溶剂和溶质的化学势表达式的

形式相同，但参考标准态的含义不同。式（3-56）和式（3-60）也可以看作是理想稀溶液的热力学定义式。

如果在推导过程中采用其他浓度表示的亨利定律，如采用质量摩尔浓度 m_B 和物质的量浓度 c_B 表示，则可得到用不同浓度表示的溶质 B 的化学势。

若亨利定律用质量摩尔浓度 m_B 表示，B 组分的气相分压为 $p_B = k_{m,B}m_B$，此时溶质 B 的化学势表示式为

$$\mu_B = \mu_B^{\ominus}(T) + RT\ln\frac{k_{m,B}\cdot m^{\ominus}}{p^{\theta}} + RT\ln\frac{m_B}{m^{\ominus}} \tag{3-61}$$

$$\mu_B = \mu_B^{\#}(T, k_{x,B}) + RT\ln\frac{m_B}{m^{\ominus}} \tag{3-62}$$

$$\mu_B^{\#}(T, k_{m,B}) = \mu_B^{\ominus}(T) + RT\ln\frac{k_{m,B}\cdot m^{\ominus}}{p^{\ominus}} \tag{3-62a}$$

$\mu_B^{\#}(T, k_{x,B})$ 是溶质 $m_B = m^{\ominus} = 1\text{mol}\cdot\text{kg}^{-1}$，且服从亨利定律状态时的化学势，这个状态也是假想的参考标准态。因溶质 B 在 $m_B = 1\text{mol}\cdot\text{kg}^{-1}$ 时，并不服从亨利定律。

若亨利定律用物质的量浓度 c_B 表示，B 组分的气相分压为 $p_B = k_{c,B}c_B$，此时溶质 B 的化学势表示式为

$$\mu_B = \mu_B^{\ominus}(T) + RT\ln\frac{k_{c,B}\cdot c^{\ominus}}{p^{\ominus}} + RT\ln\frac{c_B}{c^{\ominus}} \tag{3-63}$$

$$\mu_B = \hat{\mu_B}(T, k_{c,B}) + RT\ln\frac{c_B}{c^{\ominus}} \tag{3-64}$$

$$\hat{\mu_B}(T, k_{c,B}) = \mu_B^{\ominus}(T) + RT\ln\frac{k_{c,B}\cdot c^{\ominus}}{p^{\ominus}} \tag{3-64a}$$

式中，$\hat{\mu_B}(T, k_{c,B})$ 是溶质 $c_B = c^{\ominus} = 1\text{mol}\cdot\text{L}^{-1}$，且服从亨利定律状态时的化学势，这个状态也是假想的参考标准态。

3.6 稀溶液的分配定律

本节将讲述物质在两个液相之间转移达到平衡时的规律。这个规律只适用于两个液相间平衡转移，对气相、固相都不适用。

稀溶液的分配定律表示，在一定温度和压强下，同一种物质 i 在两个互不相溶的液相中少量溶解达到平衡时，物质 i 在这两相中平衡浓度之间的关系。根据稀溶液的热力学基本定律可以推导出这个关系。

假设在两个互不相溶而又相互接触的液相 α 相和 β 相组成的系统中，物质 i 可以同时少量溶解在 α 相和 β 相中，且都形成稀溶液。在温度 T、压强 p 下，整个溶解过程达到平衡时，根据多相平衡条件可知，物质 i 在 α 相和 β 相中的化学势必相等，即 $\mu_i^{\alpha} = \mu_i^{\beta}$。由稀溶液中溶质化学势的表达式，得

$$\mu_i^{\alpha}(T, k_{x,i}^{\alpha}) + RT\ln x_i^{\alpha} = \mu_i^{\beta}(T, k_{x,i}^{\beta}) + RT\ln x_i^{\beta} \tag{3-65}$$

式中，$k_{x,i}^{\alpha}$、$k_{x,i}^{\beta}$ 分别是物质 i 在 α 相和 β 相中的亨利定律常数，x_i^{α}、x_i^{β} 是物质 i 在 α 相和 β 相中以摩尔分数表示的浓度。

将式（3-65）移项并合并同类项后，得

$$\ln\frac{x_i^\alpha}{x_i^\beta}=\frac{\mu_i^\beta(T,k_{x,i}^\beta)-\mu_i^\alpha(T,k_{x,i}^\alpha)}{RT}=\text{常数}\,K(T,p)$$

即

$$\frac{x_i^\alpha}{x_i^\beta}=\exp\left(\frac{\mu_i^\beta(T,k_{x,i}^\beta)-\mu_i^\alpha(T,k_{x,i}^\alpha)}{RT}\right)=\text{常数}\,K(T,p)\tag{3-66}$$

因压强的影响较小，此式右边看作仅是温度的函数，所以在定温下 $\frac{x_i^\alpha}{x_i^\beta}=$ 常数 K。这表明这样一个规律，在温度 T，物质 i 在两个互不相溶的液相中溶解达到平衡时，它在两液相中的浓度的比值是一个常数。这个规律称为稀溶液的分配定律，这个常数称为分配系数，它与温度和溶质的性质有关。注意：用不同的浓度标度表示浓度时，分配系数的数值是不同的，即分配系数的数值与所用浓度单位有关。

必须指出，分配定律公式中的平衡浓度是指物质在两液相中都有相同分子形式的溶质浓度。如果物质在其中一相中有缔合，则溶质在两液相的分配比就不能用式（3-66）。

如果溶质B在 α 相中是以单分子形式溶解，而在 β 相中发生 n 个分子缔合成一个分子

$$n\mathrm{B}(\alpha)=\mathrm{B}_n(\beta)\tag{3-67}$$

此种情况下的分配定律则为

$$\frac{x_\mathrm{B}^\alpha}{\sqrt[n]{x_\mathrm{B}^\beta}}=\text{常数}\,K(T)\tag{3-68}$$

式中，n 为缔合度，即每一个缔合分子中的单分子数。

实际生产中经常遇到两个互不相溶的液相相互接触的情况，例如，水和四氯化碳、钢液和熔渣、金属和熔盐等。当一种物质溶解在两个相中并且溶解度都很小时，可以认为形成了稀溶液，此时若已知一物质在其中一个相中的浓度，就可以用分配定律计算此物质在另一相中的浓度。

在实际生产和科学研究中，利用分配定律，还可以实现物质的富集和分离。例如，设水中含有某组分 i，选择另一种与水不相溶的有机液体（有机相），且要求 i 能溶解在该有机相中，经振荡和摇晃使水溶液与有机相充分接触。待组分 i 在两相中的溶解过程达到平衡时，部分组分 i 将从水相中转移进入有机相中。通过反复换取新的有机相，并使其和水溶液充分接触，最终可使水相中组分 i 的浓度降至所要求的数值。这个利用另一种与溶液互不相溶的溶剂，将溶质从溶液中提取出来的过程称为萃取。它在物质的提取、提纯和分析等方面已得到了广泛的应用。萃取过程所用的溶剂称为萃取剂。在水质分析和净化处理中，经常利用萃取技术把水中的有害物质分离出来。例如水质处理中常用表3-3中的有机溶剂从水中萃取酚。

酚在各种有机溶剂与水的分配系数（20℃）$K=\frac{c\ (\text{solv},\ \alpha)}{c\ (\text{wat},\ \beta)}$　　表3-3

溶剂	K	溶剂	K	溶剂	K	溶剂	K
苯	2.2	硝基苯	7.7	丁醇	19.0	醋酸丁酯	49.0
氯苯	2.0	汽油	0.2	异丙醚	20	醋酸异丁酯	69.0
重苯	2.5	二乙醚	17.0	磷酸三甲酚	28.0	苯乙酮	11.0

实践和理论都证明，一定量的萃取溶剂，分几次萃取，比用同样数量溶剂萃取一次有利得多。下面计算经过 n 次萃取后溶液中残存溶质 i 的量与溶液中原含量的比。

在一定温度下，用一有机溶剂A从另外一个有机溶液B中萃取某种物质 i。设溶液B的体积为 V_B(mL)，溶液中含溶质 i 物质为 m_0(g)，每次使用萃取溶剂A的量为 V_A(mL)，经 n 次萃取后，在溶液中残存的溶质 i 物质为 m_n(g)。

经第一次萃取后，在溶液中残存的溶质 i 物质为 m_1(g)，此时溶液的浓度为 $\frac{m_1}{V_B}$，而 i 物质在溶剂A的浓度为 $\frac{m_0-m_1}{V_A}$。根据分配定律

$$K=\frac{(m_0-m_1)/V_A}{m_1/V_B}$$

等式两边乘 $\frac{V_A}{V_B}$，得

$$K\frac{V_A}{V_B}=\frac{m_0-m_1}{m_1}=\frac{m_0}{m_1}-1$$

等式两边加1后，取倒数

$$\frac{m_1}{m_0}=\frac{1}{1+KV_A/V_B}=\frac{V_B}{V_B+KV_A} \tag{3-69}$$

经第二次萃取后，$n=2$，在溶液中残存的溶质 i 物质为 m_2(g)。用 m_1 代替式(3-69)中的 m_0，m_2 代替式(3-69)中的 m_1，得

$$\frac{m_2}{m_1}=\frac{V_B}{V_B+KV_A} \tag{3-70}$$

将式(3-69)与式(3-70)相乘得

$$\frac{m_2}{m_0}=\left[\frac{V_B}{V_B+KV_A}\right]^2$$

按同样方法可推导出经 n 次萃取后，残留在溶液中溶质量与原始溶液中溶质量的比值为

$$\frac{m_n}{m_0}=\left[\frac{V_B}{V_B+KV_A}\right]^n \text{或} m_n=m_0\left[\frac{V_B}{V_B+KV_A}\right]^n \tag{3-71}$$

从上述公式可以看出，n 值越大(萃取次数越多)，残留在溶液中的溶质越少，萃取完成得越完全。从【例3-5】也可以得到这样的结论。

【例3-5】 在1L水中含有某物质100g，现用1L乙醚萃取此物质。

分别采用以下三种方式从水中萃取：(1)将1L乙醚萃取一次；(2)将1L乙醚分成两次萃取；(3)将1L乙醚分成十次萃取，求萃取出来某物质的量各是多少？已知 $K=\frac{c_{i(\text{ether})}}{c_{i(\text{water})}}=2.0$。

解： 已知萃取前原水中含有某物质 $m_0=100$g，$V_A=1\text{L}=1000$mL，$V_B=1\text{L}=1000$mL

(1)将1L乙醚萃取一次后，剩在水中的某物质为 m_1(g)，由式(3-66)知

$$n=1,\ m_1=m_0\left[\frac{V_B}{V_B+KV_A}\right]=100\left[\frac{1000}{1000+2\times1000}\right]=100\times\frac{1}{3}=33.3\text{g}$$

所以，1L乙醚从水中一次萃取出来的物质为 $m_0-m_1=100-33.3=66.7$g。

(2)将1L乙醚分成二次萃取，每次用500mL，二次萃取后剩在水中的某物质为 $m_2(g)$

$$n=2,\ m_2=m_0\left[\frac{V_B}{V_B+KV_A}\right]^2=100\left[\frac{1000}{1000+2\times500}\right]^2=100\times\left(\frac{1}{2}\right)^2=25\text{g}$$

所以，1L 乙醚从水中分两次萃取出来的物质为 $m_0 - m_2 = 100-25=75$g。

（3）将 1L 乙醚分成十次萃取，每次用 100mL，十次萃取后剩在水中的某物质为 m_{10}（g）

$$n = 10m_{10} = m_0\left[\frac{V_B}{V_B + KV_A}\right]^{10} = 100\left[\frac{1000}{1000+2\times100}\right]^{10} = 100\times\left(\frac{10}{12}\right)^{10} = 16.15\text{g}$$

所以，1L 乙醚从水中分十次萃取出来的物质为 $m_0 - m_{10} = 100-16.15=83.85$g。

上述计算结果说明，萃取剂相同时，萃取次数越多萃取的效率越高，萃取完成得越完全。

*3.7　非挥发性溶质理想稀溶液的依数性

稀溶液的依数性系指，在溶剂的种类和数量确定后，当少量非挥发性的溶质溶解在溶剂中形成稀溶液时，会使溶剂的一些物理性质发生变化，如蒸气压降低、沸点升高、凝固点降低以及产生渗透压等，这些性质的变化仅与溶质的数量有关，而与溶质的本性无关，被称为稀溶液的依数性。在本章中已经讨论了稀溶液的蒸气压降低，本节将讨论稀溶液的凝固点降低、沸点升高和渗透压。

3.7.1　凝固点降低

溶液的凝固点是指固态纯溶剂与溶液处于平衡时的温度，这里假定溶剂和溶质不形成固溶体，固态是纯溶剂的情况。用 T_f^* 表示纯溶剂（$x_A=1$）的正常凝固点温度，用 T_f 表示浓度为 x_A 溶液的凝固点温度，那么 $T_f^* - T_f = \Delta T_f$ 就是凝固点温度的降低值（图 3-4）。下面证明凝固点温度降低值仅与溶质的数量有关，与溶质的本性无关。

在溶液的凝固点温度，溶液与固态纯溶剂平衡，溶剂在液相和固相的化学势必然相等，且因是稀溶液，所以有下面关系

$$\mu_A^l = \mu_A^{*s} = \mu_A^{*l} + RT\ln x_A$$

所以

$$\ln x_A = \frac{\mu_A^{*s} - \mu_A^{*l}}{RT} = \frac{\Delta G_{m,A}}{RT} \qquad (3\text{-}72)$$

式中，$\Delta G_{m,A}$ 是由 1mol 的液态纯溶剂凝固成固态纯溶剂时的吉布斯自由能的改变量。

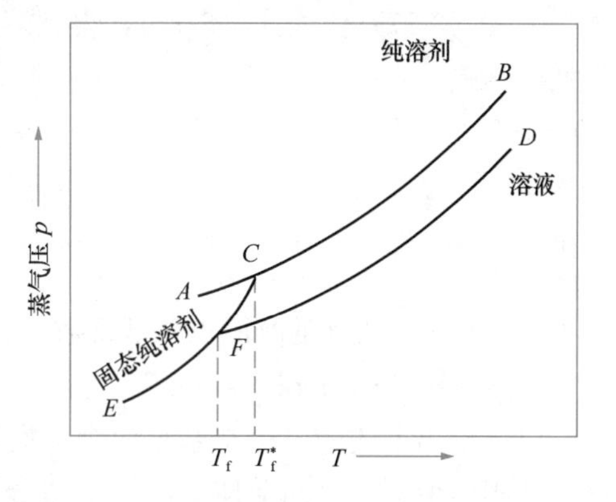

图 3-4　溶液凝固点下降示意图

在恒定压强下，对 T 求偏微商，并与前述的吉布斯—亥姆霍兹公式结合

$$\left(\frac{\partial \ln x_A}{\partial T}\right)_p = \frac{1}{R}\left[\frac{\partial}{\partial T}\left(\frac{\Delta G_{m,A}}{T}\right)\right]_p = -\frac{\Delta H_{m,A}}{RT^2} \qquad (3\text{-}73)$$

式中，$\Delta H_{m,A}$ 是在凝固点温度时 1mol 固态纯溶剂 A 熔化进入溶液时所吸收的热。若忽略压力影响，对稀溶液 $\Delta H_{m,A}$ 可近似地用纯溶剂的摩尔熔化焓 $\Delta_{fus}H_{m,A}^*$ 代替。若温度改变不太大，可认为 $\Delta_{fus}H_{m,A}^*$ 与温度无关，将式（3-73）分离变量，并分别对 x_A 和 T 定积分，x_A 积分区间为从 $x_A=1$ 到任意值，记为 x_A，T 积分区间为从纯组分凝固点 T_f^* 到实际体

系中凝固点 T_f，得到

$$\int_1^{x_A} d\ln x_A = \int_{T_f^*}^{T_f} \left(-\frac{\Delta_{fus}H_{m,A}^*}{RT^2}\right) dT$$

$$\ln x_A = \frac{\Delta_{fus}H_{m,A}^*}{R}\left(\frac{1}{T_f^* - T_f}\right) \tag{3-74}$$

令 $\Delta T = T_f^* - T_f$，$T_f^* T_f \approx (T_f^*)^2$，则式（3-74）变成

$$-\ln x_A = \frac{\Delta_{fus}H_{m,A}^*}{R(T_f^*)^2}\Delta T_f \tag{3-75}$$

因 $\ln x_A = \ln(1-x_B)$，且稀溶液（理想稀溶液）中溶质组分 x_B 较小，可将 $\ln(1-x_B)$ 级数展开，只取第一项，得到 $\ln(1-x_B) \approx -x_B$。所以，式（3-75）近似为

$$-\ln x_A = -\ln(1-x_B) \approx x_B = \frac{\Delta_{fus}H_m^*}{R}\left[\frac{\Delta T_f}{(T_f^*)^2}\right]$$

整理后

$$\Delta T_f = \frac{R(T_f^*)^2}{\Delta_{fus}H_m^*}x_B \tag{3-76}$$

式中，T_f^* 和 $\Delta_{fus}H_m^*$ 分别是纯溶剂的凝固点和摩尔熔化焓，与溶质性质无关；R 是摩尔气体常数，因此稀溶液的凝固点降低值 ΔT_f 仅与溶质的摩尔分数成正比，与溶质的本性无关。

若将溶质浓度换算成质量摩尔浓度 m_B，因是理想稀溶液 n_B 远小于 n_A，所以

$$x_B \approx \frac{n_B}{n_A} = m_B M_A \tag{3-77}$$

式中，M_A 是溶剂的摩尔质量，单位为"$kg \cdot mol^{-1}$"。

将式（3-77）代入式（3-76），得到溶质浓度用质量摩尔浓度 m_B 表示的稀溶液凝固点降低计算式

$$\Delta T_f = \frac{RT_f^{*2}M_A}{\Delta_{fus}H_m^*}m_B = K_f m_B \tag{3-78}$$

其中

$$K_f = \frac{R(T_f^*)^2}{\Delta_{fus}H_m^*}M_A \tag{3-79}$$

式中，K_f 称为稀溶液的凝固点降低常数，它的数值只与溶剂的性质有关，单位是"$K/(mol \cdot kg^{-1})$"或写成"$K \cdot mol^{-1} \cdot kg$。"

应该指出上述的讨论是基于两个前提条件：一是针对理想稀溶液体系；二是析出的固体是纯固体溶剂不是固溶体。离开这两个条件上述讨论的结论就不适用了。此结论对溶质挥发不挥发没有限制，都适用。

利用稀溶液的依数性，可以来测定计算溶液中溶质的摩尔质量 M_B。下面以测定凝固点降低值，计算溶质摩尔质量 M_B为例，介绍测定计算原理和步骤。

由稀溶液溶质 B 的摩尔分数浓度

$$x_B \approx \frac{n_B}{n_A} = \frac{m_B/M_B}{m_A/M_A} = m_B M_A$$

得

$$m_B = \frac{m_B}{M_B m_A} \tag{3-80}$$

式中，M_B，M_A分别为溶质和溶剂的摩尔质量，单位为“$kg \cdot mol^{-1}$”。

将此式代入式（3-78），经整理得

$$M_B = K_f \frac{m_B}{\Delta T_f m_A} \tag{3-81}$$

式中，m_B、m_A 分别为溶液中的溶质和溶剂的质量。

由此，已知溶液中的溶质和溶剂的质量 m_B、m_A 和溶剂的 K_f，实验测得 ΔT_f，就可计算溶质 B 的摩尔质量。

下面具体计算水作为溶剂，其凝固点降低常数 $K_f = 1.86 K/(mol \cdot kg^{-1})$，计算加入的少量溶质的摩尔质量。

【例 3-6】 将 5.67×10^{-4}kg 的尿素溶于 0.5kg 水中，测得溶液的凝固点为−0.0351℃，求尿素的摩尔质量。

解： 计算方法一：根据稀溶液的凝固点降低公式 $\Delta T_f = K_f m_B$

将凝固点降低值 $\Delta T_f = 0 - (-0.0351) = 0.0351$ ℃，凝固点降低常数 $K_f = 1.86 K \cdot mol^{-1} \cdot kg$，尿素的质量摩尔浓度 $m_B = \frac{5.67 \times 10^{-4} kg}{M_B} \times \frac{1}{0.5 kg}$，代入凝固点降低公式中，求得尿素的摩尔质量为

$$M_B = \frac{1.86 \times 5.67 \times 10^{-4}}{0.0351 \times 0.5} = 0.060 kg \cdot mol^{-1}$$

计算方法二：计算出凝固点降低值 $\Delta T_f = 0.0351$，将已知 m_B，m_A 和溶剂水的 K_f 数据代入式（3-81），就可求得溶质尿素的摩尔质量为

$$M_B = \frac{1.86 \times 5.67 \times 10^{-4}}{0.0351 \times 0.5} = 0.060 kg \cdot mol^{-1}$$

3.7.2　沸点升高

沸点是指液体的蒸气压等于外界压强时的温度。对理想稀溶液，根据拉乌尔定律，在定温时含有不挥发溶质的溶液的蒸气压比纯溶剂的低，所以溶液的沸点比纯溶剂的高（图 3-5）。根据溶液与气相间的平衡，采用类似凝固点降低的推导，且认为纯溶剂的摩尔蒸发焓 $\Delta_{vap} H_m^*$ 随温度变化不大，可以得出

$$\ln x_A = \frac{\Delta_{vap} H_m^*}{R} \left(\frac{1}{T_b} - \frac{1}{T_b^*} \right) \tag{3-82}$$

可进一步简化

$$\Delta T_b = K_b m_B \tag{3-83}$$

$$K_b = \frac{R (T_b^*)^2}{\Delta_{vap} H_m^*} M_A \tag{3-84}$$

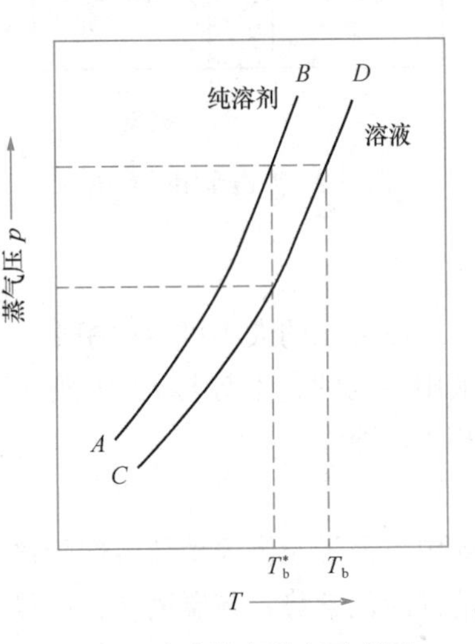

图 3-5　溶液沸点升高示意图

式中，T_b^* 和 $\Delta_{vap} H_m^*$ 分别是纯溶剂的沸点和摩尔蒸发焓；M_A 是溶剂的摩尔质量，单位是“$kg \cdot mol^{-1}$”。K_b 为稀溶液的沸点升高常数，与 K_f 一样只与溶剂性质有关，而与溶质性质

无关。

应该指出，上述讨论结果只能适用于不挥发溶质的稀溶液体系。溶质具有挥发性体系沸点不一定升高，升高的值也不符合式（3-83）。表 3-4 给出了几种常见溶剂的凝固点降低常数值和沸点升高常数值。

几种常见溶剂的 K_f 和 K_b 值（单位：$K \cdot mol^{-1} \cdot kg$） **表 3-4**

溶剂	水	醋酸	苯	二硫化碳	萘	四氯化碳	苯酚	硝基苯	环乙烷
K_f	1.86	3.90	5.12	3.80	6.94	30	7.27	6.90	20.2
K_b	0.51	3.07	2.53	2.37	5.8	4.94	3.04		

【例 3-7】 1.0g 的 CS_2(l) 在沸点 319.45K 时的汽化焓值为 $351.9J \cdot g^{-1}$，试计算 CS_2(l) 的沸点升高常数。

解：

$$K_b = \frac{R\ (T_b^*)^2}{\Delta_{vap}H_m}M_A$$

$$= \frac{8.314 \times (319.45K)^2}{3.519 \times 10^5 \times M_A} \times M_A$$

$$= 2.41K \cdot kg \cdot mol^{-1}$$

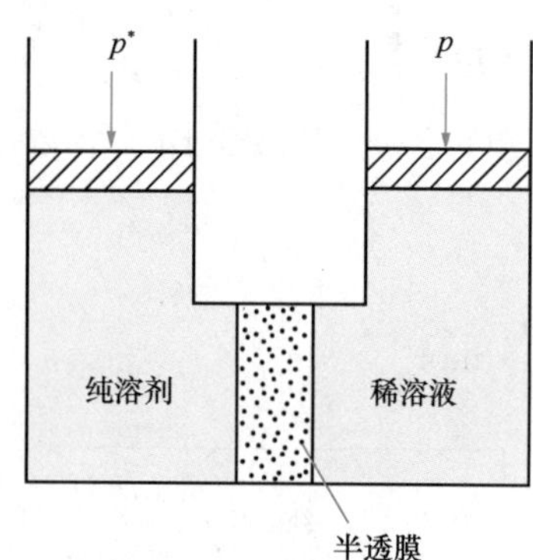

图 3-6 渗透作用示意图

3.7.3 渗透压

在一定温度下，在一个如图 3-6 所示的 U 形容器内，用一个只允许溶剂分子通过的半透膜，将溶剂与稀溶液隔开。由于纯溶剂的化学势高于稀溶液中溶剂的化学势，溶剂分子将会通过半透膜扩散到稀溶液一侧，此现象称为渗透现象。欲制止这种现象发生，必须增高溶液的压强，以使溶液中溶剂的化学势增大，直到两边溶剂的化学势相等，两边平衡，不再发生渗透现象。如果平衡时，纯溶剂上方的压强为 $p^{\square}$，溶液上方的压强为 p，容器两侧的压力差称渗透压，用符号 Π 表示。即

$$\Pi = p - p^* \tag{3-85}$$

渗透压的大小可通过相平衡关系推导出来。当在温度 T 渗透平衡时，在 p 压强下溶液中溶剂的化学势与 p^* 压强下的纯溶剂的化学势相等，换句话说溶剂在膜两侧的化学势相等，即

$$\mu_A^*(T,p^*) = \mu_A(T,p,x_A) = \mu_A^*(T,p) + RT\ln x_A \tag{3-86}$$

式中，等号左侧表示纯溶剂的化学势，与温度 T 和压力 p^* 有关；等号右侧表示稀溶液中溶剂的化学势，与温度 T、压强 p 和稀溶液中溶剂的摩尔分数 x_A 有关。整理后得

$$-[\mu_A^*(T,p) - \mu_A^*(T,p^*)] = RT\ln x_A \tag{3-87}$$

式中，左侧为两项之差，表示恒温时压力变化引起的溶剂化学势的变化。由于是稀溶液，A 的偏摩尔体积近似等于其摩尔体积，且在压力变化不大时视其为常数，则从压强 p 到 p^* 积分 $d\mu_A^* = dG_{m,A}^* = V_{m,A}^* dp$，得

$$-[\mu_A^*(T,p^*)-\mu_A^*(T,p)]=V_{m,A}^*(p-p^*)=-V_{m,A}^*\Pi \tag{3-88}$$

因稀溶液服从亨利定律，于是渗透压与溶质摩尔分数浓度之间的关系为

$$-V_{m,A}^*\Pi=RT\ln x_A=RT\ln(1-x_B)\approx -RTx_B$$

又因 $x_B=\dfrac{n_B}{n_B+n_A}\approx\dfrac{n_B}{n_A}$，所以 $V_{m,A}^*\Pi=RTx_B\approx RT\dfrac{n_B}{n_A}$

渗透压

$$\Pi=\frac{RT}{V_{m,A}^*}x_B\approx\frac{RT}{V_{m,A}^*}\cdot\frac{n_B}{n_A} \tag{3-89}$$

式中，x_B 和 n_B 是稀溶液中溶质 B 的摩尔分数和物质的量，n_A 是稀溶液中溶剂的物质的量。

式（3-89）也可用物质的量浓度 c_B 表示溶质 B 的浓度。式中 $n_AV_{m,A}^*$ 是溶液中溶剂的总体积，近似等于溶液的总体积 V，$\dfrac{n_B}{V}=c_B$，所以

$$\Pi=RT\frac{n_B}{n_AV_{m,A}^*}=RT\frac{n_B}{V}\approx c_BRT$$

$$\Pi\approx c_BRT \tag{3-90}$$

式中，V 是溶液中溶剂的总体积；c_B 是溶质的物质的量浓度。

式（3-89）也可用物质的质量浓度 ρ_B 表示溶质 B 的浓度。因 $n_B=\dfrac{m_B}{M_B}$，$\rho_B=\dfrac{m_B}{V}$，所以

$$\Pi=RT\frac{n_B}{n_AV_{m,A}^*}\approx RT\frac{m_B}{VM_B}=\rho_B\frac{RT}{M_B}$$

$$\Pi\approx\rho_B\frac{RT}{M_B}\text{ 或 }\frac{\Pi}{\rho_B}\approx\frac{RT}{M_B} \tag{3-91}$$

上述各计算渗透压公式表明溶剂通过半透膜产生的渗透压与稀溶液中溶质的浓度成正比，与溶质的性质无关。

如果在图 3-6 中的溶液上方施加一定的外压，当所加的外压足够大时，稀溶液中的溶剂分子则穿过半透膜反向进入纯溶剂中，称这个过程为反渗透过程。反渗透技术在海水淡化（制备超纯水）、污水净化处理等领域已经得到了广泛的应用。

【例 3-8】 氯化钠水溶液在 20℃时，NaCl 的质量摩尔浓度 $m_B=0.30\text{mol}\cdot\text{kg}^{-1}$，纯水的密度 $\rho=0.9982\text{g}\cdot\text{cm}^{-3}$，若有一个半透膜可以将氯化钠水溶液与纯水隔开，求水溶液的渗透压。

解： 由 NaCl 的质量摩尔浓度 $m_B=0.30\text{mol}\cdot\text{kg}^{-1}$，知氯化钠的物质的量 $n_B=0.30\text{mol}$，水的物质的量 $n_A=\dfrac{1}{18.015\times10^{-3}}=55.5\text{mol}$，认为此氯化钠水溶液为稀溶液，求其渗透压可通过下面的公式求解

$$\Pi=RT\frac{n_B}{n_AV_{m,A}^*}=RT\frac{n_B}{V}\approx c_BRT$$

由纯水的密度计算纯水的摩尔体积

$$V_{m,A}^*=\frac{18.015\times10^{-3}}{0.9982\times10^3}=1.805\times10^{-5}\text{m}^3\cdot\text{mol}^{-1}$$

所以其渗透压为

$$\Pi=RT\frac{n_B}{n_AV_{m,A}^*}=\frac{8.314\times293\times0.3}{55.5\times1.805\times10^{-5}}=0.73\times10^6\text{Pa}$$

【例 3-9】 20℃时，将 68.4g 蔗糖（$C_{12}H_{22}O_{11}$）溶于 1000g 水中形成理想稀溶液，求该溶液的凝固点、沸点，并计算半透膜将此蔗糖水溶液与纯水隔开时渗透压（已知该溶液的密度为 $1.024\text{g}\cdot\text{cm}^{-3}$）?

解： 由分子式可知蔗糖的摩尔质量 $M=342\text{g}\cdot\text{cm}^{-1}$，68.4g 蔗糖溶解 1000g 水中，溶解在水中蔗糖的物质的量 $n_B=68.4/342=0.20\text{mol}$

溶解在 1kg 水中蔗糖的质量摩尔浓度 $m_B=\dfrac{68.4}{342}\times 1=0.20\text{mol}\cdot\text{kg}^{-1}$ 水的凝固点下降常数 $K_f=1.86\text{K}\cdot\text{mol}^{-1}\cdot\text{kg}$

$$\Delta T_f=K_f m_B=1.86\times 0.20=0.372\text{K}\approx 0.372℃$$

水的正常凝固点 $T_f^*=0℃$，则溶液的凝固点 $T_f=0-0.372=-0.372℃$

水的沸点升高常数 $K_b=0.52\text{K}\cdot\text{mol}^{-1}\cdot\text{kg}$

$$\Delta T_b=K_b m_B=0.52\times 0.20=0.104\text{K}\approx 0.104℃$$

水的正常沸点 $T_b^*=100℃$，则溶液的沸点 $T_b=100+0.104=100.104℃$

该溶液中蔗糖的物质的量 $n_B=0.20\text{mol}$

其体积 $V=W/\rho=(1000+68.4)/(1.024\times 10^6)=1.043\times 10^{-3}\text{m}^3$

$$\Pi=\frac{n_B RT}{V}=\frac{0.2\times 8.314\times 293}{1.043\times 10^{-3}}=4.67\times 10^5\text{Pa}$$

3.8 非理想多组分系统中物质的化学势

科研和生产实践中，非理想溶液或者非理想液态混合物是非理想多组分体系中重要的一员，我们称与拉乌尔定律和亨利定律总是有着或大或小偏差的非理想多组分溶液体系为实际溶液。因此，实际溶液中组分的蒸气压就不能直接用拉乌尔定律或亨利定律表示，组分的化学势也不能像理想溶液和稀溶液中组分的化学势那样推导出来。为处理非理想溶液（实际溶液）的热力学问题，路易斯引入了活度的概念，使实际溶液中组分的化学势能够像理想溶液和稀溶液那样，用相同形式的公式来表示。

3.8.1 以拉乌尔定律为基础的活度表达

图 3-7 和图 3-8 是实际溶液中组分的蒸气压和系统总压随着溶液的浓度变化的示意图。图 3-7 是对理想溶液产生负偏差的两组分系统，图 3-8 是对理想溶液产生正偏差的两组分系统。图中虚线是根据拉乌尔定律计算的组分分压及系统总压，实线则是实际的组分分压及系统总压。在同一浓度下，实线值低于虚线值时，表示系统实际蒸气压小于拉乌尔定律的计算值，产生负偏差，即对理想溶液产生负偏差；当实线高于虚线时，表示系统实际蒸气压大于拉乌尔定律的计算值，产生正偏差，即对理想溶液产生正偏差。实验结果表明，对理想溶液产生负偏差的溶液，溶液中所有组分都产生负偏差；对理想溶液产生正偏差的溶液，溶液中所有组分都产生正偏差。

当溶剂和溶质之间的相互作用力大于溶剂分子间或溶质分子间的吸引力时，或分子间发生化学作用形成缔合分子或化合物的情况，分子不容易从溶液中逸出，产生的蒸气压比较小，此时溶液对理想溶液呈现负偏差，即 $p_i<p_i^* x_i$；当溶剂和溶质之间的相互作用力

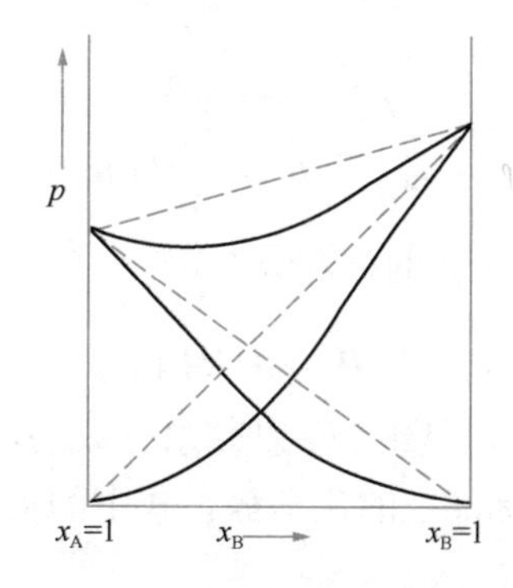

图 3-7　负偏差溶液的蒸气压随组分变化图

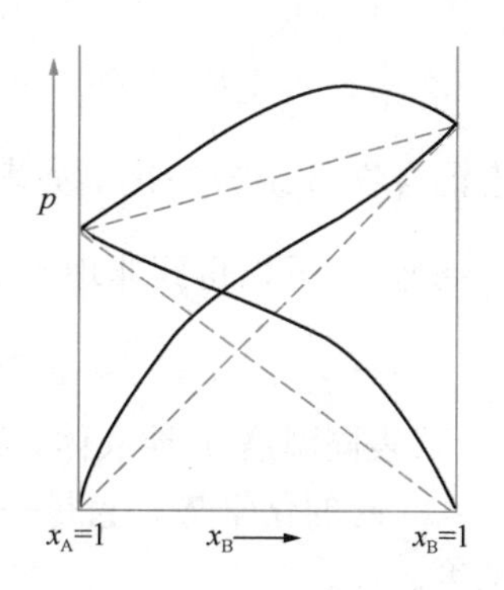

图 3-8　正偏差溶液的组分蒸气压

小于溶剂分子间或溶质分子间的吸引力时，分子容易从溶液中逸出，产生的蒸气压比较大，此时溶液对理想溶液呈现正偏差，即 $p_i < p_i^* x_i$。

为了使实际溶液（非理想溶液）组分的化学势与理想溶液组分的化学势有相同的简单的表达形式，路易斯（Gilbert N. Lewis）引入活度概念，将拉乌尔定律的表达式乘一个因子 γ_i 予以修正，即

$$p_i = p_i^* x_i \gamma_i \tag{3-92}$$

式中，γ_i 称为组分 i 用摩尔分数表示的活度因子，也称活度系数，表示对拉乌尔定律的偏差程度，是一个量纲为一的量，其值与溶剂和溶质的性质、溶液浓度及温度都有关。活度系数需要通过实验数据求得。

将式（3-92）写成下面的形式

$$p_i = p_i^* a_i \tag{3-93}$$

其中

$$a_i = \gamma_i x_i \tag{3-94}$$

式中，a_i 是 i 组分用摩尔分数表示的活度，等于组分 i 的摩尔分数乘以活度系数。

根据式（3-93），将以拉乌尔定律为基础的活度定义为

$$a_i = \frac{p_i}{p_i^*} \tag{3-95}$$

式中，p_i^* 是同温度纯 i 液体的蒸气压。

公式（3-95）中的活度是以拉乌尔定律为基础的活度。以拉乌尔定律为基础的活度系数 γ_i 可通过式（3-95）求得，即

$$\gamma_i = \frac{p_i}{p_i^* x_i} \tag{3-96}$$

当溶液中组分 i 的蒸气压大于拉乌尔定律计算的蒸气压时，活度系数 $\gamma_i > 1$，$p_i > p_i^* x_i$，表示实际溶液对拉乌尔定律产生正偏差；当溶液中组分 i 的蒸气压小于拉乌尔定律计算的蒸气压时，活度系数 $\gamma_i < 1$，$p_i < p_i^* x_i$，表示实际溶液对拉乌尔定律产生负偏差；当活度系数 $\gamma_i = 1$，$p_i = p_i^* x_i$，表示该溶液遵从拉乌尔定律。因此，活度系数的大小反映了实际溶液对拉乌尔定律的偏差性质及程度。根据式（3-95），通过测量系统的气相总压 p、气相及液相中组分 i 的浓度 y_i 和 x_i，计算溶液中组分的活度 a_i 和活度系数 γ_i。

$$p_i = py_i,\ a_i = \frac{p_i}{p_i^*},\ \gamma_i = \frac{p_i}{p_i^* x_i}$$

由理想液态混合物B组分的化学势表示式 $\mu_B = \mu_B^*(T,p^*) + RT\ln x_B$，以及对拉乌尔定律的修正 $\frac{p_i}{p_i^*} = \gamma_i x_i$，可以得到非理想溶液中组分 i 的化学势

$$\mu_i = \mu_i^*(T,p^*) + RT\ln\gamma_i x_i = \mu_i^*(T,P^*) + RT\ln a_i \tag{3-97}$$

式中，$\mu_i^{\ominus}(T,p^*)$ 代表同温度 T 纯液体 i 的化学势，是组分 i 以摩尔分数表示的活度 $a_i=1$（即 $\gamma_i=1$，$x_i=1$）时的化学势，它是一个参考标准态的化学势，式中的活度是以拉乌尔定律为基础的活度。

实际溶液中组分 i 的化学势与其为纯液体化学势之差，为

$$\mu_i - \mu_i^*(T,p^*) = \Delta\mu_i = RT\ln a_i \tag{3-98}$$

若已知溶液中组分 i 的活度值，由式（3-98）可求 $\Delta\mu_i$。对非理想稀溶液中组分浓度用摩尔分数 x 表示，以拉乌尔定律为基础，多采用式（3-97）求组分的活度或活度系数。

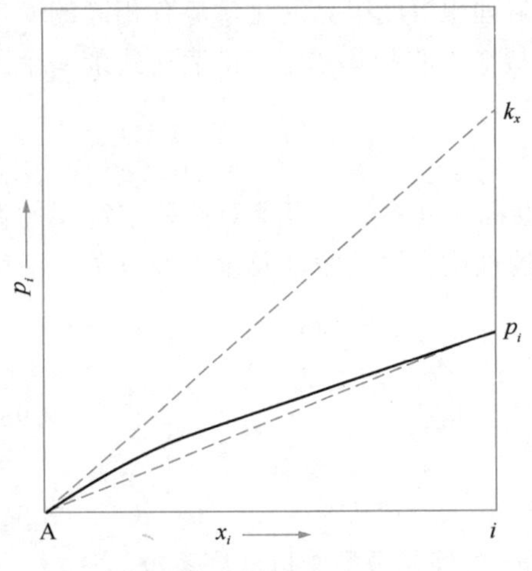

图 3-9　实际溶液中组分 i 的蒸气压

3.8.2　以亨利定律为基础的活度表达

图 3-9 中的实线表示实际溶液中组分 i 的蒸气压与摩尔分数 x_i 的关系，实线介于两条虚线之间。下方的虚线是遵从拉乌尔定律的蒸气压 $p_i^* x_i$ 曲线，上方的虚线是遵从亨利定律的蒸气压 $k_i x_i$ 曲线。同样为表示真实溶液组分的蒸气压与亨利定律的偏差，将亨利定律加一修正因子，此时组分 i 的蒸气压遵从亨利定律表示为

$$p_i = k_{x,i} f_{x,i} x_i = k_{x,i} a_i \tag{3-99}$$

$$a_i = f_{x,i} x_i \tag{3-99a}$$

式中，$f_{x,i}$ 为亨利定律修正因子，表示组分 i 以亨利定律为基础用摩尔分数表示的活度系数。由此以亨利定律为基础组分 i 的活度定义式为

$$a_i = \frac{p_i}{k_{x,i}} \tag{3-100}$$

式中　p_i ——组分 i 的蒸气压；

$k_{x,i}$ ——以摩尔分数表示的亨利定律常数。

当活度系数 $f_{x,i} > 1$ 时，$p_i > k_{x,i} x_i$，表示实际溶液对亨利定律呈现正偏差；当 $f_{x,i} < 1$ 时，$p_i < k_{x,i} x_i$，表示实际溶液对亨利定律呈现负偏差；当 $f_{x,i} = 1$ 时，$p_i = k_{x,i} x_i$，表示实际溶液服从亨利定律。

这里请注意，虽然溶液中组分 i 浓度采用相同的摩尔分数标度，但依式（3-100）定义的以亨利定律为基础的活度与式（3-95）定义的以拉乌尔定律为基础的活度在数值上是不同的，因为这两个活度定义式中的分母是不同的（即参比标准不同）。这表明溶液中一个组分的活度值不是唯一的，因可选择不同的计算方法，也就是可以采用不同的参考标准态进行计算。

根据式（3-100），同样可以推导出实际稀溶液（非理想稀溶液）中的溶质 i 组分的化学势表示形式。

由理想稀溶液溶质 i 遵从亨利定律 $p_i = k_{x,i}x_i$，实际稀溶液的溶质 i 的蒸气压

$$p_i = k_{x,i}f_{x,i}x_i = k_{x,i}a_i \tag{3-101}$$

当气-液间达到平衡时，有

$$\mu_i(\mathrm{l}) = \mu_i(\mathrm{g}) = \mu_i^{\ominus}(T,p^{\ominus}) + RT\ln\left(\frac{p_i}{p^{\ominus}}\right) \tag{3-101a}$$

将式（3-101）代入式（3-90a），得 $\mu_i(\mathrm{l}) = \mu_i(\mathrm{g}) = \mu_i^{\ominus}(T,p^{\ominus}) + RT\ln\frac{k_{x,i}f_{x,i}x_i}{p^{\ominus}}$

整理后，得

$$\mu_i(\mathrm{l}) = \mu_{x,i}^{*}(T,k_{x,i}) + RT\ln a_{x,i} \tag{3-102}$$

$$\mu_{x,i}^{*}(T,k_{x,i}) = \mu_i^{\ominus}(T) + RT\ln\frac{k_{x,i}}{p^{\ominus}} \tag{3-102a}$$

式（3-102）和式（3-102a）中，$\mu_{x,i}^{*}(T,k_{x,i})$ 是溶质 i 在温度 T 时，$a_{x,i}=1$，即 $f_{x,i}=1$，$x_i=1$ 仍符合亨利定律那个状态的化学势，所对应的状态叫作以亨利定律为基础，摩尔分数标度的活度参考标准状态，是一个假想的状态。

通常稀溶液的溶剂常用摩尔分数表示，对溶质 i 浓度的标度除用摩尔分数 x_i 外，还可用质量摩尔浓度 m_i 以及物质的量浓度 c_i 表示。同样可以推导，实际稀溶液中溶质 i 浓度用质量摩尔浓度 m_i 以及物质的量浓度 c_i 标度时，溶质的化学势表示式具有与理想稀溶液相同的形式。

1. 溶质 i 的浓度用质量摩尔浓度 m_i 表示

若稀溶液中溶质 i 遵从亨利定律，$p_i = k_{\mathrm{m},i}m_i$，理想稀溶液中溶质 i 的化学势

$$\begin{aligned}\mu_i(\mathrm{l}) &= \mu_i(\mathrm{g}) = \mu_i^{\ominus}(T,p^{\ominus}) + RT\ln\left(\frac{p_i}{p^{\ominus}}\right) = \mu_i^{\ominus}(T) + RT\ln\left(\frac{k_{\mathrm{m},i}m_i}{p^{\ominus}}\right)\\ &= \mu_i^{\ominus}(T,p^{\ominus}) + RT\ln\left(\frac{k_{\mathrm{m},i}m^{\ominus}}{p^{\ominus}}\right) + RT\ln\left(\frac{m_i}{m^{\ominus}}\right)\end{aligned} \tag{3-103}$$

$$\mu_i(\mathrm{l}) = \mu_{x,i}^{\#}(T,k_{\mathrm{m},i}) + RT\ln\frac{m_i}{m^{\ominus}} \tag{3-104}$$

$$\mu_{x,i}^{\#}(T,k_{\mathrm{m},i}) = \mu_i^{\ominus}(T,p^{\ominus}) + RT\ln\frac{k_{\mathrm{m},i}m^{\ominus}}{p^{\ominus}} \tag{3-104a}$$

式中，$m^{\ominus}$ 为标准质量摩尔浓度，$m^{\ominus} = 1\mathrm{mol\cdot kg^{-1}}$。

实际稀溶液（非理想稀溶液）中溶质 i，若不遵从亨利定律，可在亨利定律加一个修正因子 $f_{\mathrm{m},i}$，即 $p_i = k_{\mathrm{m},i}f_{\mathrm{m},i}m_i$。由此可得到

$$\mu_i(\mathrm{l}) = \mu_{x,i}^{\#}(T,k_{\mathrm{m},i}) + RT\ln\frac{f_{\mathrm{m},i}m_i}{m^{\ominus}} \tag{3-105}$$

令 $a_{\mathrm{m},i} = \dfrac{f_{\mathrm{m},i}m_i}{m^{\ominus}}$，表明 $a_{\mathrm{m},i}$ 是量纲为一的量，且 $\lim\limits_{m_i\to 0} f_{\mathrm{m},i} = 1$。则稀溶液中溶质 i 的化学势可写成

$$\mu_i(\mathrm{l}) = \mu_{x,i}^{\#}(T,k_{\mathrm{m},i}) + RT\ln a_{\mathrm{m},i} \tag{3-106}$$

$$\mu_{x,i}^{\#}(T,k_{x,i}) = \mu_i^{\ominus}(T,p^{\ominus}) + RT\ln\frac{k_{x,i}}{p^{\ominus}} \tag{3-106a}$$

式中，$\mu_{m,i}^{\#}(T, k_{m,i})$ 是溶质 i 在浓度 $m_i = 1mol \cdot kg^{-1}$ 时，仍符合亨利定律状态时的化学势。所对应的状态叫作以亨利定律为基础、质量摩尔浓度标度的活度参考标准状态，是一个假想的状态。

2. 溶质 i 用物质的量浓度 c_i 表示

用类似前面的方法可得

$$\mu_i(l) = \hat{\mu_{x,i}}(T, k_{c,i}) + RT\ln\frac{f_{c,i}c_i}{c^{\Theta}} \tag{3-107}$$

令 $a_{c,i} = \frac{f_{c,i}c_i}{c^{\Theta}}$，表明 $a_{c,i}$ 是量纲为一的量，且 $\lim\limits_{c_i \to 0} f_{c,i} = 1$。则得到

$$\mu_i(l) = \hat{\mu_{x,i}}(T, k_{c,i}) + RT\ln a_{c,i} \tag{3-108}$$

$$\hat{\mu_{x,i}}(T, k_{c,i}) = \mu_i^{\Theta}(T, p^{\Theta}) + RT\ln\frac{k_{c,i}}{p^{\Theta}} \tag{3-108a}$$

式中，c^{Θ} 是标准物质的量浓度，$c^{\Theta} = 1mol \cdot dm^{-3} = 1mol \cdot L^{-1}$；$\hat{\mu_{c,i}}(T, k_{c,i})$ 是溶质 i 在浓度 $c_i = 1mol \cdot dm^{-3} = 1mol \cdot L^{-1}$，仍符合亨利定律状态时的化学势。所对应的状态叫作以亨利定律为基础，物质的量浓度标度的活度参考标准状态，也是一个假想的状态。

总之，引入活度概念，使实际溶液（非理想溶液）化学势的表示式保留了理想溶液化学势的表示形式。依照活度是以拉乌尔定律或亨利定律为基础及溶液组分浓度采用的标度方式，总结归纳实际溶液的化学势的四种常用表示式如下

（1）活度是以拉乌尔定律为基础，组分浓度用摩尔分数表示

$$\mu_i = \mu_i^{\Theta}(T, p^*) + RT\ln\gamma_i x_i = \mu_i^*(T, P^*) + RT\ln a_i \tag{3-109}$$

式中，a_i 为组分 i 以拉乌尔定律为基础，浓度用摩尔分数标度的活度；γ_i 为组分 i 的活度系数；$\mu_i^{\Theta}(T, p^*)$ 代表同温度 T 纯液体 i 的化学势，是在温度 T 和组分 i 活度 $a_i = 1$（即 $\gamma_i = 1, x_i = 1$）符合拉乌尔定律那个状态的化学势，所对应的状态叫作以拉乌尔定律为基础，浓度用摩尔分数标度的活度参考标准态。

（2）活度是以亨利定律为基础，组分浓度用摩尔分数表示

$$\mu_i(l) = \mu_{x,i}^*(T, k_{x,i}) + RT\ln a_{x,i} = \mu_{x,i}^*(T, k_{x,i}) + RT\ln f_{x,i}x_{x,i} \tag{3-110}$$

$$\mu_{x,i}^*(T, k_{x,i}) = \mu_i^{\Theta}(T) + RT\ln\frac{k_{x,i}}{p^{\Theta}} \tag{3-110a}$$

式中，$a_{x,i}$ 为组分 i 以亨利定律为基础，浓度用摩尔分数标度的活度；$f_{x,i}$ 为组分 i 的活度系数；$\mu_{x,i}^*(T, k_{x,i})$ 是溶质 i 在温度 T 时，$a_{x,i} = 1$，即 $f_{x,i} = 1$，$x_i = 1$ 仍符合亨利定律那个状态的化学势，所对应的状态叫作以亨利定律为基础，浓度用摩尔分数标度的活度参考标准状态，是一个假想的状态。

（3）活度是以亨利定律为基础，组分浓度用质量摩尔浓度表示

$$\mu_i(l) = \mu_{x,i}^{\#}(T, k_{m,i}) + RT\ln a_{m,i} \tag{3-111}$$

$$\mu_{x,i}^{\#}(T, k_{m,i}) = \mu_i^{\Theta}(T, p^{\Theta}) + RT\ln\frac{k_{m,i}}{p^{\Theta}} \tag{3-111a}$$

式中，$a_{m,i}$ 为组分 i 以亨利定律为基础，浓度用质量摩尔浓度标度的活度，$f_{m,i}$ 为组分 i 的活度系数；$\mu_{m,i}^{\#}(T, k_{m,i})$ 是溶质 i 在浓度 $m_i = 1mol \cdot kg^{-1}$，仍符合亨利定律那个状态的化学势，所对应的状态叫作以亨利定律为基础，浓度用质量摩尔标度的活度参考标准状态，是一个假想的状态。

（4）活度是以亨利定律为基础，组分浓度用物质的量浓度表示

$$\mu_i(\mathrm{l}) = \hat{\mu_{x,i}}(T,k_{c,i}) + RT\ln a_{c,i} \tag{3-112}$$

$$\hat{\mu_{x,i}}(T,k_{c,i}) = \mu_i^{\ominus}(T,p^{\ominus}) + RT\ln\frac{k_{c,i}}{p^{\ominus}} \tag{3-112a}$$

式中，$c^{\ominus}$ 是标准物质的量浓度，$c^{\ominus}=1\mathrm{mol}\cdot\mathrm{dm}^{-3}=1\mathrm{mol}\cdot\mathrm{L}^{-1}$；$a_{c,i}$ 为组分 i 以亨利定律为基础，浓度用物质的量浓度标度的活度；$f_{c,i}$ 为组分 i 的活度系；$\hat{\mu_{c,i}}(T,k_{c,i})$ 是溶质 i 在浓度 $c_i=1\mathrm{mol}\cdot\mathrm{dm}^{-3}=1\mathrm{mol}\cdot\mathrm{L}^{-1}$ 时，仍符合亨利定律那个状态的化学势，所对应的状态叫作以亨利定律为基础，浓度用物质的量标度的活度参考标准状态，是一个假想的状态。

当然随着溶质浓度标度的不同，还会有其他的化学势与活度的表示式。值得注意的是，同一个非理想溶液，可以用上述四种化学势表示式，因为参考标准态不同，活度数值也会不同，但最终的化学势值一定相同。通常，对溶剂选用以拉乌尔定律为基础，浓度用摩尔分数表示，用式（3-109）计算溶剂的化学势；对溶质选用以亨利定律为基础，用式（3-101）～式（3-112）中的一个计算溶质的化学势。

思　考　题

1. 理想液态混合物中物质 B 满足 $V_B=V_{mB}^*$，$H_B=H_{mB}^*$ 是否说明 $G_B=G_{mB}^*$ 和 $S_B=S_{mB}^*$？

2. 若纯 A 的物质的量是 n_A，纯 B 的物质的量是 n_B，两者混合形成理想液态混合物，证明此混合过程：$\Delta_{mix}S=-R(n_A\ln x_A+n_B\ln x_B)$

习　　题

1. 每升含有硝酸钾 192.6g 的溶液密度为 1.1432kg/L。计算：

（1）物质的量浓度；

（2）质量摩尔浓度；

（3）摩尔分数。

（1.905mol/L，2.004mol/kg，0.0349）

2. 在常温常压下，1.0kg H_2O(A) 中加 NaBr(B)，水溶液的体积（以 cm^3 表示）与溶质 B 的质量摩尔浓度 m_B 的关系可用下式表示：

$$V = 1002.93 + 23.189m_B + 2.197m_B^{\frac{3}{2}} - 0.178m_B^2$$

当 $m_B=0.50\mathrm{mol/kg}$ 时，试用图解法求溶液中 NaBr(B) 的偏摩尔体积。

（$V=25.341\mathrm{cm^3/mol}$）

3. 两种挥发性液体 A 和 B 混合形成理想液态混合物。某温度时溶液上面的蒸气总压为 5.41×10^4 Pa，A 在气相中的摩尔分数为 0.450，在液相中为 0.650。求这一温度时纯 A 和纯 B 的蒸气压。

（3.75×10^4 Pa，8.50×10^4 Pa）

4. 在 60℃时，甲醇的饱和蒸气压是 83.4kPa，乙醇的饱和蒸气压是 47.0kPa，二者可形成理想液态混合物。若混合物的组成中二者的质量分数均为 50%，求 60℃时混合物的

平衡蒸气组成，以摩尔分数表示。

（0.7184，0.2816）

5. 已知85℃时纯甲苯和纯苯的饱和蒸气压分别为45.00 kPa和116.9 kPa，由甲苯A和苯B组成的二组分理想液态混合物在101325 Pa，85℃时沸腾，求这一混合物在101325 Pa，85℃时的气-液相组成。

（0.217，0.783，0.1，0.9）

6. 在25℃时，氮溶于水的亨利常数为$k_x=8.68\times10^9$ Pa。若将氮与水平衡时的压强从6.664×10^5 Pa降至1.013×10^5 Pa。求1kg水中可放出多少毫升N_2？

（88.5mL）

7. 在25℃时，乳酸在水和$CHCl_3$中的分配系数为$c_{CHCl_3}/c_{H_2O}=0.0203$。$c$为物质的量的浓度。将100mL水与100mL含0.8mol·L^{-1}的乳酸$CHCl_3$溶液混合振荡，问可提取乳酸多少（摩尔）？

（0.07845moL）

8. 在15℃时，将碘溶于含0.1mol·L^{-1}KI的水溶液中，与CCl_4一起振荡，达平衡后分为两层。将两层液体分离后，用滴定方法测定碘的浓度在水层中为0.050mol·l^{-1}，在CCl_4层中为0.085mol·L^{-1}。已知碘在CCl_4和水中的分配系数为$c_{I_2}^{CCl_4}/c_{I_2}^{H_2O}=85$。

求反应$KI+I_2=KI_3$在15℃时的平衡常数K_C。

（提示：滴定测得水层碘浓度是否等于公式中的$c_{I_2}^{H_2O}$？）

（960.8）

9. 在15℃时，将1mol氢氧化钠和4.559mol水混合，形成溶液的蒸气压为596Pa，而纯水的蒸气压为1705Pa（已知15℃时，水的蒸发焓为40.63kJ/mol）。求：

（1）溶液中水的活度；

（2）溶液的沸点；

（3）在溶液中和纯水中，水的化学势相差多少？

（0.35；132℃；2513.72J·mol^{-1}）

10. 100g水中溶解29g氯化钠形成的溶液，在100℃时的蒸气压为8.29×10^4Pa，求这一溶液在100℃时的渗透压（已知100℃时水的比体积为1.043cm^3·g^{-1}）。

（3.32×10^7Pa）

11. 某水溶液中含有非挥发性溶质，在271.29K时凝固。已知水在273.15K下，$K_f=1.86$K·kg/mol；$K_b=0.51$K·kg/mol；298.15K时纯水的蒸气压为3.178kPa，求该溶液的：

（1）正常沸点；

（2）在298.15K时的蒸气压。

（374.10K；3.08kPa）

12. D-果糖$C_6H_{12}O_6$溶于水中形成的某溶液的质量分数为$\omega_B=0.095$，此溶液在20℃时的密度为$\rho=1.0365\times10^3$kg/m^3，求：溶液中D-果糖的摩尔分数、浓度、质量摩尔浓度。

（0.01039，0.5465mol·dm^{-3}，0.5827mol·kg^{-1}）

13. 水在28℃时的蒸气压为3742Pa，求100g水中溶入13g不挥发溶质时溶液的蒸气压？已知不挥发溶质的摩尔质量为 92.3g・mol^{-1}。

（3649Pa）

14. 在 5℃时，0.1MPa 的氧气分压下，1kg 水至少可溶解氧气 48.8mL。求：

（1）0℃时氧溶于水中的亨利系数（分别以 MPa 及 g・L^{-1}・MPa^{-1}表示）。

（2）0℃、101.3kPa 下，被空气所饱和的每升水中溶有氧气多少克（氧气占空气的 21%）？

（2550MPa，3.87×10^{-7}g・L^{-1}・MPa^{-1}；0.015g・L^{-1}）

第4章 化 学 平 衡

所有的化学反应既可以正向进行也可以逆向进行。只是在一些情况下，逆向进行的程度较小，可以忽略，此类反应称为“单向反应”。在一定的温度、压强、浓度等条件下，当正反两个方向的反应速率相等时，系统就达到了化学平衡状态。不同的系统达到平衡所需的时间各不相同，但一旦达到平衡状态后，系统中各物质的数量不再随时间改变，并且产物和反应物的数量之间存在一定的比值关系，只要外界条件不变，这个平衡状态就会一直保持下去，不会随时间而改变。系统的这种平衡状态代表了系统在给定条件下反应进行所能达到的最高限度。将热力学原理和规律应用于化学反应就可以从原则上确定反应进行的方向、限度，达到平衡的条件，在给定条件下反应所能达到的理论上的最大极限，以及推导出平衡时系统中物质的数量关系，并用平衡常数来表示。本章将根据热力学第二定律的一些结论来处理化学平衡的问题。

4.1 化学反应的方向和限度

4.1.1 化学反应的方向

由第3章知，对任意的封闭系统，当系统有微小变化时，有

$$dU = TdS - pdV + \sum_B \mu_B dn_B \tag{4-1}$$

$$dG = -SdT + Vdp + \sum_B \mu_B dn_B \tag{4-2}$$

对有化学反应的系统，引入反应进度ξ概念，定义$d\xi = \frac{dn_B}{\nu_B}$，即$dn_B = \nu_B d\xi$，$\nu_B$为物质B的计量系数。这样有化学反应的系统发生微小变化时，则

$$dU = TdS - pdV + \sum_B \nu_B \mu_B d\xi \tag{4-3}$$

$$dG = -SdT + Vdp + \sum_B \nu_B \mu_B d\xi \tag{4-4}$$

在等温等压下

$$dG = \sum_B \mu_B \nu_B d\xi \tag{4-5}$$

或

$$\left(\frac{\partial G}{\partial \xi}\right)_{T,p} = \sum_B \nu_B \mu_B = \Delta_r G_m \tag{4-6}$$

式中 μ_B——参与反应的各物质的化学势；

$\Delta_r G_m$——摩尔吉布斯自由能，$J \cdot mol^{-1}$ 或 $kJ \cdot mol^{-1}$。

已知等温等压条件下，吉布斯自由能的变化是判断过程是否自发进行的标度。如果过程的 $\Delta_r G_m < 0$ 时，过程自发向正方向进行；$\Delta_r G_m > 0$ 时，过程自发向逆方向进行；$\Delta_r G_m = 0$ 时，表示该过程达到平衡状态。这也说明 $\sum_B \nu_B \mu_B$ 也是判断反应趋势与平衡的依据之一。由图 4-1 所示的反应过程系统的吉布斯自由能与反应进度的关系可以看出，当系统总物质的量为 1mol，反应进度处于 0～1mol 时，$\left(\frac{\partial G}{\partial \xi}\right)_{T,p} < 0$，反应自发向右进行，趋向平衡；$\left(\frac{\partial G}{\partial \xi}\right)_{T,p} > 0$，反应自发向左进行，趋向平衡；$\left(\frac{\partial G}{\partial \xi}\right)_{T,p} = 0$ 反应达到平衡，相应的 ξ 就是反应的极限进度 ξ_{eq}。从图 4-1 可以看出，反应总有趋近于平衡的趋势。

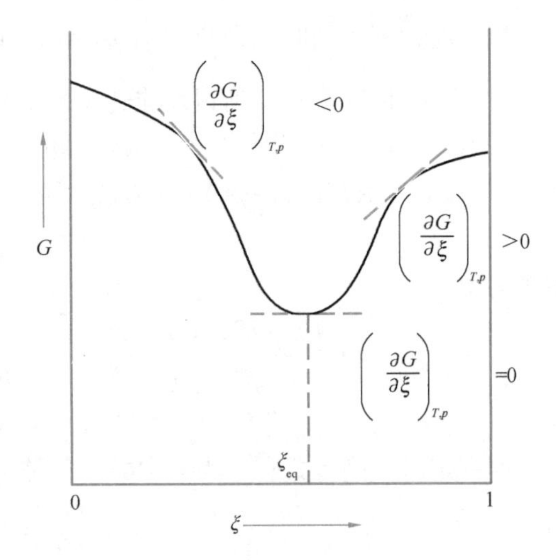

图 4-1　系统的吉布斯自由能 G 与反应进度 ξ 的关系

4.1.2　化学反应只能进行到一定程度的原因

化学反应只能进行到一定程度的原因，以反应 $D+E \rightleftharpoons 2F$ 为例予以说明。这个反应系统的吉布斯自由能随着反应物 D 的量减少的变化情况示于图 4-2。假设纯物质 D 与 E 未混合前吉布斯自由能的总和是 R，并且假设 D 与 E 全部反应生成产物纯 F 的终点是 S。假设的反应路径应该是从 R 到 S。但是由第 3 章可知，两个物质混合时存在负值的混合吉布斯自由能。因此，当 D 与 E 均相混合且未进行反应时，就使系统的吉布斯自由能从 R 降低到了 P。且反应一经开始就有产物生成，并参与系统物质的混合，产生具有负值的混合吉布斯自由能。随着反应的进行，产物 F 也不断加入到混合体系，体系吉布斯自由能继续下降。当达到 T 时，整个混合体系的吉布斯自由能达到最低值，等温等压下系统吉布斯自由能最低值点 T 就是反应平衡点。由于 S 点是纯 F 物质的吉布斯自由能点，所以它一定高于 T 点。正如图 4-2 所示，此时反应只能进行到反应平衡点 T 为止，因此 T 点是反应进行的极限点。

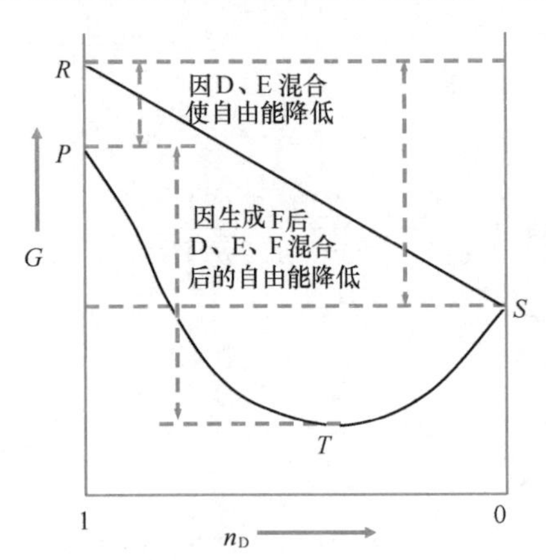

图 4-2　系统的吉布斯自由能在反应过程中的变化示意图
（n_D 为 D 的摩尔数）

4.1.3　化学反应的平衡常数和等温方程

设有理想气体 A 和 B 发生反应生成理想气体 C 和 D，它们的化学反应为

$$aA(g) + bB(g) \rightleftharpoons cC(g) + dD(g)$$

当反应达到平衡时，则有 $\sum_i \nu_i \mu_i = 0$。由第 3 章知，理想气体 i 的化学势表示式为 $\mu_i = \mu_i^\ominus + RT\ln(p_i/p^\ominus)$，所以反应达到平衡有

$$c\mu_C + d\mu_D = a\mu_A + b\mu_B \tag{4-7}$$

或

$$c[\mu_C^\ominus + RT\ln(p_C/p^\ominus)] + d[\mu_D^\ominus + RT\ln(p_D/p^\ominus)] = a[\mu_A^\ominus + RT\ln(p_A/p^\ominus)] + b[\mu_B^\ominus + RT\ln(p_B/p^\ominus)]$$

整理后得

$$\ln\frac{(p_C/p^\ominus)^c\ (p_D/p^\ominus)^d}{(p_A/p^\ominus)^a\ (p_B/p^\ominus)^b} = -\frac{1}{RT}(c\mu_C^\ominus + d\mu_D^\ominus - a\mu_A^\ominus - b\mu_B^\ominus) \tag{4-8}$$

式中，p_A、p_B、p_C、p_D 分别为平衡时 A、B、C 和 D 气体的分压，等式右边为温度的函数，若温度一定时，则等式右边为一常数。于是可以将式（4-8）改写为

$$\frac{(p_C/p^\ominus)^c\ (p_D/p^\ominus)^d}{(p_A/p^\ominus)^a\ (p_B/p^\ominus)^b} = K_p^\ominus \tag{4-9}$$

平衡时在等温条件下，该比例式是一定值，它不因各气体的平衡分压不同而改变。定温条件下的该比例式称为“标准平衡常数”，也称热力学平衡常数，用 K_p^θ 表示，是量纲为一的量。

如果令

$$c\mu_C^\ominus + d\mu_D^\ominus - a\mu_A^\ominus - b\mu_B^\ominus = \Delta_r G_m^\ominus \tag{4-10}$$

则有

$$\Delta_r G_m^\ominus(T) = -RT\ln K_p^\ominus \tag{4-11}$$

$\Delta_r G_m^\ominus$ 是产物和反应物都处于标准态时反应系统的吉布斯自由能的变化值，所以称之为反应的标准吉布斯自由能变化值。

若在任意状态下，则

$$\begin{aligned}\Delta_r G_m(T) &= c\mu_C + d\mu_D - a\mu_A - b\mu_B \\ &= c\mu_C^\ominus + d\mu_D^\ominus - a\mu_A^\ominus - b\mu_B^\ominus + RT\ln\frac{(p'_C/p^\ominus)^c\ (p'_D/p^\ominus)^d}{(p'_A/p^\ominus)^a\ (p'_B/p^\ominus)^b}\end{aligned}$$

令

$$Q_p = \frac{(p'_C/p^\ominus)^c\ (p'_D/p^\ominus)^d}{(p'_A/p^\ominus)^a\ (p'_B/p^\ominus)^b}$$

则

$$\Delta_r G = \Delta_r G_m^\ominus + RT\ln Q_p \tag{4-12}$$

或

$$\Delta_r G_m = -RT\ln K_p^\ominus + RT\ln Q_p \tag{4-13}$$

此式称为化学反应的等温方程，也称范特霍夫等温方程。式中的 p'_A 与 p_A 的含义不同，p'_A 代表的是任意状态的分压，p_A 代表的是平衡时的分压。因此，Q_p 称为“分压商”。

推广到对任意化学反应，可以用 a_i 代替 $p_i/p^\ominus$，对不同情况的反应可以赋予 a_i 不同的含义，如对理想气体 a_i 代表 $p_i/p^\ominus$，对理想液态混合物 a_i 代表 x_i，对非理想溶液 a_i 就表示组分 i 的活度；用“活度商”Q_a 代替分压商 Q_p。此时因反应物和产物不全是气体，标准平衡常数 $K^\ominus$ 与反应的标准吉布斯自由能的关系式则为

$$\Delta_r G_m^\ominus(T) = -RT\ln K^\ominus \tag{4-14}$$

对任意化学反应仍然服从与式（4-13）形式相同的化学反应的等温方程关系式

$$\Delta_r G_m = \Delta_r G_m^\ominus + RT\ln Q_a \tag{4-15}$$

根据等温等压下化学反应的吉布斯自由能的变化值，可以得出如下结论：

当 $Q_a < K^\ominus$ 时，$\Delta_r G_m < 0$，反应可自发向右（正向）进行；

当 $Q_a > K^\ominus$ 时，$\Delta_r G_m > 0$，反应不能正向进行，可自发向左（逆向）进行；

当 $Q_a = K^\ominus$ 时，$\Delta_r G_m = 0$，反应达到平衡状态。

在讨论化学反应时，式（4-14）和式（4-15）是两个极重要的方程式。$\Delta_r G_m^\ominus(T)$ 和平衡常数相联系，而 $\Delta_r G_m$ 则和反应的方向相联系，式（4-14）还表明了反应进行的限度。

4.2　化学反应的标准吉布斯自由能变化

4.2.1　化学反应的 $\Delta_r G_m$ 与 $\Delta_r G_m^\ominus$

由前节知，任意化学反应的等温方程可以表示为

$$\Delta_r G_m = \Delta_r G_m^\ominus + RT\ln Q_a$$

式中，$\Delta_r G_m = \Sigma \nu_B \mu_B$ 表示反应前后系统的吉布斯自由能的改变量；$\Delta_r G_m^\ominus = \Sigma \nu_B \mu_B^\ominus$ 表示反应前后系统的标准吉布斯自由能的改变量。在温度压强一定的条件下，任何物质的标准态化学势 $\mu_B^\ominus$，在标准态确定的前提下，是唯一的确定值，因此反应的 $\Delta_r G_m^\ominus$ 是确定的常数；而 $\Delta_r G_m^\ominus$ 值，不仅与反应各物质所处的状态有关，还与各个物质所处状态的分压或浓度有关，即与 Q_a 有关。在定温定压的条件下，化学反应的 $\Delta_r G_m$ 值的正负可以判明反应能够进行的方向，而 $\Delta_r G_m^\ominus$ 值的正负一般不能表明化学反应进行的方向，只能根据 $\Delta_r G_m^\ominus = -RT\ln K^\ominus$，从标准平衡常数 $K^\ominus$ 标度反应的限度。

由化学反应等温方程知，若一个反应的 $\Delta_r G_m^\ominus$ 为一个很大正值时，$RT\ln Q_a$ 项的值抵消其影响很难，使 $\Delta_r G_m$ 值为正；同理，若 $\Delta_r G_m^\ominus$ 为很大负值时，$RT\ln Q_a$ 项的值抵消其影响很难，使 $\Delta_r G_m$ 值为负。只有 $\Delta_r G_m^\ominus$ 的绝对值不是很大时，才能通过 Q_a 与 $K^\ominus$ 的比较判断反应方向。一般来说以 $40\text{kJ} \cdot \text{mol}^{-1}$ 为界限，$\Delta_r G_m^\ominus > 40\text{kJ} \cdot \text{mol}^{-1}$ 反应不能正向进行，$\Delta_r G_m^\ominus < -40\text{kJ} \cdot \text{mol}^{-1}$ 反应可正向进行。注意，此判据数值仅由经验统计而得。

4.2.2　物质的标准摩尔生成吉布斯自由能

在一定温度及标准压强 $p^\ominus$ 下，由最稳定的单质生成化学计量系数为1（1mol）的另一物质的反应的吉布斯自由能变化值，称为该物质的标准摩尔生成吉布斯自由能，用 $\Delta_f G_m^\ominus$ 表示，单位为“$\text{J} \cdot \text{mol}^{-1}$”或“$\text{kJ} \cdot \text{mol}^{-1}$”。符号中下角标“f”表示生成，上角标“Θ”代表反应物和产物都处于标准压强 p^θ 或纯物质状态下，若没有指定温度则认为是298K（25℃）条件下；若有特定温度则在最后用括号注明，如在1000K温度下，则为 $\Delta_f G_m^\ominus(1000\text{K})$。规定，最稳定的单质的 $\Delta_f G_m^\ominus = 0$。例如，25℃ CO_2（g）的 $\Delta_f G_m^\ominus = -395.39\text{kJ} \cdot \text{mol}^{-1}$，它是由25℃标准压强下反应C（石墨）$+ O_2(g) = CO_2(g)$ 的吉布斯自由能变化值为 $-395.39\text{kJ} \cdot \text{mol}^{-1}$ 而来。

常见物质25℃（298K）的 $\Delta_f G_m^\ominus$ 数据可从热力学数据手册和本书的附录中查到。在利用这些数据时，应注意选择与待计算物质的聚集状态（气态、液态、固态、晶型等）相一

致的数据。

4.2.3 标准摩尔反应吉布斯自由能

一定温度下，反应物及产物处于纯态及标准压强的情况，反应进度为 1mol 时化学反应的吉布斯自由能变化值，称为此反应的标准摩尔反应吉布斯自由能，用 $\Delta_r G_m^\ominus$ 表示，单位为“$J \cdot mol^{-1}$”或“$kJ \cdot mol^{-1}$”。符号中下角标“r”表示化学反应。

在一定温度下，一个反应的标准吉布斯自由能变化等于该温度下反应前后各物质的标准摩尔生成自由能与其化学计量系数乘积的代数和（产物为正，反应物为负）。

针对反应

$$cC + dD \rightleftharpoons gG + hH$$

此反应的标准吉布斯自由能为

$$\Delta_r G_m^\ominus = (g\Delta_f G_{m,G}^\ominus + h\Delta_f G_{m,H}^\ominus) - (c\Delta_r G_{m,C}^\ominus + d\Delta_r G_{m,D}^\ominus)$$

或写成

$$\Delta_r G_m^\ominus = \sum_B \nu_B \Delta_f G_{m,B}^\ominus \tag{4-16}$$

式（4-16）中，下标 B 代表反应中反应物和产物的各物质。

有一些化学反应的 $\Delta_r G_m^\ominus$ 数据可从热力学数据手册查到。

4.2.4 反应的 $\Delta_r G_m^\ominus$ 和标准平衡常数的求算

若已知反应方程的各个反应物和产物的标准摩尔生成吉布斯自由能可以通过计算其代数和得到反应的标准吉布斯自由能变化值 $\Delta_r G_m^\ominus$，除此之外其他的几种计算 $\Delta_r G_m^\ominus$ 的方法归纳如下：

（1）根据公式（4-14），通过测定反应的标准平衡常数，就可计算此反应的 $\Delta_r G_m^\ominus$。

（2）根据吉布斯自由能是状态函数，通过已知反应的加和可得到研究反应，借助已知反应的 $\Delta_r G_m^\ominus$，则研究反应的 $\Delta_r G_m^\ominus$ 就可以通过加和求出。

（3）通过反应的 $\Delta_r S_m^\ominus$ 和 $\Delta_r H_m^\ominus$，利用公式 $\Delta_r G_m^\ominus = \Delta_r H_m^\ominus - T\Delta_r S_m^\ominus$，计算得到 $\Delta_r G_m^\ominus$。

（4）通过设计电池测定标准电动势 $E^\ominus$ 来计算，此方法留待 6.3.6 节中介绍。

另外，只要获得 $\Delta_r G_m^\ominus$ 数据，就可根据公式（4-14）计算反应的标准平衡常数 $K^\ominus$。

【例 4-1】 计算反应 $CO(g) + Cl_2(g) = COCl_2(g)$ 在 298K 及标准压力下的 $\Delta_r G_m^\ominus$ 和 $K^\ominus$。

解： 查热力学数据表（附录 A）得，298K 时

$$\Delta_f G_m^\ominus(CO,g) = -137.3kJ \cdot mol^{-1}$$

$$\Delta_f G_m^\ominus(COCl_2,g) = -210.5kJ \cdot mol^{-1}$$

$Cl_2(g)$ 是稳定的单质，所以 $\Delta_f G_m^\ominus = 0$。所以反应的

$$\Delta_r G_m^\ominus = (-210.5) - (-137.3 + 0) = -73.2kJ \cdot mol^{-1}$$

由 $\Delta_r G_m^\ominus = -RT\ln K^\ominus$

$$K^\ominus = e^{\left(\frac{-\Delta_r G_m^\ominus}{RT}\right)} = e^{\left(\frac{73.2\times10^3}{8.314\times298}\right)} = 6.78\times10^{12}$$

【例 4-2】 已知在 298K 时，水的标准摩尔生产焓 $\Delta_f H_m^\ominus = -241.8kJ \cdot mol^{-1}$，$H_2(g)$、$O_2(g)$、$H_2O(g)$ 的标准摩尔熵分别为 $130.6J \cdot K^{-1} \cdot mol^{-1}$、$205.0J \cdot K^{-1} \cdot mol^{-1}$、

188.7J·K^{-1}·mol^{-1}，水的蒸气压为3.17×10^{3}Pa，求298K时 $H_2(g)+\frac{1}{2}O_2(g)=H_2O(l)$ 的 $K^\ominus$。

解：物质的热力学参数与物态有关，由于题中只有气态水的相关数据，因此所求反应 $\Delta_r G_m^\ominus$ 可以通过下面几个反应的 $\Delta_r G_m$ 加和得到。

反应（1）　$H_2(g)+\frac{1}{2}O_2(g) = H_2O(g,p^\ominus)$　$\Delta_r G_m^\ominus(1)$

反应（2）　$H_2O(g,p^\ominus) = H_2O(g,\ p)$　$\Delta_r G_m(2)$

反应（3）　$H_2O(g,p) = H_2O(l)$　$\Delta_r G_m(3)$

反应(1)+反应(2)+反应(3)= 所求反应

$$H_2(g)+\frac{1}{2}O_2(g)=H_2O(l)$$

$$\Delta_r G_m^\ominus = \Delta_r G_m^\ominus(1) + \Delta_r G_m(2) + \Delta_r G_m(3)$$

由所给数据计算反应（1）$H_2(g)+\frac{1}{2}O_2(g) = H_2O(g,\ p^\ominus)$ 的 $\Delta_r G_m^\ominus(l)$。

反应的焓变为　$\Delta_r H_m^\ominus = \Delta_f H_m^\ominus(H_2O,g,\ p^\ominus) = -241.8\text{kJ}\cdot\text{mol}^{-1}$

反应的熵变为　$\Delta_r S_m^\ominus = S_m^\ominus(H_2O,g,\ p^\ominus) - S_m^\ominus(H_2,g) - \frac{1}{2}S_m^\ominus(O_2,g)$

$$= 188.7 - 130.6 - 0.5\times 205.0$$

$$= -44.4\text{J}\cdot\text{K}^{-1}\cdot\text{mol}^{-1}$$

反应（1）的标准吉布斯自由能变化值为：

$$\Delta_r G_m^\ominus(1) = \Delta_r H_m^\ominus - T\Delta_r S_m^\ominus = -241.8 + 298\times(44.4\times 10^{-3})$$

$$= -228.6\text{kJ}\cdot\text{mol}^{-1}$$

计算反应（2）的 $\Delta_r G_m(2)$ 时，认为水蒸气是理想气体，所以

$$\Delta G_m(2) = RT\ln\frac{p}{p^\ominus} = 8.314\times 298\times\ln\frac{3.17\times 10^3}{10^5}$$

$$= -8551\text{J}\cdot\text{mol}^{-1}$$

反应（3）是一个平衡过程，所以 $\Delta_r G_m(3)=0$

由此计算出所求反应的 $\Delta_r G_m^\ominus$

$$\Delta_r G_m^\ominus = \Delta_r G_m^\ominus(1) + \Delta_r G_m(2) + \Delta_r G_m(3) = -228.6 - 8.551 + 0 = -237.2\text{kJ}\cdot\text{mol}^{-1}$$

由 $\Delta_r G_m^\ominus = -RT\ln K^\ominus$

$$K^\ominus = e^{\left(\frac{-\Delta_r G_m^\ominus}{RT}\right)} = e^{\left(\frac{237.2\times 10^3}{8.314\times 298}\right)} = 3.79\times 10^{41}$$

4.3　平衡常数的表示式（各类平衡常数）

与参加反应各物质的标准态化学势密切相关的化学反应的平衡常数称为标准平衡常数，如式（4-11）定义的。通常化学反应的平衡常数还有其他的表示形式，称这些其他表现形式的平衡常数为经验平衡常数，简称为平衡常数。下面简单介绍标准平衡常数与经验平衡常数的区别和它们间的关系。

4.3.1 理想气体化学反应的平衡常数

1. 标准平衡常数 $K^{\ominus}$

在恒温下，当理想气体化学反应达到平衡时，参加反应的物质的数量关系可用式(4-9)标准平衡常数 $K^{\ominus}$ 表示，即

$$K^{\ominus}=\prod_{B}\left(\frac{p_{B}^{eq}}{p^{\circ}}\right)^{\nu_{B}} \tag{4-17}$$

式中，下标B代表反应系统中各个气态组分；ν_B 代表各物质的计量系数，产物为正，反应物为负；p_{B}^{eq} 代表化学反应中各个气态组分的平衡分压 $p^{\ominus}$ 为标准压强（$p^{\ominus}=100$ kPa)。

标准平衡常数 $K^{\ominus}$ 只是温度的函数，是量纲为一的量。$K^{\ominus}$ 与系统的压强和组成无关，只要反应温度一定，则 $K^{\ominus}$ 一定。

2. 以分压表示的平衡常数 K_p

对理想气体的气相反应，由式（4-9）和式（4-17）知标准平衡常数 K^{θ}

$$K^{\ominus}=\prod_{B}\left(\frac{p_{B}^{eq}}{p^{\ominus}}\right)^{\nu_{B}}=\frac{(p_{C}/p^{\ominus})^{c}\ (p_{D}/p^{\ominus})^{d}}{(p_{A}/p^{\ominus})^{a}\ (p_{B}/p^{\ominus})^{b}}=\frac{p_{C}^{c}p_{D}^{d}}{p_{A}^{a}p_{B}^{b}}(p^{\ominus})^{-\sum\limits_{B}\nu_{B}}=(\prod_{B}(p_{B}^{eq})^{\nu_{B}})(p^{\ominus})^{-\sum\limits_{B}\nu_{B}}$$

式中，$\sum\limits_{B}\nu_{B}=(c+d)-(a+b)$，即反应各物质的计量系数代数和。

定义 K_p 为用气相物质的分压表示的平衡常数

$$K_{p}=\prod_{B}(p_{B}^{eq})^{\nu_{B}} \tag{4-18}$$

则

$$K^{\ominus}=K_{p}\ (p^{\ominus})^{-\sum\limits_{B}\nu_{B}} \tag{4-19}$$

式中，p_{B}^{eq} 表示反应各物质的平衡分压；K_p 为用气相物质的分压表示的平衡常数，它的量纲为 $[p_B]^{\sum\limits_{B}\nu_{B}}$，如果 $\sum\limits_{B}\nu_{B}\neq 0$ 时，压力用“Pa”或“kPa”为单位，则 K_p 的单位为“$[\mathrm{Pa}]^{\sum\limits_{B}\nu_{B}}$”或“$[\mathrm{kPa}]^{\sum\limits_{B}\nu_{B}}$”。

式（4-19）表明了理想气体气相化学反应的 $K^{\ominus}$ 与 K_p 的关系。由于 $K^{\ominus}$ 与反应本性和温度有关，所以在系统压强不是很大时 K_p 也只与反应温度和反应本性有关。

3. 以浓度表示的平衡常数 K_c

对于理想气体混合系统，有 $p_{B}^{eq}=n_{B}^{eq}\left(\frac{RT}{V}\right)=c_{B}^{eq}RT$，代入式（4-17）有

$$K^{\ominus}=\prod_{B}\left(\frac{p_{B}^{eq}}{p^{\ominus}}\right)^{\nu_{B}}=\prod_{B}\left(\frac{RTc_{B}^{eq}}{p^{\ominus}}\right)^{\nu_{B}}$$

定义 K_c 为以浓度表示的平衡常数

$$K_{c}=\prod_{B}(c_{B}^{eq})^{\nu_{B}} \tag{4-20}$$

将 K_c 代入式（4-20)，得

$$K^{\ominus}=K_{c}\cdot\left(\frac{RT}{p^{\ominus}}\right)^{\sum\limits_{B}\nu_{B}} \tag{4-21}$$

式中，c_{B}^{eq} 表示平衡时反应各物质的浓度；K_c 的量纲为 $[c]^{\sum\limits_{B}\nu_{B}}$，如果 c 的单位采用“$\mathrm{mol\cdot dm^{-3}}$”，则 K_c 单位为“$[\mathrm{mol\cdot dm^{-3}}]^{\sum\limits_{B}\nu_{B}}$”；$K_c$ 同样在系统压强不大时只与温度有关。

同样变换式（4-18）得

$$K_p = K_c \cdot (RT)^{\sum_B \nu_B} \tag{4-22}$$

式（4-21）和式（4-22）反映了 K_c 与 $K^\ominus$ 和 K_p 的关系。

4. 以摩尔分数表示的平衡常数 K_x

已知反应平衡时理想气体的分压 p_B^{eq} 与系统压强 p^{eq}，则 $p_B^{eq} = p^{eq} x_B$，将此式代入式（4-18），得

$$K_p = \prod_B (p_B^{eq})^{\nu_B} = \prod_B (p^{eq} x_B^{eq})^{\nu_B} = \left[\prod_B (x_B^{eq})^{\nu_B}\right](p^{eq})^{\sum_B \nu_B}$$

定义 K_x 为摩尔分数表示的平衡常数

$$K_x = \prod_B (x_B^{eq})^{\nu_B} \tag{4-23}$$

将 K_x 代入式（4-23），得

$$K_p = K_x \cdot (p^{eq})^{\sum_B \nu_B}$$

式中，x_B^{eq} 表示系统反应达到平衡时反应各物质的摩尔分数。K_x 的量纲为 1。

由此可看出 K_x 是与温度、压力及反应本性都有关的量。

对于一个理想气体系统，存在 $x_B^{eq} = p_B^{eq}/p^{eq}$，其中 p^{eq} 表示反应系统的平衡总压，将 x_B^{eq} 表达式代入式（4-23）并与式（4-17）～式（4-20）比较可得

$$K^\ominus = K_{x^*} \cdot \left(\frac{p^{eq}}{p^\ominus}\right)^{\sum_B \nu_B} \tag{4-24}$$

$$K_p = K_x \cdot (p^{eq})^{\sum_B \nu_B} \tag{4-25}$$

$$K_c = K_{x^*} \cdot \left(\frac{p^{eq}}{RT}\right)^{\sum_B \nu_B} \tag{4-26}$$

式（4-24）～式（4-26）表示了四种平衡常数 $K^\ominus$、K_p、K_c 和 K_x 之间的关系。

总结上面各公式，得到理想气体气相反应标准平衡常数 $K^\ominus$ 与 K_p、K_c 和 K_x 的关系为

$$K^\ominus = K_p (p^\ominus)^{-\sum_B \nu_B} = K_x \cdot \left(\frac{p^{eq}}{p^\ominus}\right)^{\sum_B \nu_B} = K_c \cdot \left(\frac{RT}{p^\ominus}\right)^{\sum_B \nu_B} \tag{4-27}$$

在 $\sum_B \nu_B = 0$ 时，则 $K^\ominus = K_p = K_c = K_x$。 (4-28)

若已知反应的 $K^\ominus$，利用 $K^\ominus$ 与 K_p 和 K_x 的关系式，可以计算出与 K_p 和 K_x。下面给出一个具体例子予以说明。

【例 4-3】 298K 标准压力下，理想气体反应

$$4HCl(g) + O_2(g) = 2H_2O(g) + 2Cl_2(g)$$

求反应在 298K 时的 $K^\ominus$ 与 K_p 和 K_x 值。

解： 在 298K 时，查热力学数据表（附录 A）得：

HCl 的 $\Delta_f G^\ominus_{m,HCl(g)} = -95.265 kJ \cdot mol^{-1}$ 和 H_2O 的 $\Delta_f G^\ominus_{m,H_2O(g)} = -228.597 kJ \cdot mol^{-1}$。

反应的标准摩尔吉布斯自由能值 $\Delta_r G^\ominus_m = 2\Delta_f G^\ominus_{m,H_2O(g)} - 4\Delta_f G^\ominus_{m,HCl(g)} = -76.134 kJ \cdot mol^{-1}$。

由 $\Delta_r G^\ominus_m = -RT\ln K^\ominus$，得

$$K^\ominus = e^{(-\Delta_r G^\ominus/RT)} = e^{\left(\frac{76.134\times10^3}{8.314\times298}\right)} = e^{(30.729)} = 2.216 \times 10^{13}$$

由 $K^\ominus$ 与 K_p 的关系式 $K^\ominus = K_p (p^\ominus)^{-\sum_B \nu_B} K_p$ 和 K_x 的关系式 $K_p = K_x \cdot (p^{eq})^{\sum_B \nu_B}$ 分别计算 K_p 和 K_x。先计算反应物质和产物间的计量系数差 $\sum_B \nu_B = (2+2)-(4+1) = -1$，所以

$$K_p = K^\ominus (p^\ominus)^{\sum_B \nu_B} = 2.216\times10^{13}\times(100\times10^3)^{-1} = 2.216\times10^8\,\text{Pa}^{-1}$$

$$K_x = K_p (p^{eq})^{-\sum_B \nu_B} = 2.216\times10^8\times(100\times10^3) = 2.216\times10^{13}$$

4.3.2 液相（固相）反应的平衡常数

液相（固相）反应的平衡常数的表示式同样可以由反应物质的化学势推导出来，并有与气相反应的平衡常数相似的形式，只是标准态有所不同，液相反应的平衡常数的表示式略有差异。

对理想液态混合物的化学反应的标准平衡常数

$$K^\ominus = \frac{x_C^c x_D^d}{x_A^a x_B^b} = \prod_B (x_B)^{\nu_B}$$

对理想稀溶液的化学反应的标准平衡常数

$$K^\ominus = \frac{(c_C/c^\ominus)^c\ (c_D/c^\ominus)^d}{(c_A/c^\ominus)^a\ (c_B/c^\ominus)^b} = \prod_B (c_B/c^\ominus)^{\nu_B}$$

对用其他浓度标度的理想稀溶液的化学反应的平衡常数有

$$K_c = \prod_B (c_B)^{\nu_B}$$

$$K_m = \prod_B (m_B)^{\nu_B}$$

$$K_x = \prod_B (x_B)^{\nu_B}$$

对用活度标度实际溶液（非理想溶液）的化学反应的平衡常数

$$K_a = \prod_B (a_B)^{\nu_B}$$

由于压力对液体的化学势影响较小，所以把液相反应的平衡常数只看作是温度的函数。

*4.3.3 多相反应的平衡常数

参与反应的各物质都在同一相中，这类反应叫作单相反应或均相反应。溶液中各组分间的反应也属于这一类。如果参与反应的物质不是在同一相中，例如，有纯固态或纯液态物质参加的液相反应，那么这个反应就称为多相反应。

在工业生产过程中常常遇到多相反应。例如，金属在空气中的氧化反应为固-气相反应；炼钢时，钢液与熔渣间的反应为液-液相反应；用适当的溶剂（如酸、碱等）浸出矿石中有用成分的反应为固-液相反应等。多相反应中，有溶液参与的反应平衡将在第 3 章中讨论。本节只涉及有纯液态或纯固态物质参与的理想气体化学反应的标准平衡常数。

当反应只有气体和纯液态或纯固态物质参与时，由于在指定 T、p 下，纯液态或固态的化学势的变化不大，且看作是与此温度下的标准化学势相等 $\mu_B = \mu_B^\ominus$，所以同样可以由这类反应的平衡条件 $\sum_B \nu_B \mu_B = 0$ 得到

$$-RT\ln K^{\ominus} = \Delta_r G_m^{\ominus} = \sum_B \nu_B \mu_B^{\ominus}$$

式中，$\mu_B^{\ominus}$ 表示纯态物质（气态，液态或固态）在标准状态下的化学势。

这类反应的标准平衡常数 $K^{\ominus}$ 的表达式中只包括气态组分的平衡分压及标准压强，而将参加反应的纯液态或纯固态物质的平衡含量视为1。在定温下 $K^{\ominus}$ 有定值，写作

$$K_p^{\ominus}(T) = \prod_{B(g)} \left(\frac{p_{B(g)}^{eq}}{p^{\ominus}}\right)^{\nu_{B(g)}} \tag{4-29}$$

式中，$p_{B(g)}^{eq}$ 表示反应中气态组分 B(g)的平衡分压，$\nu_{B(g)}$ 表示气态组分 B(g)的反应计量数。$K^{\ominus}$ 是量纲为一的物理量，是温度的函数，其值决定于反应本性、温度。同样，在这类反应的经验平衡常数 K_p 表达式中也只计入气相组分的分压。量纲也是 $[p]^{\sum_B \nu_B(g)}$。在压强很低时，K_p 的值由反应本性和温度决定，与压强及各物质的平衡组成无关。

例如，下列反应

$$C(s) + CO_2(g) = 2CO(g)$$

系统中有一个固相和一个气相，属于多相反应系统，该反应的标准平衡常数可表示为

$$K_p^{\ominus} = \frac{\left(\dfrac{p_{CO}^{eq}}{p^{\ominus}}\right)^2}{\left(\dfrac{p_{CO_2}^{eq}}{p^{\ominus}}\right)}$$

或

$$K^{\ominus} = \frac{(p_{CO}^{eq})^2}{p_{CO_2}^{eq}} \cdot (p^{\ominus})^{-1}$$

经验平衡常数可表示为

$$K_p = \frac{(p_{CO}^{eq})^2}{p_{CO_2}^{eq}}$$

在多相反应中，有一类特殊的反应，当一种纯固态或纯液态化合物分解时，只产生一种气体。例如，石灰石的分解反应

$$CaCO_3(s) = CaO(s) + CO_2(g)$$

其标准平衡常数为

$$K_p^{\ominus} = \frac{p_{CO_2}^{eq}}{p^{\ominus}}$$

经验平衡常数为

$$K_p = p_{CO_2}^{eq}$$

此式表明，在一定温度下，$CaCO_3$ 分解反应达到平衡时，CO_2 的分压 $p_{CO_2}^{eq}$ 是一个常数，等于该分解反应的经验平衡常数 K_p，而与 $CaCO_3$ 的量无关。$p_{CO_2}^{eq}$ 称为 $CaCO_3$ 在此温度下的分解压。

在一定温度下，纯固态或纯液态化合物的分解反应达到平衡时，产物中气体物质的总压力称为该化合物在此温度下的分解压。若分解时，生成不止一种气体，则平衡时各气体产物分压之和才是分解压。分解压的大小可以表示化合物的热力学稳定性。若某化合物的分解压大，说明该化合物分解的趋势大，稳定性小，容易分解。例如，600K 时，$CaCO_3$ 和 $MgCO_3$ 的分解压分别为 4.53×10^{-5} kPa 和 2.84×10^{-2} kPa，即 $CaCO_3$ 的分解压小于

$MgCO_3$ 的分解压，说明在 600K 时 $CaCO_3$ 比 $MgCO_3$ 稳定。

4.3.4 平衡常数与反应方程式写法的关系

任意反应的 $\Delta_r G_m^\ominus$ 与反应方程式各物质的计量数密切相关。同一化学反应，若反应方程式所采用的写法不同，其化学计量数会不同，相应的 $\Delta_r G_m^\ominus$ 值就会不同。其平衡常数也会随之改变。以合成氨反应为例，合成氨的反应可以表示为

$$N_2 + 3H_2 = 2NH_3$$

亦可表示为

$$\frac{1}{2}N_2 + \frac{3}{2}H_2 = NH_3$$

因此有 $\Delta_r G_m^\ominus(1) = 2\Delta_r G_m^\ominus(2)$，由 $\Delta_r G_m^\ominus = -RT\ln K^\ominus$ 得两反应式的平衡常数，则有 $K^\ominus(1) = [K^\ominus(2)]^2$。

从平衡常数表示式可以清楚地看出，上述关系对于各种经验平衡常数也适用。这说明反应的化学计量数加倍，则反应的 $\Delta_r G_m^\ominus$ 相应加倍，而平衡常数则按指数关系增加。

4.4 各因素对化学平衡的影响及平衡常数的测定

4.4.1 温度对平衡常数的影响

化学反应平衡常数是温度的函数，温度的变化会影响反应平衡的移动。由 $\Delta_r G_m^\ominus = -RT\ln K^\ominus$，则有

$$\frac{\Delta_r G_m^\ominus}{T} = -R\ln K^\ominus \tag{4-30}$$

在定压下对式（4-30）两边对 T 求偏微商

$$\left[\frac{\partial}{\partial T}\left(\frac{\Delta_r G_m^\ominus}{T}\right)\right]_p = -R\left(\frac{\partial \ln K^\ominus}{\partial T}\right)_p \tag{4-31}$$

将吉布斯—亥姆霍兹方程 $\left[\frac{\partial}{\partial T}\left(\frac{\Delta G}{T}\right)\right]_p = -\frac{\Delta H}{T^2}$ 带入式（4-31），得

$$\left(\frac{\partial \ln K^\ominus}{\partial T}\right)_p = \frac{\Delta_r H_m^\ominus}{RT^2} \tag{4-32}$$

式中，$\Delta_r H_m^\ominus$ 是产物和反应物都在标准态反应进度为 1mol 时的焓变值。

由式（4-32）可以知道，当 $\Delta_r H_m^\ominus > 0$，即为吸热反应时，温度升高将使标准平衡常数增大，有利于反应向正方向进行。反之 $\Delta_r H_m^\ominus < 0$，即为放热反应时，温度升高将使标准平衡常数减小，不利于反应向正方向进行，而有利于反应向反方向进行。由于标准平衡常数与压力无关，仅是温度的函数，式（4-32）分离变量可以得到

$$\mathrm{d}\ln K^\ominus = \frac{\Delta_r H_m^\ominus}{RT^2}\mathrm{d}T \tag{4-33}$$

对式（4-33）不定积分得到

$$\ln K^\ominus = -\frac{\Delta_r H_m^\ominus}{RT} + C \tag{4-34}$$

若以 $\ln K^\ominus$ 对 $\frac{1}{T}$ 作图，其斜率为 $\frac{-\Delta_r H_m^\ominus}{R}$，依此可以得到在一定温度范围内的平均摩尔反应焓 $\Delta_r H_m^\ominus$。

若 T_1 到 T_2 温差不大，对式（4-25）从温度 T_1 到 T_2 定积分，则可以得到

$$\ln\frac{K^\ominus(2)}{K^\ominus(1)}=\frac{\Delta_r H_m^\ominus}{R}\left(\frac{1}{T_1}-\frac{1}{T_2}\right) \tag{4-35}$$

由式（4-35）可以看出，在一定的温度范围内，可根据某一温度时的标准平衡常数计算另一温度时的标准平衡常数。

在温度跨度较大时，则 $\Delta_r H_m^\ominus$ 不能看作是常数，则须考虑 $\Delta_r H_m^\ominus$ 随温度的变化。在本书热化学部分已知 $\Delta_r H_m^\ominus$ 与温度有下列关系（忽略高阶项）

$$\Delta_r H_m^\ominus(T)=\Delta H_0+(\Delta a)T+\frac{1}{2}(\Delta b)T^2+\frac{1}{3}(\Delta c)T^3$$

将此关系代入式（4-33），则有

$$\mathrm{d}\ln K^\ominus=\left[\frac{\Delta H_0}{RT^2}+\frac{(\Delta a)}{RT}+\frac{(\Delta b)}{2R}+\frac{(\Delta c)}{3R}T\right]\mathrm{d}T$$

积分可得到

$$\ln K^\ominus=-\frac{\Delta H_0}{RT}+\frac{(\Delta a)}{R}\ln T+\frac{(\Delta b)}{2R}T+\frac{(\Delta c)}{6R}T^2+I' \tag{4-36}$$

此式为 $\ln K^\ominus=f(T)$ 的普遍通用形式，I' 为积分常数。根据 $\Delta_r G_m^\ominus=-RT\ln K^\ominus$，则也可以改写为 $\Delta_r G_m^\ominus=f(T)$ 的形式

$$\Delta_r G_m^\ominus(T)=\Delta H_0-(\Delta a)T\ln T-\frac{(\Delta b)T^2}{2}-\frac{(\Delta c)T^3}{6}-IT \tag{4-37}$$

式中，$I=I'R$。

应该提醒的是，式（4-36）和式（4-37）都是基于 $C_p=a+bT+cT^2$ 表示式推导出来的，若采用的定压热容的表示式不同，则最终推导出的 $\ln K^\ominus$ 和 $\Delta_r G_m^\ominus$ 与温度 T 的关系也会与式（4-36）和式（4-37）不同。例如有的热力学数据表给出等压热容与温度的关系式为 $C_p=a+bT+\frac{c'}{T^2}$，则反应的 $\Delta_r H_m^\ominus$ 与温度关系为

$$\Delta_r H_m^\ominus(T)=\Delta H_0+(\Delta a)T+\frac{1}{2}(\Delta b)T^2-(\Delta c')T^{-1}$$

相应的式（4-36）则变为

$$\ln K^\ominus=-\frac{\Delta H_0}{RT}+\frac{(\Delta a)}{R}\ln T+\frac{(\Delta b)}{2R}T+\frac{(\Delta c')}{2R}T^{-2}+I' \tag{4-36'}$$

相应的式（4-37）则变为

$$\Delta_r G_m^\ominus(T)=\Delta H_0-(\Delta a)T\ln T-\frac{1}{2}(\Delta b)T^2-\frac{1}{2}(\Delta c')T^{-1}-IT \tag{4-37'}$$

若已知 I 和 ΔH_0 的数值，就可利用相应的式（4-36′）和式（4-37′）求出指定温度下反应的 $\Delta_r G_m^\ominus$ 和 $K^\ominus$。而 ΔH_0 值，可依由热力学数据表得到的数据，计算 298K 时反应的标准焓变值求得；I 值则可由热力学数据表计算得到 298K 时反应的标准吉布斯自由能变化值的数据，连同 ΔH_0 值代入式（4-37′）计算得到。

【例 4-4】 已知下列水煤气反应的 $\Delta_r H_m^\ominus = -36400\text{J} \cdot \text{mol}^{-1}$，500K 时该反应的 $K_{500\text{K}}^\ominus = 126$。求 600K 时该反应的 $K_{600\text{K}}^\ominus$。

$$CO(g) + H_2O(g) = CO_2(g) + H_2(g)$$

解： 根据式（4-35）

$$\ln \frac{K_{600\text{K}}^\ominus}{K_{500\text{K}}^\ominus} = -\frac{\Delta_r H_m^\ominus}{R}\left(\frac{1}{T_2} - \frac{1}{T_1}\right)$$

将已知数据（$T_1 = 500\text{K}$，$T_2 = 600\text{K}$）代入

$$\ln \frac{K_{600\text{K}}^\ominus}{126} = \frac{36400}{8.314} \times \left(\frac{1}{600} - \frac{1}{500}\right) = -1.459$$

解得 $$K_{600\text{K}}^\ominus = 29.3$$

【例 4-5】 利用等压热容数据，求：

（1）碳的气化反应 C(石墨) + $CO_2(g)$ = 2CO(g)的标准平衡常数 $K^\ominus$ 与温度 T 的关系式。

（2）标准压强($p^\ominus = 100\text{kPa}$)下，1000℃和 600℃时的平衡气相组成。

解：（1）从热力学数据表（附录 A）查得 298K 时

$$C_{p,m}(\text{graphite}) = 17.16 + 4.27 \times 10^{-3} T - 8.79 \times 10^5 T^{-2} [\text{J/(K} \cdot \text{mol)}]$$

$$C_{p,m}(CO_2, g) = 44.14 + 9.04 \times 10^{-3} T - 8.54 \times 10^5 T^{-2} [\text{J/(K} \cdot \text{mol)}]$$

$$C_{p,m}(CO, g) = 28.41 + 4.10 \times 10^{-3} T - 0.46 \times 10^5 T^{-2} [\text{J/(K} \cdot \text{mol)}]$$

$$\Delta_f H_m^\ominus(CO, g) = -110.5\text{kJ} \cdot \text{mol}^{-1}$$

$$\Delta_f H_m^\ominus(CO_2, g) = -393.52\text{kJ} \cdot \text{mol}^{-1}$$

$$\Delta_f G_m^\ominus(CO, g) = -137.12\text{kJ} \cdot \text{mol}^{-1}$$

$$\Delta_f G_m^\ominus(CO_2, g) = -394.39\text{kJ} \cdot \text{mol}^{-1}$$

求得反应的 $\Delta_r C_{p,m}$

$$\Delta_r C_{p,m} = -4.48 - 5.11 \times 10^{-3} T + 16.41 \times 10^5 T^{-2} (\text{J} \cdot \text{K}^{-1} \cdot \text{mol}^{-1})$$

298K 时反应的标准摩尔焓变

$$\Delta_r H_m^\ominus = 2\Delta_f H_m^\ominus(CO, g) - \Delta_f H_m^\ominus(CO_2, g)$$

$$= 2 \times (-110.5) + 393.52$$

$$= 172.5\text{kJ} \cdot \text{mol}^{-1} = 172500\text{J} \cdot \text{mol}^{-1}$$

根据基尔霍夫公式可得

$$\Delta_r H_m^\ominus = \Delta H_0 - 4.48T - 2.56 \times 10^{-3} T^2 - 16.41 \times 10^5 T^{-1}$$

以 298K 时的 $\Delta_r H_m^\ominus$ 代入求 ΔH_0，得

$$\Delta H_0 = 179569\text{J/mol}$$

根据式（4-36′）得

$$\ln K^\ominus = -\frac{21598}{T} - 0.539\ln T - 3.079 \times 10^{-4} T + 98689 T^{-2} + I$$

计算 298K 时反应的标准吉布斯自由能变化值

$$\Delta_r G_m^\ominus = 2\Delta_f G_m^\ominus(CO, g) - \Delta_f G_m^\ominus(CO_2 g)$$

$$= 2 \times (-137.12) + 394.39$$

$$=120.15\text{kJ}\cdot\text{mol}^{-1}=120150\text{J}\cdot\text{mol}^{-1}$$

$$\ln K^{\ominus}_{298\text{K}}=-\frac{\Delta_r G^{\ominus}_m}{RT}=\frac{-120150}{8.314\times298}=-48.5$$

将 $\ln K^{\ominus}_{298\text{K}}$ 代入求积分常数 I

$$I=-48.5+\frac{21598}{298}+0.539\ln298+3.079\times10^{-4}\times298-\frac{98689}{298^2}$$

$$=26.03$$

求得 $\ln K^{\ominus}$ 与 T 的关系式为

$$\ln K^{\ominus}=-21598T^{-1}-0.539\ln T-3.079\times10^{-4}T+98689T^{-2}+26.03$$

（2）由上式计算1273K 时：$\ln K^{\ominus}_{1273\text{ K}}=4.88$；$K^{\ominus}_{1273\text{K}}=131.4$

873K 时：$\ln K^{\ominus}_{873\text{K}}=-2.5$；$K^{\ominus}_{873\text{K}}=0.082$

根据反应式以及系统总压为1标准压力，可得

$$K^{\ominus}=\frac{(p^{\text{eq}}_{\text{CO}})^2}{p^{\text{eq}}_{\text{CO}_2}}\times(p^{\ominus})^{-1}=\frac{(p^{\text{eq}}_{\text{CO}})^2}{p^{\ominus}-p^{\text{eq}}_{\text{CO}}}\times(p^{\ominus})^{-1} \tag{4-38}$$

分别将 $K^{\ominus}_{1273\text{K}}$ 和 $K^{\ominus}_{873\text{K}}$ 的值代入式（4-38），得

1273K 时：$p^{\text{eq}}_{\text{CO}}=100.6\text{kPa}$，$p^{\text{eq}}_{\text{CO}_2}=0.709\text{kPa}$，此时平衡气相组成为 99.3% CO，0.7%$CO_2$。

873K 时：$p^{\text{eq}}_{\text{CO}}=25.12\text{kPa}$，$p^{\text{eq}}_{\text{CO}_2}=76.18\text{kPa}$，此时平衡气相组成为 24.8% CO，75.2%CO_2。

4.4.2　压强对平衡的影响

本小节将讨论压强对理想气体的气相反应平衡的影响。由 4.3 节知，理想气体气相反应平衡时，理想气体化学反应的标准平衡常数 $K^{\ominus}$ 只是温度的函数，与压强无关。液相反应和复相反应的标准平衡常数 $K^{\ominus}$ 也只是温度的函数，与压强无关。然而对气相反应来说，压强虽然不改变标准平衡常数 $K^{\ominus}$，但对平衡系统组成的影响往往不容忽略。

根据理想气体气相反应平衡时，有

$$K^{\ominus}=K_p(p^{\ominus})^{-\sum_B\nu_B}=K_x\cdot\left(\frac{p^{\text{eq}}}{p^{\ominus}}\right)^{\sum_B\nu_B}=K_c\cdot\left(\frac{RT}{p^{\ominus}}\right)^{\sum_B\nu_B}$$

$$-RT\ln K^{\ominus}=\Delta_r G^{\ominus}_m=\sum_B\nu_B\mu_B \tag{4-39}$$

等温条件下，对式（4-39）分别求 p 的偏微商，得

$$\left(\frac{\partial\ln K^{\ominus}_p}{\partial p}\right)_T=0;\left(\frac{\partial\ln K_c}{\partial p}\right)_T=0;\left(\frac{\partial\ln K_x}{\partial p}\right)_T=-\left(\frac{\sum_B\nu_B}{p^{\text{eq}}}\right)=\frac{\Delta V_m}{RT} \tag{4-40}$$

由上面结果可以清楚看出，温度一定时，$K^{\ominus}$ 和 K_c 均与压强无关，而 K_x 则与压强有关，其值随压强的变化而改变。若改变系统的总压强 p，则 K_x 可能会随之改变，即反应的平衡点会随系统压强变化。由该式可以看出 $\sum_B\nu_B=0$，则 $K^{\ominus}=K_x$，系统压强 p 的改变对平衡组成没有影响；若 $\sum_B\nu_B>0$，$\left(\frac{\partial\ln K_x}{\partial p}\right)_T<0$，$p$ 增大时，K_x 减小，反应向左移

动，即系统总压增大时，系统平衡向降低产物量的方向移动；反之，若 $\sum_{B}\nu_{B}<0$，K_x 随 p 增加而增大，系统平衡向增加产物量的方向移动。下面的具体实例计算结果也说明了这点。

在前面的【例 4-5】中，已算出此反应 C(石墨) + CO_2(g) = 2CO(g) 的 $\ln K^{\ominus}$ 与温度 T 的关系为：

$$\ln K^{\ominus}=-21598T^{-1}-0.539\ln T-3.079\times10^{-4}T+98689T^{-2}+26.03$$

又根据式（4-24）

$$K^{\ominus}=K_x\left(\frac{p^{eq}}{p^{\ominus}}\right)^{\sum_{B}\nu_{B}}$$

这里 $\sum_{B}\nu_{B}=1$（只考虑气态组分的计量系数。与气态组分相比，固态组分的摩尔体积很小，因而忽略压力的影响），所以具体对此反应有

$$K_x=K^{\ominus}\left(\frac{p^{\ominus}}{p^{eq}}\right) \tag{4-41}$$

而

$$K_x=\frac{(x_{CO}^{eq})^2}{x_{CO_2}^{eq}}=\frac{(x_{CO}^{eq})^2}{1-x_{CO}^{eq}}$$

解之得

$$x_{CO}^{eq}=\frac{-K_x+\sqrt{K_x^2+4K_x}}{2} \tag{4-42}$$

在指定温度 T 下，由反应的 $\ln K^{\ominus}$ 与温度 T 的关系，计算出各相应温度的 $K^{\ominus}$ 值，再根据给定的压力 p^{eq} 计算出各温度的 K_x，然后由式（4-42）就可算出此时 CO 的平衡组成 x_{CO}^{eq}。计算结果见表 4-1。

不同压力碳气化反应平衡组成（计算值）　　表 4-1

T/K		700	800	900	1000	1100	1200
K_x		0.00023	0.0094	0.167	1.65	10.6	49.8
x_{CO}^{eq}	10kPa	0.047	0.263	0.704	0.946	0.991	0.998
	100kPa	0.015	0.0924	0.334	0.702	0.920	0.981
	1000kPa	0.0048	0.030	0.121	0.332	0.628	0.854

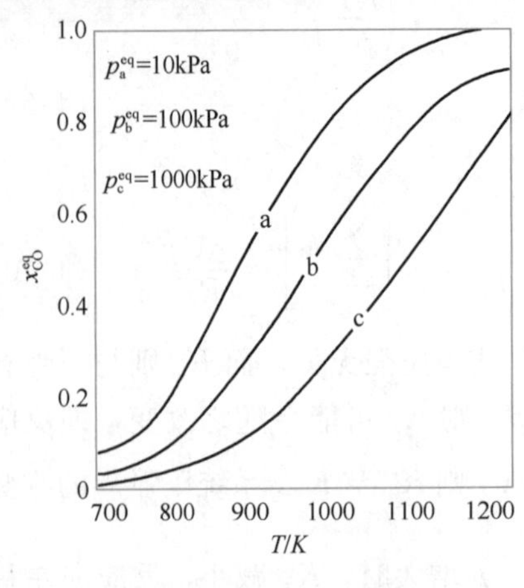

图 4-3　$x_{CO}^{eq}\sim T$ 关系图

将此计算结果作 $x_{CO}^{eq}\sim T$ 关系图，如图 4-3 所示。由此图可以看出，由于这个反应是吸热的，所以随着温度的升高，产物的平衡含量（x_{CO}^{eq}）增大。又由于此反应 $\sum_{B}\nu_{B}>0$，是气体摩尔数增加的反应，所以压力增大使产物的平衡含量减小，不利于平衡正向进行。

4.4.3 惰性气体对化学平衡的影响

此处所说的惰性气体是指存在于系统中但不参与反应的气体（它既不是反应物，也不是生成物）。虽然惰性气体的存在不会影响反应的平衡常数值，

却可以使一些气相反应中的平衡组成发生移动。当温度和压强都一定时，若向体系中充入惰性气体，则公式（4-25）可改写成

$$K_p = K_x (p_B^{eq})^{\sum_B \nu_B} = \frac{x_G^g x_H^h}{x_C^c x_D^d}(p_B^{eq})^{\sum_B \nu_B} = \frac{n_G^g n_H^h}{n_C^c n_D^d}\left(\frac{p_B^{eq}}{\sum_B n_B}\right)^{\sum_B \nu_B}$$

$$= K_n \left(\frac{p_B^{eq}}{n_{total}}\right)^{\sum_B \nu_B} \tag{4-43}$$

式中，n_B 代表反应平衡后各物质的量，$n_{total} = \sum_B n_B$ 代表反应系统中物质的量的总值。充入惰性气体，使系统中总物质的量 n_{total} 增大，根据式（4-32），若 $\sum_B \nu_B = 0$，n_{total} 对 K_p 无影响。若 $\sum_B \nu_B > 0$，$n_{total} = \sum_B n_B$ 增大，则 $\left(\frac{p_B^{eq}}{n_{total}}\right)^{\sum_B \nu_B}$ 的值减小，由于定温下 K_p 有定值，因此 K_n 的值应增加，也就是反应向右进行，平衡时产物的物质的量会增加，反应物的物质的量会减少。若 $\sum_B \nu_B < 0$，n_{total} 增大，则 K_n 减小，平衡时产物的物质的量会减小，反应物的物质的量会增加。由此可见，充入惰性气体对气相反应的平衡组成的影响与减小系统压力产生的影响相同。

【例 4-6】 甲烷高温下按下式分解

$$CH_4(g) = C(s) + 2H_2(g)，\Delta_r G_m^{\circ} = (90165 - 109.45T) J \cdot mol^{-1}$$

求：（1）500℃时，反应的标准平衡常数 $K^{\ominus}$。

（2）反应在500℃达平衡时，其总压强分别为100kPa和50kPa，并且系统中没有惰性气体。求 $CH_4(g)$ 的分解百分率。

（3）500℃、总压强为100kPa时，若分解前的甲烷中含50%(摩尔百分比)惰性气体，则 $CH_4(g)$ 的分解百分率又是多少。

解： 设反应前后气相物质皆为理想气体，计算

（1）在温度为(500 + 273)=773K时

$$\Delta_r G_m^{\ominus} = 90165 - 109.45 \times 773 = 5560.15 J \cdot mol^{-1}$$

$$\ln K^{\ominus} = -\frac{\Delta_r G_m^{\ominus}}{RT} = -\frac{5560.15}{8.314 \times 773} = -0.865$$

$$K^{\ominus} = 0.421$$

（2）设 $CH_4(g)$ 的分解百分率为 α，系统平衡总压强为 p^{eq}。

	$CH_4(g)$	$=$ C(石墨) +	$2H_2(g)$
反应前物质的量(mol)	1	0	0
反应平衡时物质的量(mol)	$1-\alpha$	α	2α

反应平衡时气态物质总量(mol)$=1-\alpha+2\alpha=1+\alpha$

反应平衡时物质的分压	$\frac{1-\alpha}{1+\alpha}p^{eq}$		$\frac{2\alpha}{1+\alpha}p^{eq}$

$$K^{\ominus}=\frac{\left(\frac{2\alpha}{1+\alpha}\right)^{2}\cdot(p^{\mathrm{eq}})^{2}}{\frac{1-\alpha}{1+\alpha}\cdot(p^{\mathrm{eq}})}(p^{\ominus})^{-1}=\left[\frac{4\alpha^{2}}{(1-\alpha^{2})}\right]\cdot\frac{p^{\mathrm{eq}}}{p^{\ominus}}$$

$$\alpha=\sqrt{\frac{K^{\ominus}}{\frac{4p^{\mathrm{eq}}}{p^{\ominus}}+K^{\ominus}}} \qquad (4\text{-}44)$$

根据（1）中结果，$T=773\mathrm{K}$ 时，$K^{\ominus}=0.421$，将 $K^{\ominus}$ 及 p^{eq}的数据代入式（4-44）可得：

当 $p^{\mathrm{eq}}=100\mathrm{kPa}$ 时，$CH_4(g)$的分解百分率 $\alpha=0.309$；

当 $p^{\mathrm{eq}}=50\mathrm{kPa}$ 时，$CH_4(g)$的分解百分率 $\alpha=0.417$。

由此可知，系统平衡总压强降低有利于 $CH_4(g)$的分解。

（3）分解前的甲烷中含 50%惰性气体，这意味着当 $CH_4(g)$为 1mol 时，惰性气体的量也为 1mol。而且分解前后惰性气体的量不会改变。

	$CH_4(g)$ ══	$C(s)$ +	$2H_2(g)$	惰性气体
反应前物质的量(mol)	1	0	0	1
反应平衡时物质的量(mol)	$1-\alpha$	α	2α	1

反应平衡时气态物质总量(mol)$=1-\alpha+2\alpha+1=2+\alpha$

反应平衡时物质的分压 $\quad \frac{1-\alpha}{2+\alpha}p^{\mathrm{eq}} \qquad \frac{2\alpha}{2+\alpha}p^{\mathrm{eq}}$

$$K^{\ominus}=K_p\cdot(p^{\ominus})^{-1}=\frac{\left(\frac{2\alpha}{2+\alpha}\right)^{2}\cdot(p^{\mathrm{eq}})^{2}}{\left(\frac{1-\alpha}{2+\alpha}\right)\cdot p^{\mathrm{eq}}}(p^{\ominus})^{-1}=\left[\frac{4\alpha^{2}}{(1-\alpha)(2+\alpha)}\right]\cdot\frac{p^{\mathrm{eq}}}{p^{\ominus}} \qquad (4\text{-}45)$$

$p^{\mathrm{eq}}=100\mathrm{kPa}=p^{\ominus}$ 时，由式(4-45)可得

$$\alpha=\frac{-K^{\ominus}\pm\sqrt{K^{\ominus 2}+8K^{\ominus}(4+K^{\ominus})}}{2(4+K^{\ominus})} \qquad (4\text{-}46)$$

将 $K^{\ominus}=0.421$ 代入式(4-46)，求得 $\alpha=0.391$。

比较(2)和(3)的结果可知，系统平衡总压都为 100kPa 时，由于惰性气体的存在而使 α 由 0.309 增大到 0.391，相当于减小总压强的作用。另外，(3)给的条件系统平衡总压为 100kPa，但反应前甲烷中有 50%惰性气体，因此实际反应气体 CH_4的分压为 50kPa，计算结果 α 的数值为 0.391，这与(2)给的总压为 50kPa 且没有惰性气体条件下，计算结果 α 的数值为 0.417，两者仍然不同。

总之，在系统总压恒定的条件下，增加不参与反应的惰性气体，使系统总物质的量增加，从而使参加反应气体的分压降低，其效果与减压相同。

思 考 题

1. 判断反应在恒温恒压下能否自发进行是根据 $\Delta_r G_m$ 还是 $\Delta_r G_m^{\ominus}$？

2. 影响平衡常数的因素和影响平衡的因素是否相同？

3. 如何利用热力学函数表计算任一温度的 $K^{\ominus}$？如没有热容随温度变化的数据，又该如何进行近似计算？

习　题

1. 在 500℃，总压为 100kPa 时，N_2 与 H_2 以摩尔分数 1∶3 的比例混合，反应达平衡后生成 NH_3 在平衡体系中占 1.20%。若要平衡体系中 NH_3 占 10.40%，总压应为多少？

(1.069MPa)

2. 在 394.8℃下，反应 $CO(g)+Cl_2(g)=COCl_2(g)$，实验开始时，$p_{CO}=45.596kPa$，$p_{Cl_2}=46.849kPa$，反应达到平衡后总压强为 $p=58.595kPa$，求：

(1) 反应的 $K_p^{\ominus}$；

(2) 反应 $COCl_2(g)=CO(g)+Cl_2(g)$的平衡常数 $K_p^{\ominus}$。

(22.169，4.51×10^{-2})

3. 在 298K，$K_p^{\ominus}=0.141$ 下，已知反应 $N_2O_4(g)=2NO_2(g)$。计算下列情况的 Q_p 和 ΔG，并判断在下述状态下，反应进行的方向。

(1) N_2O_4 和 NO_2 的分压分别是 202.65kPa、30.397kPa。

(2) N_2O_4 和 NO_2 的分压都是 101.325kPa。

(0.0456，−2.80kJ，反应自发向右进行；1.013，4.886kJ，反应自发向左进行)

4. 在 457K，100kPa 下，NO_2 按 $2NO_2=2NO+O_2$ 离解 5%时：求此温度下反应的 K_p和 K_c。

($K_p=6.85\times10^{-3}kPa$；$K_c=1.80\times10^{-6}mol\cdot l^{-1}$)

5. 已知甲烷制氢的反应为 $CH_4(g)+H_2O(g)=CO+3H_2$，1000K 时 $K^{\ominus}=25.56$。若总压为 400kPa，反应前体系存在甲烷和水蒸气，其摩尔比为 1∶1，求甲烷的转化率。

(57.6%)

6. 将含有 50%CO，25%CO_2，25%H_2 的混合气体通入 900℃的炉子中，总压为 200kPa，求平衡气相的组成。已知反应

$$CO_2+H_2=H_2O(g)+CO \qquad K_{1173K}=1.22$$

(18.03%CO_2；18.03%H_2；6.97%H_2O；56.97%CO)

7. 1500K 时，含 10%CO，90%CO_2 的气体混合物能否将 Ni 氧化成 NiO？已知在此温度下，

$$Ni+\frac{1}{2}O_2=NiO \quad \Delta_rG_{m,1}^{\ominus}=-112050J/mol$$

$$C+\frac{1}{2}O_2=CO \quad \Delta_rG_{m,2}^{\ominus}=-242150J/mol$$

$$C+O_2=CO_2 \quad \Delta_rG_{m,3}^{\ominus}=-395390J/mol$$

8. 在 1000℃时加热钢材，用 H_2 作保护气氛时，H_2/H_2O 不得低于 1.34，否则 Fe 要氧化成 FeO。若在同样条件下改用 CO 作保护气氛，则 CO/CO_2 应大于多少才能起到保护作用？已知在此温度下反应

$$CO + H_2O(g) = CO_2 + H_2 \quad K^\ominus = 0.647$$

(2.07)

9. 求1000K时Fe_3O_4分解成FeO的分解压。已知此温度下反应$Fe_3O_4 + H_2 = 3FeO + H_2O$的平衡气相中含$H_2O$ 60.3%。

$$H_2 + \frac{1}{2}O_2 = H_2O(g) \qquad K^\ominus_{1000K} = 7.95 \times 10^9$$

($p_{O_2} = 3.70 \times 10^{-18}$kPa)

10. 已知25℃时Ag_2O的分解压为1.317×10^{-2}kPa。

(1) 求此温度下Ag_2O的标准生成吉布斯自由能。

(2) 求1mol Ag_2O在空气（总压101.3 kPa，含氧21%）中分解的吉布斯自由能变化。

(3) 讨论Ag_2O 25℃时在空气中能否稳定存在?

($-11068.5\ J \cdot mol^{-1}$，$9167.7 J \cdot mol^{-1}$)

11. 反应$2HI(g) = H_2(g) + I_2(g)$，在458℃时的$K_p^\ominus = 48.7$，求此温度下1mol HI(g)的标准生成吉布斯函数。

($11.808 kJ \cdot mol^{-1}$)

12. 反应$H_2(g) + \frac{1}{2}S_2(g) = H_2S(g)$，在945℃时的$K_p^\ominus = 20.2$，在1065℃时的$K_p^\ominus = 9.21$，求上述温度范围内的恒压反应热$\Delta H$。

(−88.70kJ)

第5章 相 平 衡

在自然界中物质会随温度、压强等因素的变化而改变聚集态，即气态、液态、固态等相互变化，称之为相变。相变是物理化学中研究的难题之一。研究多相系统的状态如何随温度、压力和浓度等变量的改变而发生变化，并用图形来表示系统状态的变化，这种图就称之为相图。相图是研究相平衡的一个重要工具，而相律是相平衡的一条重要规律，为多相平衡系统的研究建立了热力学基础，讨论了平衡系统中相数、独立组分数与描述该平衡系统的变数之间的关系。

5.1 基 本 概 念

5.1.1 相

相是指系统中从宏观上看，化学组成、物理性质完全均一的部分，称为一个“相”。在多相系统中，相与相之间在指定的条件下有明显的界面，在界面上，存在着这些宏观性质的突变。系统中所包含的相的总数，称为相数，用符号 Φ 表示。

由于任何气体均能无限混合，所以一个系统中无论有多少种气体，都只有一个气相即 Φ 为 1。液体则按其互溶程度不同，一个系统中可以有单相、双相或三相共存。对于固体，若不同固体间能形成固溶体（即固态溶液），则固溶体是一个相；若不形成固溶体，则有多少种固体，就有多少个固相。同一种物质若以不同晶型存在，则一种晶型就为一相。

5.1.2 物种数和独立组分数

系统中所含的化学物质数称为系统的物种数，用符号 S 表示。应注意，同一种物质，尽管聚集态不同，但物种只能算一种，如液态水、水蒸气与冰共存时，其 S 是 1。

用于确定平衡系统中各相组成所需要的最少数目的独立物质，称为独立组分，其数目称为独立组分数，用符号 K 表示，本章的后面部分，将其简称为组分数。

组分数和物种数有所区别，如果系统中没有化学反应发生，则在平衡系统中就没有化学平衡存在，此时独立组分数：

$$K=S$$

如果有化学平衡存在，例如由 PCl_5、PCl_3 和 Cl_2 形成的平衡系统，其物种数为 3，组分数为 2，这三种物质存在如下的化学平衡：

$$PCl_5(g) \rightleftharpoons PCl_3(g)+Cl_2(g)$$

因为只要确定两种物质，则另一种物质可以通过反应得到，其浓度可以通过该反应的平衡常数计算得到。显然系统中每增加一个独立化学反应，系统的组分数就会减少一个。所以若系统中存在一定数目的独立 R 化学反应，此时组分数为：

$$K = S - R$$

如果存在多个化学反应，要注意分析它们之间的关系。例如系统中含有 $CO(g)$、$CO_2(g)$、$H_2O(g)$、$O_2(g)$和 $H_2(g)$等五种物质，则它们之间存在以下三个化学平衡式：

(1) $CO(g) + H_2O(g) = CO_2(g) + H_2(g)$

(2) $CO(g) + \frac{1}{2}O_2(g) = CO_2(g)$

(3) $H_2(g) + \frac{1}{2}O_2(g) = H_2O(g)$

这三个反应并不是相互独立的，只要任意两个化学平衡存在，则第三个化学平衡必然成立，所以其独立化学平衡数 R 不是 3，而是 2。

如果系统物质间还存在某些特殊的限制条件，则系统的组分数又将改变。例如，在上述 PCl_5的分解反应中，若指定 PCl_3 与 Cl_2 的物质的量之比为 1∶1，或一开始只有 PCl_5，则平衡时 PCl_3 与 Cl_2 的比例一定为 1∶1。这时就存在一浓度关系的限制条件，则组分数变为 1，而不是原先的 2。依此类推，若系统中有 R'个独立的浓度限制条件，就可使独立变动的物种数减少 R'个，则任意一系统的组分数和物种数存在下列关系：

$$K = S - R - R' \tag{5-1}$$

应注意，物质间的浓度关系数只能使用于同一相，不同相之间不存在这种限制条件。

例如　　$CaCO_3(s) = CO_2(g) + CaO(s)$

碳酸钙热分解生成气体的 CO_2 和固体的 CaO，虽然其物质的量相同，但两者处于不同的相中，故不存在浓度限制条件，因而其组分数仍是 2。

5.1.3 自由度

描述相平衡系统所需要独立强度性质的变量数，如温度、压强、浓度等，称之为系统的自由度，用符号 f 表示。这些变量可在一定范围内任意改变，而不使系统原有的相数及相态发生改变，即不引起旧相消失，也不引起新相形成。例如，对于液态水，可以在一定的范围内改变水的温度 T 和压强 p，仍能保持水为单相（液相），所以，该系统有两个独立的可变因素，即它的自由度 $f=2$。当液态水与水蒸气两相平衡时，T 和 p 两个变量中只有一个可以独立变动，只要确定温度和压强其中的一个，另一个也就随之而定，即系统只有一个独立的可变量，故自由度 $f=1$。

对于一些简单的相平衡系统，可用直观的分析方法来确定自由度；但对于一个有多种物质形成的多相平衡系统，单凭经验确定其自由度是很困难的，所以就需要根据相平衡原理找出一个可以确定自由度的普遍规律，就是相律。

5.2 相　　律

假设在一个多相平衡系统中，有 K 个组分，分布在 Φ 个相中。那么要确定这个平衡系统的状态，需要多少个独立变量呢？这就是相律要解决的问题。

要回答这个问题，首先需要确定描述该系统的状态所需要的总变量数。假设每一种物质存在于每个相中，且没有发生化学变化，那么每一种物质在它所在的每一个相中都有一个浓度。浓度可用摩尔分数来表示，由于 $\sum_i x_i = 1$，所以确定每一相的组成只需要 $K-1$ 个浓度变量。所以系统 Φ 个相共需 $\Phi(K-1)$ 个浓度变量。平衡时，各相的温度和压强均应相同，故应再加上这两个变量。因此，描述系统状态的变量总数为 $\Phi(K-1)+2$，但这些变量并不是独立的，因为在多相平衡时，每一种物质在各个相中的化学势相等，即

$$
\begin{aligned}
\mu_1^{(1)} &= \mu_1^{(2)} = \cdots = \mu_1^{(\Phi)} \\
\mu_2^{(1)} &= \mu_2^{(2)} = \cdots = \mu_2^{(\Phi)} \\
\mu_s^{(1)} &= \mu_s^{(2)} = \cdots = \mu_s^{(\Phi)}
\end{aligned} \tag{5-2}
$$

在一定的温度和压强下，化学势是摩尔分数的函数（如对理想气体，$\mu_i(T,P) = \mu_i^{\ominus}(T) + RT\ln x_i$）。在式（5-2）中，每一个等号就能建立两个摩尔分数之间的关系，即从 $\mu_1^{(1)} = \mu_1^{(2)}$ 可求得 $x_1^{(1)}$ 和 $x_1^{(2)}$ 之间的关系。所以 Φ 个相中的每一种物质，都有 $(\Phi-1)$ 个关系式。现有 K 个组分，分布在 Φ 个相中，根据化学势相等的条件，可导出存在 $K(\Phi-1)$ 个浓度关系式。根据系统自由度的定义：

f=描述平衡系统的总变数－平衡时变量之间必须满足的关系式的数目

所以
$$f = [\Phi(K-1)+2] - [K(\Phi-1)] \tag{5-3}$$
即
$$f = K - \Phi + 2 \tag{5-4}$$
式（5-4）就是吉布斯相律，其中 2 是温度和压强两个变量。

对于凝聚系统，外压对其相平衡系统影响很小，可忽略。所以，此时的相律可写为

$$f = K - \Phi + 1 \tag{5-5}$$

如果影响相平衡的外界因素不仅仅是温度和压强，还有其他因素（如磁场、电场、重力场等）的影响，此时相律可写为

$$f = K - \Phi + n \tag{5-6}$$

式中，n 是能够影响系统平衡状态的外界因素的个数。

5.3 单组分系统的相平衡

根据式（5-4），对于单组分系统 $K=1$ 时，$f = 3-\Phi$。此时，f 与Φ 存在着相互制约的关系。当 $\Phi=1$ 时，$f=2$，称为单组分双变量平衡系统。当 $\Phi=2$ 时，$f=1$，称为单变量系统。当 $\Phi=3$ 时，$f=0$，称为无变量系统。对于任何平衡系统，自由度的最小值只能是 0，所以单组分系统最多只可能有三个平衡共存。对于单组分两相平衡系统，$\Phi=2$ 时，$f=1$，温度和压强两个变量中只有一个是独立可变的，这表明温度和压强之间存在某种函数关系，下面先证明这种函数关系。

5.3.1 克拉贝龙方程

设在一定的压强和温度下，任一纯物质的两个相呈平衡。若温度改变 dT，相应的压强改变 dp 后，这两相又达到了新的平衡，如图 5-1 所示。

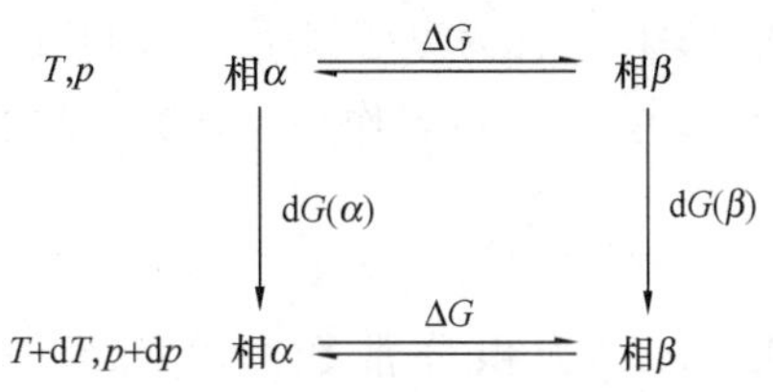

图 5-1 两相平衡随压强和温度变化的示意图

根据在等温、等压下呈平衡时，其相平衡条件是该物质在两相中的化学势相等，即

$$\mu^{\alpha}(T,p)=\mu^{\beta}(T,p)$$

纯物质的化学势就是摩尔吉布斯函数，所以在(T,p)时的相平衡条件就是$\Delta G=0$，即

$$G^{\alpha}=G^{\beta}$$

当达到一个新的平衡时，$G^{\alpha}+\mathrm{d}G^{\alpha}=G^{\beta}+\mathrm{d}G^{\beta}$，所以

$$\mathrm{d}G^{\alpha}=\mathrm{d}G^{\beta}$$

根据热力学基本公式，$\mathrm{d}G=-S\mathrm{d}T+V\mathrm{d}p$，得

$$-S^{\alpha}\mathrm{d}T+V^{\alpha}\mathrm{d}p=-S^{\beta}\mathrm{d}T+V^{\beta}\mathrm{d}p$$

或
$$\frac{\mathrm{d}p}{\mathrm{d}T}=\frac{S^{\beta}-S^{\alpha}}{V^{\beta}-V^{\alpha}}=\frac{\Delta S}{\Delta V} \tag{5-7}$$

式中，ΔS和ΔV分别为1mol物质由α相到β相的熵变和体积变化。对于恒温、恒压下的可逆相变，已知

$$\Delta S=\frac{\Delta H}{T} \tag{5-8}$$

将式（5-8）代入式（5-7）中，得

$$\frac{\mathrm{d}p}{\mathrm{d}T}=\frac{\Delta H}{T\Delta V} \tag{5-9}$$

式（5-9）即为著名的克拉贝龙方程，它表明了两相平衡时的平衡压强随温度的变化而变化，适用于任何纯物质的两相平衡。例如，对于气-液两相平衡，设有1mol物质发生了相的变化，则

$$\frac{\mathrm{d}p}{\mathrm{d}T}=\frac{\Delta_{\mathrm{vap}}H_{\mathrm{m}}}{T\Delta_{\mathrm{vap}}V_{\mathrm{m}}} \tag{5-10}$$

同理，对于液-固两相平衡为

$$\frac{\mathrm{d}p}{\mathrm{d}T}=\frac{\Delta_{\mathrm{fus}}H_{\mathrm{m}}}{T\Delta_{\mathrm{fus}}V_{\mathrm{m}}} \tag{5-11}$$

对于有气相参加的两相平衡，气相的摩尔体积要比液相和固相的大得多，所以

$$\Delta V_{\mathrm{m}}=V_{\mathrm{m}}(\mathrm{g})-V(1/s)\approx V_{\mathrm{m}}(\mathrm{g})$$

则克拉贝龙方程可以进一步简化。以气-液两相平衡为例，若假设蒸气是理想气体，则$V_{\mathrm{m}}(g)=RT/p$，所以

$$\frac{\mathrm{d}p}{\mathrm{d}T}=\frac{\Delta_{\mathrm{vap}}H_{\mathrm{m}}}{T\Delta_{\mathrm{vap}}V_{\mathrm{m}}}=\frac{\Delta_{\mathrm{vap}}H_{\mathrm{m}}}{T\left(\dfrac{RT}{p}\right)}$$

整理后得
$$\frac{\mathrm{dln}(p)}{\mathrm{d}T}=\frac{\Delta_{\mathrm{vap}}H_{\mathrm{m}}}{RT^2} \tag{5-12}$$

式（5-12）称为克劳修斯-克拉贝龙方程。式中，$\Delta_{\mathrm{vap}}H_{\mathrm{m}}$为摩尔汽化热，当温度范围变化不大时，$\Delta_{\mathrm{vap}}H_{\mathrm{m}}$可看作是一常数，将式（5-12）积分可得

$$\ln(p)=-\frac{\Delta_{\mathrm{vap}}H_{\mathrm{m}}}{R}\cdot\frac{1}{T}+K \tag{5-13}$$

式中，K为积分常数。由此可看出，$\ln(p)$与$1/T$呈直线关系，此直线的斜率为$-\Delta_{\mathrm{vap}}H_{\mathrm{m}}/R$，由此斜率即可求得液体的摩尔气化焓。当温度变化范围很小时，$\Delta_{\mathrm{vap}}H_{\mathrm{m}}$可近似视为与温度无关，对式（5-13）求定积分，得

$$\ln\frac{p_2}{p_1}=\frac{\Delta_{vap}H_m}{R}\left(\frac{1}{T_1}-\frac{1}{T_2}\right) \tag{5-14}$$

式（5-14）表明，只要知道5个参数 p_1, p_2, T_1, T_2 和 $\Delta_{vap}H_m$ 中的4个参数，便可求得剩下的一个未知数。

当缺乏液体的汽化热数据时，有时可用一些经验性规则进行近似估计。例如，对正常液体（即非极性液体，液体分子不缔合）来说，有特鲁顿规则

$$\frac{\Delta_{vap}H_m}{T_b}\approx 88\mathrm{J\cdot K^{-1}\cdot mol^{-1}} \tag{5-15}$$

式中，T_b是正常沸点（指在大气压强下101.325kPa下液体的沸点）。应注意此规则对极性大的液体或在150K以下沸腾的液体因误差较大而不适用。

【例5-1】 若使冰在−0.50℃融化，需要施加多大压强？已知水和冰的密度分别为0.9998g·cm^{-3}和0.9168g·cm^{-3}。熔化潜热为333.5J·g^{-1}。水的摩尔质量为18g·mol^{-1}。

解： 将式（5-9）作定积分，得

$$p_2^*-p_1^*=\frac{\Delta_{fus}H_m}{\Delta V_m}\ln\frac{T_2}{T_1}$$

根据已知条件，冰的摩尔熔化焓

$$\Delta_{fus}H_m=333.5\times 18\mathrm{J\cdot mol^{-1}}$$

$$\Delta V_m=\left(\frac{1}{0.9998}-\frac{1}{0.9168}\right)\times 18\times 10^{-6}\mathrm{m^3\cdot mol^{-1}}$$

因为 T_1=27315K，T_2=27265K，p_1^*=100kPa，代入上面的定积分式，得

$$p_2^*-p_1^*=\frac{333.5\times 18}{\left(\frac{1}{0.9998}-\frac{1}{0.9168}\right)\times 18\times 10^{-6}}\ln\frac{272.65}{273.15}=6.75\times 10^6\mathrm{Pa}$$

$$p_2^*=p_1^*+6.75\times 10^6=6.85\times 10^6\mathrm{Pa}$$

所以，若使冰在−0.50℃融化，需要施加的压强为6.85×10^{6}Pa。

5.3.2 单组分系统相图

相图可以表达系统的成分、状态和自由度间的变化关系。所有单组分相平衡系统，依据相律，有 $f=1-\Phi+2=3-\Phi$，因为系统最少为1相，所以单组分系统的自由度最大为2，即最多只需两个变量即可确定系统的状态。由于单组分系统没有浓度变量，故这两个独立变量只能是温度和压力，因而单组分系统的状态图便是温度—压力图。

以水的相图为例，水可以呈气（水蒸气）、液（水）、固（冰）三种不同的相态存在。在一定的温度、压力下可以互成平衡，即液-气平衡、液-固平衡和气-固平衡。

将不同温度下的上述三种平衡压强数据列于表5-1中，并画在以 p-T 为纵、横坐标轴的图上，得到图5-2所示的水的相图。

水的相平衡数据　　表 5-1

温度 T（℃）	系统的饱和蒸气压 p（kPa）		平衡压强 p（kPa）
	水⇌水蒸气	冰⇌水蒸气	冰⇌水
−20	0.126	0.103	193.5×10^3
−15	0.191	0.165	156.0×10^3
−10	0.287	0.260	110.4×10^3
−5	0.422	0.414	59.8×10^3
0.01	0.610	0.610	
20	2.338		
40	7.376		
100	101.325		
200	1554.4		
374	22060		

1. 两相线

图 5-2 中三条实线 OA、OB、OC 是单组分系统的两相平衡线。在线上 $\Phi=2$，达到两相平衡；此时，$f=1$，指定了温度，压强就随之确定，反之亦然。单组分系统的两相平衡符合克拉贝龙方程，所以这三条线的斜率可由克拉贝龙方程来确定。

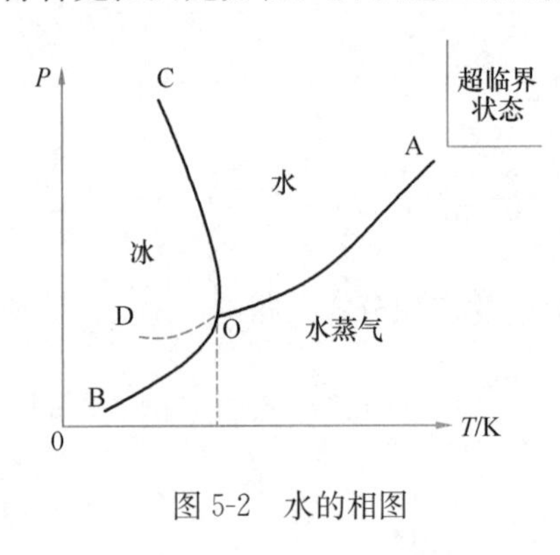

图 5-2　水的相图

图 5-2 中 OA 线是水的饱和蒸气压曲线或蒸发曲线，表明水-水蒸气两相平衡时水的饱和蒸气压与温度的关系。OA 线可向高温区延伸，但不能任意延长，它终止于临界点 A（647.4K，2.2×10^7Pa），在临界点液体的密度与水蒸气的密度相等，液态和气态之间的界面消失。此后物质的状态称为超临界状态，或称为超临界流体。

图 5-2 中 OB 线是冰的饱和蒸气压曲线或称冰的升华曲线，此线上任何一点都表示冰和水蒸气的两相平衡。

OC 线是冰的熔点曲线，此线上的任一点皆表示冰-水蒸气的两相平衡共存。在一定的外压下对此平衡系统加热则冰融化，冷却则水结冰。冰融化时，$\Delta H_m>0$，但 V_m(水) $<$ V_m(冰)，即 $\Delta V_m<0$，因此 $dp/dT<0$。表明冰的熔点随着外压的上升而下降，故 OC 线略微向左倾斜。

2. 单相区

OA、OB、OC 三条线将整个相图分成三个不同的单相区，每一个单相区代表系统单独的一个相。即气相区、液相区和固相区。在这些区域中，$\Phi=1$，$f=2$，说明温度和压强都可以在一定范围内自由变动而不会引起新相形成或旧相消失。

3. 三相点

图中 O 点是三条线的交点，系统呈现冰、水、水蒸气三相平衡共存，故称为水的三相点。由相律可知，此时，$\Phi=3$，$f=0$，是无变量系统，三相点的温度和压强都是定值。实验测得水的三相点的温度是273.16K(0.01℃)，压强为610.62Pa。现在国际单位制用水的三相点来规定热力学温标，即热力学温度的单位“1K”定义为水的三相点温度的1/273.16。

在大气压强为101.325kPa时，水的冰点是273.15K，而水的相图中三相点的温度是273.16K，两者相差0.01K，这是两个不同的概念。由于空气的溶入和压强的增加，使水的三相点比冰点高0.0098K。可见，冰点的温度与压强并不是三相点的温度与压强。

4. 过冷现象

图中OA线也可越过O点向左下方延伸，得到虚线OD，是过冷水和水蒸气的介稳平衡线，是液体的过冷现象。OD线在OB线之上，它的蒸气压比同温度下处于稳定状态的冰的蒸气压大，因此过冷的水处于不稳定状态，外界对系统稍有干扰（如振荡、搅拌、投入小块冰或落入灰尘等)，就能使过冷水迅速变为更稳定的冰。

5.4　水-盐二组分系统相图

对于二组分系统，$K=2$，$f=4-\Phi$。因系统最少为一相，所以自由度最多为3。即系统的状态可以由三个独立变量所决定，这三个变量通常采用温度、压强和组成。所以二组分系统的相平衡状态需要用p-T-x三维空间的立体图来描述。但对凝聚系统来说，因压强对平衡的影响甚微，而且凝聚相的变化过程常常都是在标准压强下进行的，所以对凝聚系统通常总是固定压强p，而作温度—组成图来讨论组分凝聚系统的平衡和组成的关系。

二组分凝聚系统相图的类型很多。本节将介绍简单低共熔混合物类型，如水盐二元系统的$(NH_4)_2SO_4$-H_2O相图。水盐系统的相图采用溶解度法，表5-2给出了一定压强下，不同温度的$(NH_4)_2SO_4$-H_2O在$100gH_2O(l)$中溶解的质量及相应的固相组成。

不同温度下$(NH_4)_2SO_4$-H_2O在$100gH_2O(l)$中溶解的质量　　**表5-2**

温度T(K)	硫酸铵所占比例w(%)	固　相
268	16.7	冰
262	28.6	冰
255	37.5	冰
254	38.4	冰+$(NH_4)_2SO_4(s)$
273	41.4	$(NH_4)_2SO_4(s)$
283	42.2	$(NH_4)_2SO_4(s)$
293	43.0	$(NH_4)_2SO_4(s)$
303	43.8	$(NH_4)_2SO_4(s)$
313	44.8	$(NH_4)_2SO_4(s)$
323	45.8	$(NH_4)_2SO_4(s)$
333	46.8	$(NH_4)_2SO_4(s)$
343	47.8	$(NH_4)_2SO_4(s)$
353	48.8	$(NH_4)_2SO_4(s)$
363	49.8	$(NH_4)_2SO_4(s)$
373	50.8	$(NH_4)_2SO_4(s)$
382	51.8	$(NH_4)_2SO_4(s)$

根据表 5-2 的实验数据作图，得到图 5-3。图中 L 点是纯水的凝固点 $f=0$；A 点为低共熔点，又称共晶点。在该点冰、组成为 A 的盐水溶液和固体盐 $(NH_4)_2SO_4$ 三相共存。组成在 A 点以左的溶液冷却时，首先析出的固体是冰；在 A 点以右的溶液冷却时，首先析出固体盐 $(NH_4)_2SO_4$。只有在 A 点时，溶液中才同时析出冰和 $(NH_4)_2SO_4$ 两种固体，形成低共熔混合物，发生共晶转变，

$$\underset{(A)}{溶液} \xrightleftharpoons{lf} \underset{(B)}{纯固体(冰)} + \underset{(C)}{纯固体[(NH_4)_2SO_4]}$$

即三相共存，系统的自由度 $f=2-3+1=0$，低共熔点的温度及溶液组成为定值。

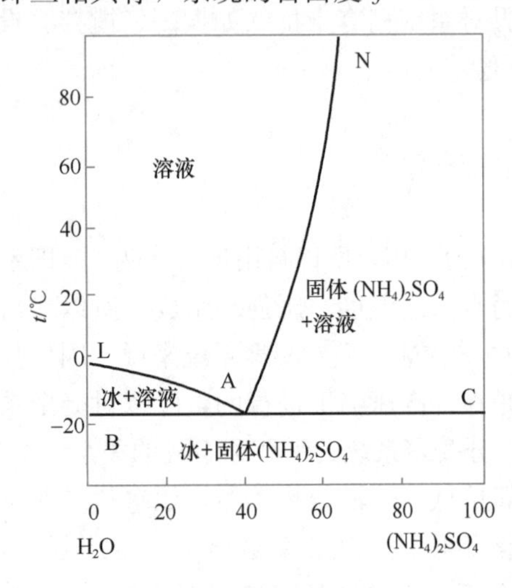

图 5-3　水—硫酸铵的相图

其中 LA 线是液相线，它代表纯固体冰与溶液呈平衡时溶液组成与凝固温度之间的关系曲线。随着溶质 $(NH_4)_2SO_4$ 含量的增大，溶液的凝固温度下降，所以 LA 线也称为冰的冰点下降曲线。同理，液相线 AN 是纯固体盐 $(NH_4)_2SO_4$ 与溶液的两相平衡曲线，一般称为 $(NH_4)_2SO_4$ 在水中的溶解度曲线。

LA 线、NA 线是两相平衡线。在此线上的每一点 $\Phi=2$，$f=1$，为单变量系统，即溶液组成与凝固温度两个变量之间只有一个可自由变动。从两条曲线的斜率可以看出，水的冰点随 $(NH_4)_2SO_4$ 浓度的增加而下降，$(NH_4)_2SO_4$ 的溶解度随温度升高而增大。一般说来，由于盐的熔点很高，超过了饱和溶液的沸点，所以 NA 线不能延长到 $(NH4)_2SO_4$ 固体的熔点。

BAC 线为三相平衡线(共晶线)，处于该线上的系统(两端除外)无论组成如何，均呈三相平衡，它们是冰(B 点)、$(NH_4)_2SO_4$ 固体(C 点)和组成为 A 的溶液。此时 $f=0$，为无变量系统。

LAN 线以上区域为 $(NH_4)_2SO_4$ 不饱和溶液区，$\Phi=1$，$f=2-1+1=2$，有两个自由度。温度和溶液组成都可在一定范围内独立变化而不会引起相数和相态发生改变。

LBA 区是冰与溶液共存的两相平衡，NAC 区是 $(NH_4)_2SO_4$ 固体与溶液共存的两相平衡。在这两个相区中，$f=2-2+1=1$。

BAC 线以下区域是固相区，它是冰及 $(NH_4)_2SO_4$ 固体两相共存区，$f=1$，故系统的温度可自由变动。它又可以分为两部分，A 点左下方是由冰的初生晶体和低共熔混合物组成；右下方是由 $(NH_4)_2SO_4$ 的初生晶体和低共熔混合物组成。

如果溶液的浓度小于 A 点的浓度，冷却时先析出冰，随着冰的析出，与之成平衡的溶液中 $(NH_4)_2SO_4$ 浓度越来越高，可一直到达 A 点。如在达到低熔冰盐合晶温度之前使两相分离，则可分别得到冰及盐水溶液。此即为海水冷冻法淡化的原理。

低共熔系统的相图有许多重要应用，如许多盐类和水能形成低共熔系统，利用这一事实可用来制备冷冻混合物（或称冷冻剂）。例如，将冰和食盐混合，只要有少许冰融化成了水，又有盐溶于水中，就要形成固体盐、固体冰及溶液三相共存。因三相平衡共存时，

系统的温度及溶液浓度都有定值，因此溶液的浓度将向着最低共熔物的组成趋近，而温度将向着最低共熔点趋近。于是，系统将自发地通过冰的融化耗热来降低温度。如果冰和盐的量足够多，这个过程将进行到最低共熔温度时。只要保持固体盐、冰及溶液三相共存，就会保持系统的最低共熔温度不变，所以常用它来制备恒温冰浴，简便地为人们提供所需要的低温条件。

思　考　题

1. 试根据等压方程式解释为什么温度升高平衡向吸热方向移动？

2. 试说明克拉贝龙方程与克劳修斯-克拉贝方程的应用范围，后者作了哪些近似处理？

3. 什么是相数、组分数和自由度数？试根据相律解释为什么纯液体在一定压强下，其沸点为定值？

4. 分别说明在水的相图中，三条线、三个面和一个点各代表什么相区？

5. 纯水的三相点温度是否固定不变？冰点呢？为什么？

习　　题

1. 指出在单组分系统内、二组分系统内、三组分系统内最多有几个相？　(3，4，5)

2. 计算下列系统的自由度：

(1) 单组分三相系统；

(2) 二组分三相系统；

(3) 三组分二相系统。

(0，1，3)

3. 指出乙醇溶于水的系统中的相数、组分数和自由度数。

(1，2，3)

4. $Ag_2O(s)$分解的计量方程为 $Ag_2O(s)=2Ag(s)+\frac{1}{2}O_2(g)$，当 $Ag_2O(s)$进行分解达平衡时，体系的组分数、自由度和可能平衡共存的最大相数各为多少？

(2，1，4)

5. 指出下列各系统的组分数、相数和自由度数各为多少？

(1) $NH_4Cl(s)$在抽空容器中，部分分解为 $NH_3(g)$和 $HCl(g)$达平衡；

(2) $NH_4Cl(s)$在含有一定量的 $NH_3(g)$的容器中，部分分解为 $NH_3(g)$，$HCl(g)$达平衡；

(3) $NH_4Cl(s)$与任意量的 $NH_3(g)$和 $HCl(g)$混合，达分解平衡；

(4) 在900K，$C(s)$与 $CO(g)$、$CO_2(g)$、$O_2(g)$达平衡。

(1，2，1；2，2，2；2，2，2；2，2，1)

6. 通常在大气压强为101.3kPa时，水的沸点为373K，那么在大气压降为66.9kPa的高原上，水的沸点为多少？已知水的标准摩尔汽化焓为40.67kJ·mol^{-1}并设其与温度无关。

(361.56K)

7. 从实验测得乙烯的蒸气压(Pa)与温度(K)的关系为

$$\ln p=-\frac{1921}{T}+1.75\ln T-1.928\times10^{-2}T+12.26$$

试求乙烯在正常沸点 169.5K 的摩尔蒸发焓变

($13.83\mathrm{kJ}\cdot\mathrm{mol}^{-1}$)

8. 根据所示相图，回答下列问题：

(1) 简述 O 点及 OA、OB、OC 线的含义

(2) 简述碳在常温、常压下的稳定状态

(3) 在 2000K 时，使石墨转变为金刚石是一个放热过程，试依据相图，计算说明两者摩尔体积的大小。

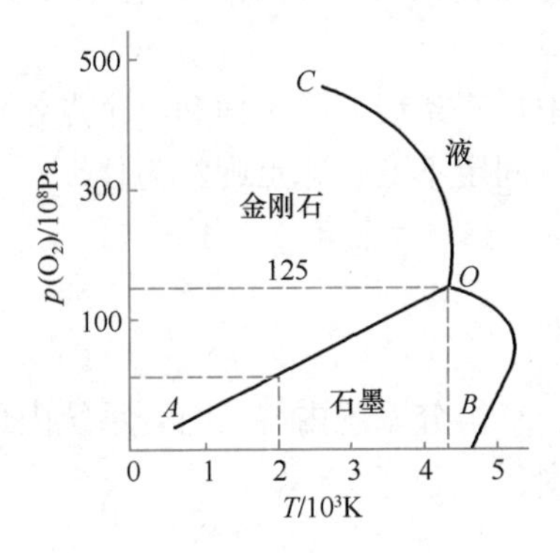

(石墨稳定；石墨摩尔体积大)

9. 在标准大气压强下，NaCl(s) 与水组成的二组分系统在 252K 时有一个低共熔点，此时 H_2O(s)，$NaCl\cdot2H_2O$(s) 和质量分数为 0.223 的 NaCl 水溶液三相共存。264K 时，不稳定化合物 $NaCl\cdot2H_2O$(s) 分解为 NaCl(s) 和质量分数为 0.27 的 NaCl 水溶液。已知 NaCl(s) 在水中的溶解度受温度影响不大，温度升高，溶解度略有增加。

(1) 试画出 NaCl(s) 与水组成的二组分系统的相图，并分析各部分的相态

(2) 若有 1.0kg 的质量分数为 0.28 的 NaCl 水溶液，由 433K 时冷却到 263K，试计算能分离出纯的 NaCl(s) 的质量。

(0.014kg)

第6章 电 化 学

电化学是研究化学现象与电现象之间相互转化的一门科学。电化学的主要研究对象：在电化学装置（即电池或电解池）中化学能与电能相互转化时应遵循的规律，以及实现这一转化所需要借助的物质——电解质溶液。在给水排水工程中，电渗析法淡化水、溶液pH的测定、电位测定、电导测定，以及电解法处理废水等均要应用电化学原理。

6.1 法拉第定律

当在电解质溶液内施加电场时，溶液中的离子会在电场的作用下发生如图6-1所示的定向移动。如果两个电极之间的电压足够高，则阳离子会在阴极上得到电子，发生还原反应，如Cu^{2+}会被还原析出金属铜，即

$$Cu^{2+} + 2e^{-} \longrightarrow Cu$$

阴离子会在阳极上失去电子，发生氧化反应，如Cl^{-}会被氧化成Cl_2，即

$$Cl^{-} \longrightarrow \frac{1}{2}Cl_2 + e^{-}$$

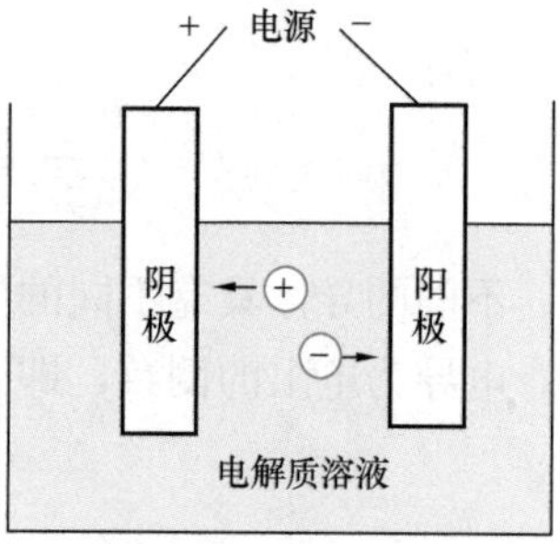

图6-1 电解池示意图

从电极反应可以看出，电流通过电解池所得的电解产物是不同的。法拉第在总结大量实验的基础之上，总结出了电解产物的量和通过溶液的电量之间的关系

$$n = \frac{Q}{ZF} \tag{6-1}$$

式中，n为电极上发生反应的物质的量，Q为通过电解池的电量，Z为离子的价数，F为法拉第常数。上述关系即法拉第定律：

（1）在电解过程中电极上发生反应的物质的量与通过电解池中的电量成正比。

（2）相同的电量通过不同电极时，各电极上发生反应的各物质，其得（或失）电子的物质的量相同。

法拉第常数是1mol基本电荷所具有的电量，

$$F = 6.022 \times 10^{23} \times 1.6022 \times 10^{-19}$$

$$= 96484.5C \cdot mol^{-1} \approx 96500C \cdot mol^{-1}$$

在上述的电解池中，当通过1mol电量时，在阳极上，会有0.5mol的Cu^{2+}被还原，则有0.5mol的Cu析出，质量为

$$m_{Cu} = \frac{1}{2} \times 63.54 = 31.77g$$

在阴极上，会有1mol的Cl^-被氧化，则有0.5mol的Cl_2析出，质量为

$$m_{Cl} = \frac{1}{2} \times 70.90 = 35.45g$$

法拉第定律是在大量实验事实的基础上总结出来的，是一个很准确的定理。在任何温度和压力下，水溶液、非水溶液和熔盐流体电解产物的量均符合法拉第定律。

在实际电解时，电流会发生各种损耗，析出的有效的物质的量低于按照法拉第定律计算出来的物质的量，电解过程的电流效率有所降低。如在电镀镍、铬等金属时，就会有部分电量消耗于氢离子的还原上。电流效率是通过一定电量后，电极上获得的实际产物产量与用法拉第定律计算的产物产量之比，即

$$\eta = \frac{实际析出的物质的量}{法拉第定律计算出的理论物质的量} \times 100\%$$

或

$$\eta = \frac{生成产物的理论电量}{生成产物的实际电量} \times 100\% \tag{6-2}$$

6.2 电解质溶液的电导

6.2.1 电导、电导率、摩尔电导率

不同的导体具有不同的导电能力，和金属导体一样，电解质溶液的电阻符合欧姆定律，电导为电阻的倒数，即

$$G = \frac{1}{R} = \frac{I}{U} \tag{6-3}$$

式中 R——电阻；

I——通过导体的电流；

U——导体两端的电势差。

电导的SI单位是S（西门子），$1S=1\Omega^{-1}$。电解质溶液的电导与两个电极之间的距离l成反比，与电极的横截面积A成正比

$$G = \kappa \frac{A}{l} \tag{6-4}$$

式中 κ——电导率，是电阻率的倒数，$S \cdot m^{-1}$或$\Omega^{-1} \cdot m^{-1}$。

可以认为当导体的横截面积为$1m^2$，长度为1m时，所表现出来的电导就是电导率。

不同浓度电解质溶液内的离子数目不同，直接用电导率来衡量电解质溶液的导电能力是不够的，需要引入摩尔电导率的概念。摩尔电导率是指相距1m的两平行电极间包含1mol电解质溶液的电导，用Λ_m表示

$$\Lambda_m = \frac{\kappa}{c} \tag{6-5}$$

若电解质溶液的浓度为c（单位为$mol \cdot m^{-3}$），由于电导率κ的单位为“$S \cdot m^{-1}$”或“$\Omega^{-1} \cdot m^{-1}$”，所以摩尔电导率Λ_m的单位为“$S \cdot m^2 \cdot mol^{-1}$”，或“$\Omega^{-1} \cdot m^2 \cdot mol^{-1}$”。

6.2.2　电导率与浓度的关系

当电解质溶液的浓度发生变化时，其电导率也会相应变化。图 6-2 是几种电解质溶液的电导率与电解质浓度的变化关系。由图可知，强电解质溶液的电导率随浓度的增加而增加，当增加到一定值之后，继续增加浓度，电导率反而会降低。这是因为当浓度较低时，增加浓度会加大参与导电的离子数目，从而增强电导率；当浓度较高时，离子的数目过大，会使正负离子之间的作用力增强，降低离子的运动速率，导致电导率降低。弱电解质的电导率随浓度增加变化不大，这是因为弱电解质的解离度很低，随着浓度增加，正负离子的数目变化不大，使其导电率改变不大。

6.2.3　摩尔电导率与浓度的关系

图 6-3 给出了几种电解质的摩尔电导率 Λ_m 随$\sqrt{c}$（浓度的平方根）变化的情况。由图 6-3可知，强电解质的摩尔电导率随$\sqrt{c}$的降低而增加，当$\sqrt{c}$接近 0 时，Λ_m 趋于定值。这是因为在浓度很低时，正负离子之间的作用力很小，离子的运动速度较快，使其 Λ_m 较大。在很稀的强电解质溶液中，Λ_m 与$\sqrt{c}$近似为线性关系

$$\Lambda_m = \Lambda_m^{\infty} - A\sqrt{c} \tag{6-6}$$

式中，Λ_m^{∞} 是当$\sqrt{c}$ 趋于 0 时的摩尔电导率，即无限稀释溶液的摩尔电导率，称为极限摩尔电导率。

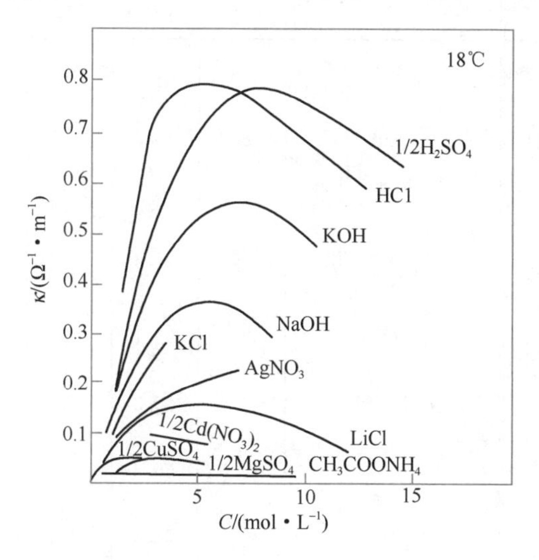

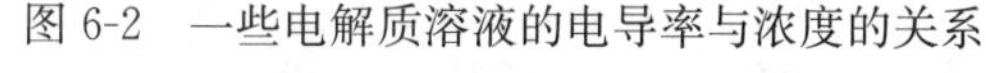
图 6-2　一些电解质溶液的电导率与浓度的关系

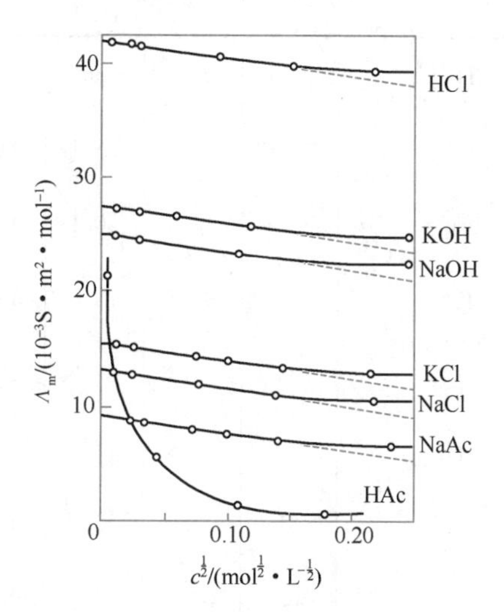

图 6-3　几种电解质水溶液的摩尔电导率随电解质浓度平方根的变化规律，25℃

弱电解质的摩尔电导率在浓度很小的时候变化非常大，Λ_m 与$\sqrt{c}$ 不为线性关系，弱电解质的极限摩尔电导率无法作图外推得到。

6.2.4　离子独立运动定律

表 6-1 中列出了 298K 时一些强电解质的极限摩尔电导率 Λ_m^{∞}，可以看出，只要有相同

负离子的锂和钾盐，其极限摩尔电导率的差值相同，与负离子的种类无关；对于有相同正离子的盐酸和硝酸盐，其极限摩尔电导率的差值也相同，与正离子的种类无关。科尔劳乌斯（Kohlrausch）比较一系列电解质的极限摩尔电导率之后提出了离子独立运动定律

$$\Lambda_m^\infty = v_+ \Lambda_{m,+}^\infty + v_- \Lambda_{m,-}^\infty \tag{6-7}$$

式中 $\Lambda_{m,+}^\infty$、$\Lambda_{m,-}^\infty$ ——正离子和负离子的极限摩尔电导率；

v_+、v_-——单个电解质分子内所含的正离子和负离子的数目。

表 6-2 中列出了部分离子的极限摩尔电导率。

根据离子独立运动定律，可以应用强电解质的极限摩尔电导率来计算弱电解质的极限摩尔电导率。

一些强电解质水溶液的无限稀释摩尔电导率，25℃ **表 6-1**

电解质	$\Lambda_m^\infty \times 10^4$ ($\Omega^{-1}\cdot m^2\cdot mol^{-1}$)	差值 ($10^4\Omega^{-1}\cdot m^2\cdot mol^{-1}$)	电解质	$\Lambda_m^\infty \times 10^4$ ($\Omega^{-1}\cdot m^2\cdot mol^{-1}$)	差值 ($10^4\Omega^{-1}\cdot m^2\cdot mol^{-1}$)
KCl	149.9	34.9	HCl	426.0	5.3
LiCl	115.0		HNO_3	420.7	
KNO_3	144.6	34.8	KCl	149.9	5.3
$LiNO_3$	109.8		KNO_3	144.6	
KOH	270.5	34.8	LiCl	115.0	5.2
LiOH	235.7		$LiNO_3$	109.8	

水溶液中某些离子的无限稀释摩尔电导率 $\Lambda_m^\infty \times 10^4$（$\Omega^{-1}m^2\cdot mol^{-1}$） **表 6-2**

离子	0℃	18℃	25℃	100℃	离子	0℃	18℃	25℃	100℃
H^+	224	315	349.6	631	$\frac{1}{2}Fe^{2+}$	28	44.5	53.5	—
Li^+	19.3	32.6	38.7	114	$\frac{1}{2}Cu^{2+}$	28	45.3	55.5	—
Na^+	25.7	42.6	50.1	148	Cl^-	41.4	66.3	76.4	213
K^+	40.3	63.7	73.5	193	ClO_3^-	36	55.8	65.3	172
Ag^+	33	53.3	62.2	180	ClO_4^-	37.3	59.1	67	183
NH_4^+	40.4	63.6	74	184	Br^-	43.1	68.3	78	150
$\frac{1}{2}Mg^{2+}$	31	44.6	58	170	I^-	42.6	66.8	77.1	—
$\frac{1}{2}Ca^{2+}$	30.5	50.4	59	187	NO_3^-	40.2	62.6	71.1	191
$\frac{1}{2}Ba^{2+}$	32	54.4	63.2	200	SCN^-	37.0	57.4	66	—
$\frac{1}{2}Co^{2+}$	28	45	49	—	$\frac{1}{2}S_2O_3^{2-}$	—	—	84.9	—
$\frac{1}{2}Ni^{2+}$	23	45	49	—	$\frac{1}{2}CrO_4^{2-}$	44	72	83	—
$\frac{1}{3}Al^{3+}$	29	—	61	—	$\frac{1}{3}Fe(CN)_6^{3-}$	—	—	94	—

【例 6-1】 在 25℃时，$\Lambda_m^\infty(HCl)=426.0\times10^{-4}\Omega^{-1}\cdot m^2\cdot mol^{-1}$，$\Lambda_m^\infty(NaAc)=91.5\times$

$10^{-4}\Omega^{-1}\cdot m^2\cdot mol^{-1}$，$\Lambda_m^\infty(NaCl)=126.5\times10^{-4}\Omega^{-1}\cdot m^2\cdot mol^{-1}$，求$\Lambda_m^\infty(HAc)$。

解：

$$
\begin{aligned}
\Lambda_m^\infty(HAc) &= \Lambda_m^\infty(H^+)+\Lambda_m^\infty(Ac^-) \\
&= \Lambda_m^\infty(HCl)+\Lambda_m^\infty(NaAc)-\Lambda_m^\infty(NaCl) \\
&= (426.0+91.5-126.5)\times10^{-4} \\
&= 3.91\times10^{-2}\Omega^{-1}\cdot m^2\cdot mol^{-1}
\end{aligned}
$$

6.2.5　电导测定

电导是电阻的倒数，电解质溶液的电阻可以采用惠斯通电桥来测定。但测定电解质溶液的电阻不能用直流电，因为直流电会引起电极反应，并改变溶液的构成和浓度。为了使电极附近不发生明显的化学反应，电导测定必须用较高频率的交流电，频率一般为1000Hz以上。装置如图6-4所示，R_1和R_2是固定电阻，R_3是可变电阻，R_x是电解质溶液的电阻，T为示波器或耳机。

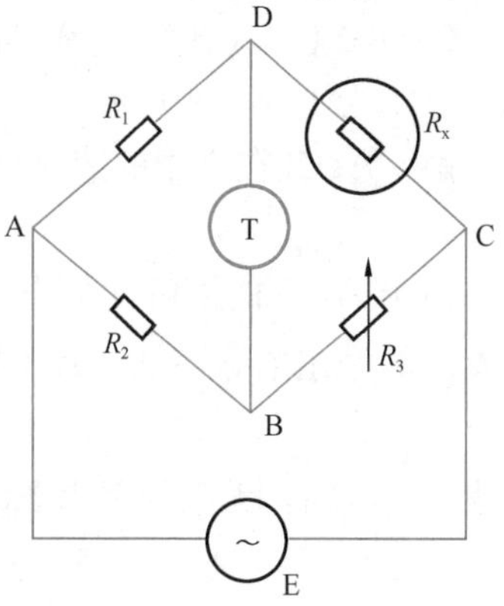

图6-4　惠斯通电桥装置简图

实验时，调节R_x，当B和D两点等势时，有

$$R_x=\frac{R_1}{R_2}R_3 \tag{6-8}$$

进一步有

$$G=\frac{1}{R_x}=\kappa\left(\frac{A}{l}\right) \tag{6-9}$$

可以求出电解质溶液的电导和电导率。

6.2.6　电导测定的应用

1. 检验水的纯度

水本身有微弱的解离，即

$$H_2O \rightleftharpoons H^+ + OH^-$$

会使纯水本身有一定的电导，理论上纯水的电导率κ为$5.5\times10^{-6}S\cdot m^{-1}$。但实际上，由于各种电解质杂质的存在会提高水的电导率。如普通蒸馏水的电导率为$1.0\times10^{-3}S\cdot m^{-1}$，去离子水的电导率为$1.0\times10^{-4}S\cdot m^{-1}$。所以，只要测定水的电导率就可以知道其纯度。

2. 电导滴定

利用滴定过程中溶液电导变化的转折点来确定滴定终点的方法称为电导滴定。电导滴定可用于酸碱中和反应、氧化还原反应和沉淀反应等各类滴定反应。电导滴定不需要指示剂，对于颜色较深或有混浊的溶液更加有用。图6-5中a线表示中和反应滴定的曲线，如用NaOH溶液滴定HCl，转折点表示强酸和强碱完全中和；b线为沉淀反应滴定的曲线，如用$AgNO_3$滴定KCl，转折点表示Cl^-离子完全被沉淀。

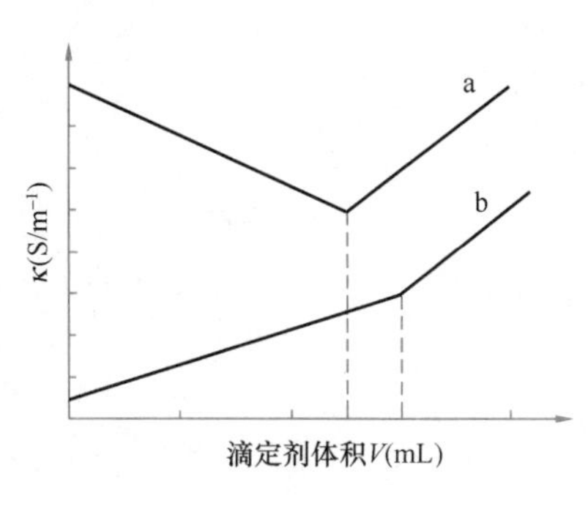

图6-5　电导滴定曲线

3. 测定难溶盐的溶解度

$BaSO_4$、AgCl等难溶盐在水中的溶解度很小，其浓度不能用电导滴定的方法来测定，但可用电导法求得。以AgCl为例，先测定其溶液的电导率，由于溶液很稀，要考虑水对电导率的影响，即

$$\kappa(\text{AgCl}) = \kappa(\text{溶液}) - \kappa(H_2O) \tag{6-10}$$

摩尔电导率的计算公式为

$$\Lambda_m(\text{AgCl}) = \frac{\kappa(\text{AgCl})}{c} \tag{6-11}$$

因为难溶盐的溶解度很小，可以认为摩尔电导 Λ_m 与极限摩尔电导 Λ_m^∞ 相等，极限摩尔电导 Λ_m^∞ 的值可以利用离子独立运动定律得到，可以进一步求出浓度 c 和难溶盐的溶解度。

【例6-2】 25℃时，饱和AgCl水溶液的电导率为 $3.41\times10^{-4}\Omega^{-1}\cdot m^{-1}$，同温度下水的电导率为 $1.60\times10^{-4}\Omega^{-1}\cdot m^{-1}$，求AgCl的溶度积。

解： AgCl在水中的溶解反应

$$AgCl = Ag^+ + Cl^-$$

由于AgCl的溶解度很小，溶解的AgCl全部电离，其摩尔电导率 Λ_m(AgCl)接近无限稀释时的摩尔电导率 Λ_m^∞(AgCl)。根据离子独立运动定律，有

$$\Lambda_m^\infty(\text{AgCl}) = \Lambda_m^\infty(Ag^+) + \Lambda_m^\infty(Cl^-) \tag{6-12}$$

查表6-2可知，无限稀释离子的摩尔电导率

$$\Lambda_m^\infty(Ag^+) = 62.2\times10^{-4}\Omega^{-1}\cdot m^2\cdot mol^{-1}$$

$$\Lambda_m^\infty(Cl^-) = 76.4\times10^{-4}\Omega^{-1}\cdot m^2\cdot mol^{-1}$$

根据科尔劳乌斯离子独立运动定律，无限稀释时电解质AgCl的摩尔电导率为

$$\Lambda_m^\infty(\text{AgCl}) = (62.2+76.4)\times10^{-4} = 1.386\times10^{-2}\Omega^{-1}\cdot m^2\cdot mol^{-1}$$

AgCl的溶解度 $c = \dfrac{\kappa}{\Lambda_m^\infty} = \dfrac{(3.41-1.60)\times10^{-4}}{1.386\times10^{-2}} = 1.31\times10^{-2}mol\cdot m^{-3}$

AgCl的溶度 $K_{sp} = c_{Ag^+}\cdot c_{Cl^-} = (1.31\times10^{-2})^2 = 1.72\times10^{-4}mol^2\cdot m^{-6}$

用同样的方法也可以求出水的离子积。

6.2.7 电解质溶液的活度和活度系数

设有电解质 $M_{v+}X_{v-}$ 在溶液中完全解离，即

$$M_{v+}X_{v-} = v_+ M^{z+} + v_- X^{z-} \tag{6-13}$$

式中 v_+、v_-——单个电解质分子中的正、负离子的数目；

Z^+、Z^-——正、负离子的电荷数。

则电解质分子的化学势可以表示为

$$\mu = v_+\mu_+ + v_-\mu_- \tag{6-14}$$

式中，μ_+ 和 μ_- 分别为正、负离子的化学势

$$\mu = \mu^\ominus + RT\ln a$$

$$\mu_+ = \mu_+^\ominus + RT\ln a_+ \tag{6-15}$$

$$\mu_- = \mu_-^\ominus + RT\ln a_-$$

式中　a——整个电解质分子的活度；

a_+、a_-——正、负离子的活度。

将式(6-15)带入到式(6-14)中，有

$$\mu = \mu^{\Theta} + RT\ln a = (v_+ \mu_+^{\Theta} + v_- \mu_-^{\Theta}) + RT\ln(a_+^{v+} \cdot a_-^{v-}) \tag{6-16}$$

$$\mu^{\Theta} = v_+ \mu_+^{\Theta} + v_- \mu_-^{\Theta} \tag{6-17}$$

$$a = a_+^{v+} \cdot a_-^{v-} \tag{6-18}$$

正负离子的活度系数可定义为

$$\gamma_+ = \frac{a_+}{m_+ / m^{\Theta}} \tag{6-19a}$$

$$\gamma_- = \frac{a_-}{m_- / m^{\Theta}} \tag{6-19b}$$

式中，m_+和m_-分别为正、负离子的质量摩尔浓度，选取$m^{\Theta} = 1\text{mol} \cdot \text{kg}^{-1}$为电解质溶液的标准态。当电解质完全解离时，有

$$m_+ = v_+ m_B \quad m_- = v_- m_B \tag{6-20}$$

式中，m_B为电解质的质量摩尔浓度。

由于电解质溶液中正负离子同时存在，不能测定单种离子的活度和活度系数，故需要引入平均活度和平均活度系数的概念，定义如下：

$$a_{\pm} = (a_+^{v+} \cdot a_-^{v-})^{1/v} = a^{1/v}$$

$$\gamma_{\pm} = (\gamma_+^{v+} \cdot \gamma_-^{v-})^{1/v}$$

$$m_{\pm} = (m_+^{v+} \cdot m_-^{v-})^{1/v} = (v_+^{v+} \cdot v_-^{v-})^{1/v} m_B$$

式中，$v = v_+ + v_-$；$a_{\pm}$称为正、负离子的平均活度；$\gamma_{\pm}$称为正、负离子的平均活度系数。由以上各式可得

$$a_{\pm} = \gamma_{\pm} \frac{m_{\pm}}{m^{\Theta}} = \gamma_{\pm} (v_+^{v+} v_-^{v-})^{1/v} \frac{m_B}{m^{\Theta}} \tag{6-21}$$

最终得到电解质溶液中溶质的化学势

$$\mu = \mu^{\Theta} + RT\ln a = \mu^{\Theta} + RT\ln a_{\pm}^{v} = \mu^{\Theta} + RT\ln \left(\frac{\gamma_{\pm} m_{\pm}}{m^{\Theta}}\right)^{v} \tag{6-22}$$

离子的平均活度系数$\gamma_{\pm}$的大小，反映了由于离子间相互作用所导致的电解质溶液的性质偏离理想稀溶液热力学性质的程度。$\gamma_{\pm}$可由实验来测定(通过测定依数性或原电池电动势来计算)。表6-3列出了298K时某些电解质水溶液$\gamma_{\pm}$的实验测定值。

25℃时水溶液中电解质的离子平均活度系数　　表6-3

m (mol·kg^{-1})	0.001	0.002	0.005	0.010	0.020	0.050	0.100	0.200	0.500	1.000	2.000
HCl	0.966	0.952	0.928	0.904	0.875	0.830	0.796	0.767	0.758	0.809	1.01
HNO_3	0.965	0.951	0.927	0.902	0.871	0.823	0.785	0.748	0.715	0.720	0.783
H_2SO_4	0.830	0.757	0.639	0.544	0.453	0.340	0.265	0.209	0.154	0.130	0.124
NaOH	—	—	—	—	—	0.82	—	0.73	0.69	0.68	0.70
$AgNO_3$	—	—	0.92	0.90	0.86	0.79	0.72	0.64	0.51	0.40	0.28
$CaCl_2$	0.89	0.85	0.785	0.725	0.66	0.57	0.515	0.48	0.52	0.71	—

续表

$\frac{m}{(mol \cdot kg^{-1})}$	0.001	0.002	0.005	0.010	0.020	0.050	0.100	0.200	0.500	1.00	2.00
$CuSO_4$	0.74	—	0.53	0.41	0.31	0.21	0.16	0.11	0.068	0.047	—
KCl	0.955	0.952	0.927	0.901	—	0.815	0.769	0.719	0.651	0.606	0.576
KBr	0.965	0.952	0.927	0.903	0.872	0.822	0.777	0.728	0.665	0.625	0.602
KI	0.965	0.951	0.927	0.905	0.88	0.84	0.80	0.76	0.71	0.68	0.69
LiCl	0.963	0.948	0.921	0.89	0.86	0.82	0.78	0.75	0.73	0.76	0.91
NaCl	0.966	0.953	0.929	0.904	0.875	0.823	0.780	0.730	0.68	0.66	0.67
$ZnSO_4$	0.734	0.610	0.477	0.387	—	0.202	0.148	0.110	0.063	0.043	0.035

6.3 可逆电池

6.3.1 可逆电池

在前面已提到，电化学反应就是化学变化伴随着电现象的过程。那么使化学能转变为电能的装置，称为原电池，简称电池。若转变过程在热力学上是可逆的，则称为可逆电池。当电池在等温、等压可逆条件下放电时，系统吉布斯函数的降低$(\Delta_r G_m)_{T,p}$，等于系统对外所做的最大非体积功$W_{r,m}$

$$(\Delta_r G_m)_{T,p} = W_{r,m} \tag{6-23}$$

而本章中的非体积功，就是可逆电功，等于可逆电动势E与通过电量的乘积。因此，电池反应所做的可逆电功为

$$W_{r,m} = -zEF \tag{6-24}$$

式中 z——电池反应中转移的电子的物质的量；

E——可逆电动势。

在可逆电池反应中

$$(\Delta_r G_m)_{T,p} = W_{r,m} = -zEF \tag{6-25}$$

根据热力学可逆过程的定义，可逆电池必须同时满足下述两个条件：

(1) 电池可逆充放电时，电（池）极反应必须互为逆反应，即物质的转变是可逆的。若将电池与一个外加电动势$E_{外}$并联，当电池的电势E稍大于$E_{外}$时，电池中仍将发生化学反应而放电。反之，当$E_{外}$稍大于电池的E时，获得外界的电能，电池被充电，此时电池中的化学反应完全逆向进行。

(2) 可逆电池中所通过的电流必须为无限小，即能量的转变是可逆的。可逆电池工作时，若作为原电池，它能做出最大电功；若作为电解池时，能消耗最小的电能。换言之，如果能把电池放电时所放出的能量全部储存起来，然后用这些能量充电，就恰好可以使系统和环境都恢复到原状，即能量的转移是可逆的。

只有同时满足 (1) 和 (2) 两个条件的电池才是可逆电池。凡是有一个条件不满足的电池，均是不可逆电池。不可逆电池两电极之间的电势差E'将随具体工作条件而变化，且恒小于该电池的电动势，此时$-(\Delta_r G_m)_{T,p} > zE'F$。

6.3.2 可逆电极的种类

一个电池至少包含两个电极，要构成可逆电池，其电极必须是可逆的。根据反应的不同特点，可逆电极主要有以下三种类型。

(1) 第一类电极：主要包括金属电极和气体电极等。

金属电极是将某金属浸在含有该金属离子的溶液中构成。如 Zn(s)插在 $ZnSO_4$溶液中，电极表示式为

Zn(s) | $ZnSO_4$(aq)(作负极)，$ZnSO_4$(aq) | Zn(s)(作正极)

其电极反应为

$Zn(s) \longrightarrow Zn^{2+} + 2e^-$　当 Zn(s)作负极时，氧化反应

$Zn^{2+} + 2e^- \longrightarrow Zn(s)$　当 Zn(s)作正极时，还原反应

气体电极是将吸附了某气体的惰性金属（如铂）置于含有该气体离子的溶液中而构成的。如氢电极、氧电极和氯电极，分别是将 H_2、O_2 和 Cl_2 冲击的铂片浸入含有 H^+、OH^- 和 Cl^- 的溶液中而起导电作用，其电极表示式和电极反应为

电极	电极反应
Pt | H_2 | H^+	$2H^+ + 2e^- \longrightarrow H_2$
Pt | H_2 | OH^-	$2H_2O + 2e^- \longrightarrow H_2 + 2OH^-$
Pt | O_2 | H^+	$O_2 + 4H^+ + 4e^- \longrightarrow 2H_2O$
Pt | O_2 | OH^-	$O_2 + 2H_2O + 4e^- \longrightarrow 4OH^-$
Pt | Cl_2 | Cl^-	$Cl_2 + 2e^- \longrightarrow 2Cl^-$

(2) 第二类电极：包括难溶盐电极和难溶氧化物电极。

难溶盐电极是由金属及其表面覆盖一薄层该金属的难溶盐，然后浸入含有该难溶盐的负离子溶液中而构成，也称微溶盐电极。这种电极不是对金属离子可逆，而是对难溶盐的阴离子可逆。最典型的此类电极有银—氯化银电极和甘汞电极（图 6-6），其作为正极的电极表示式和还原电极反应如下：

$$Cl^-(a_-) \mid AgCl(s) \mid Ag(s)$$

$$AgCl(s) + e^- = Ag(s) + Cl^-(a_-)$$

$$Cl^-(a_-) \mid Hg_2Cl_2(s) \mid Hg(l)$$

$$Hg_2Cl_2(s) + 2e^- = 2Hg(l) + 2\,Cl^-(a_-)$$

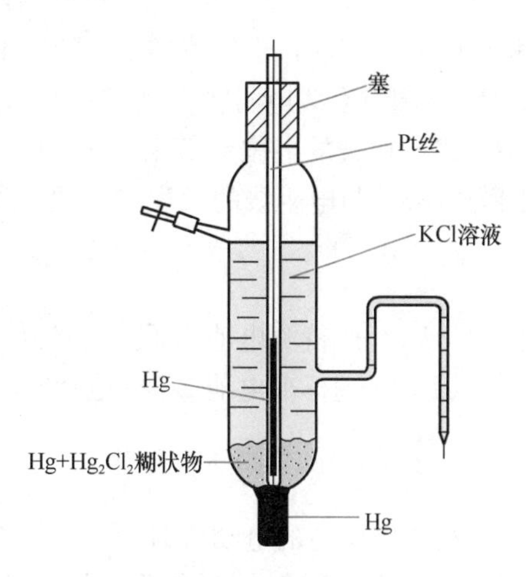

图 6-6 甘汞电极

难溶氧化物电极是在金属表面覆盖一薄层该金属的氧化物，然后浸在含有 H^+ 或 OH^- 的溶液中而构成。以汞—氧化汞电极为例：

$$OH^-(a_-) \mid HgO(s) \mid Hg(l) \qquad HgO(s) + H_2O + 2e^- = Hg(l) + 2OH^-(a_-)$$

$$H^+(a_+) \mid HgO(s) \mid Hg(l) \qquad HgO(s) + 2H^+(a_+) + 2e^- = Hg(l) + H_2O$$

(3) 第三类电极：氧化—还原电极，是由惰性金属如铂片插入含有某种离子的两种不同氧化态的溶液中而构成。在这里金属电极片只起导电作用，而氧化—还原反应是溶液中不同价态的离子之间的相互转化。如电极 $Cu^+(a_1)$，$Cu^{2+}(a_2)$ | Pt(s)，其电极反应为

$$Cu^{2+}(a_2) + e^- = Cu^+(a_1)$$

6.3.3 电池电动势的测定

电池的电动势 E，是在通过电池的电流趋于零时两极间的电势差。它不能直接用伏特计测得，因为当伏特计与电池接通后，必有电流从正极流向负极，电池中就会发生化学反应，溶液的浓度就会不断改变，导致电动势不断改变，从而破坏电池的可逆性。此外，电池有内阻，势必有一部分电动势会消耗在极化和克服内阻上，测出的电压总小于电池的电动势。所以，一定要在几乎没有电流通过的条件下测定可逆电池的电动势。

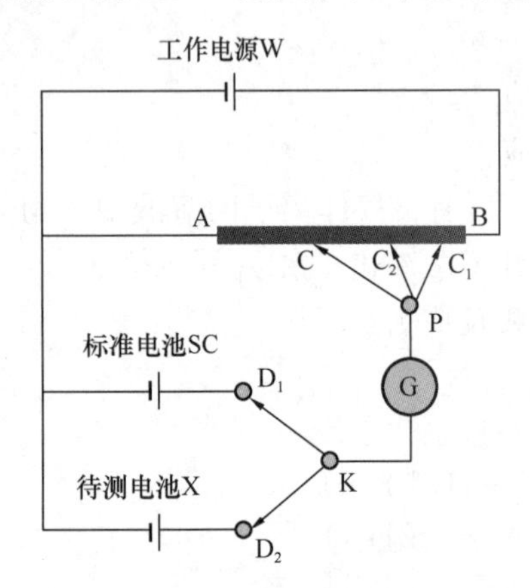

图 6-7 对消法测定电动势的原理图

对消法（或补偿法）测定电池电动势的原理如图 6-7 所示。在外电路上加一个方向相反而电动势几乎相同的电池，以对抗原电池的电动势。AB 为均匀的滑线电阻，工作电池（W）经 AB 构成一个回路，在 AB 线上产生了均匀的电势差。X 和 SC 分别是待测电池和已知恒定电动势的标准电池。K 为双向开关，C 为与 P 相连的可在 AB 上移动的接触点，G 为高灵敏度检流计。

测量步骤如下：第一步校准工作电源，先将 C 点移到标准电池 SC 电动势值的相应刻度 C_1 处，将 K 打向 D_1，调节滑线电阻 R 直至 G 中无电流通过。此时 SC 的电动势恰好和 AC_1 线所代表的电位差在数值上相等而方向相反，也就校准了 AB 上电势降的标度。第二步测量未知电池电动势，将 K 倒向 D_2，调节滑线电阻触点到相应位置 C_2，使 G 中无电流通过，此时 X 的电动势恰好和 AC_2 线所代表的电位差等值反向而对消，C_2 点所标记的电压值即为被测电池的电动势。因为电势差与电阻线的长度成正比，所以待测电池的电动势为

$$E_X = E_{SC}\frac{AC_2}{AC_1} \tag{6-26}$$

式中 E_X——待测电池 X 的电动势值；

E_{SC}——标准电池 SC 的电动势值。

6.3.4 标准电池

在测定电池的电动势时，需要一个电动势为已知的并且稳定不变的原电池作为电动势的度量标准，称为标准电池。常用的是韦斯顿（Weston）标准电池，其装置如图 6-8 所示。

电池的负极是含有质量分数为 0.05～0.14 镉的镉汞齐，将其浸入硫酸镉溶液中，该溶液为 $CdSO_4 \cdot \frac{8}{3}H_2O$ 晶体的饱和溶液。其正极是 Hg(l)与 Hg_2SO_4(s)的糊状体，此糊状体也浸在硫酸镉的饱和溶液中。此电池的电极表示式

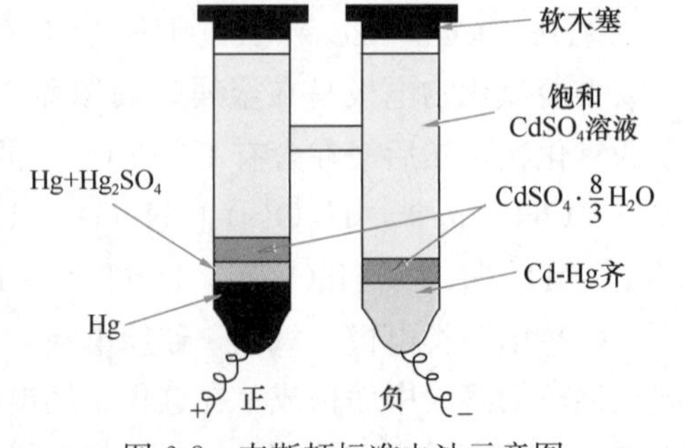

图 6-8 韦斯顿标准电池示意图

$$Cd \mid CdSO_4 \cdot \frac{8}{3}H_2O(s) \mid CdSO_4\text{饱和溶液} \mid Hg_2SO_4(s) \mid Hg(l)$$

其电极反应是

负极：$Cd(Hg)(a) \longrightarrow Cd^{2+} + 2e^- + nHg(l)$

正极：$Hg_2SO_4(s) + 2e^- \longrightarrow 2Hg(l) + SO_4^{2-}$

净反应：

$$Cd(Hg)(a) + Hg_2SO_4(s) + \frac{8}{3}H_2O \longrightarrow CdSO_4 \cdot \frac{8}{3}H_2O(s+nHg(l))$$

6.3.5　电池表示式

在纸上书写电池时，必须有一些方便而科学的表达式，那么一般的惯例，要注意以下几点：

(1) 电池的负极写在左边，起氧化作用，是阳极；正极写在右边，起还原作用，是阴极。

(2) 凡是不同物相的界面用单垂线“|”表示，包括电极与溶液的接界，同一种溶液但两种不同浓度之间的界面等。“¦”表示半透膜。

(3) 用“‖”表示盐桥，表示溶液与溶液之间的接界电势通过盐桥已经降低到可以忽略不计。

(4) 以化学式表示电池中各物质的组成，且注明物态（g，l，s等）。对气体注明压力和所依附的不活泼电极，对电解液应注明活度或浓度。还需标明温度和压力（如不写明，一般指 298.15K 和 $p^\ominus$）。

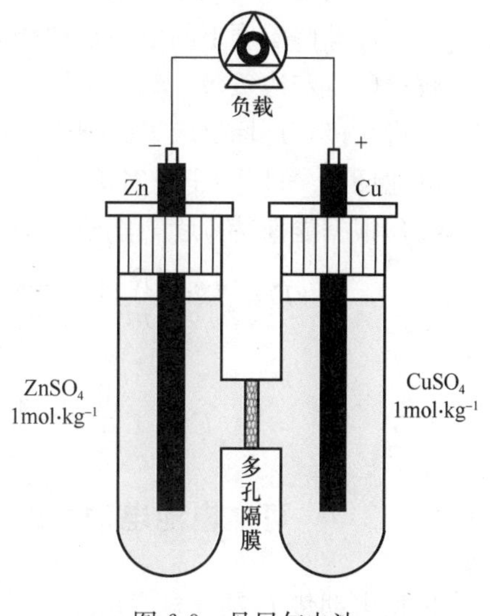

图 6-9　丹尼尔电池

书写电池时，按照从左到右的顺序把电池中存在的物质和相界面表示出来。按照上面的规定，如图 6-9 所示的丹尼尔（Daniell）电池的表示式为

$$Zn(s) \mid ZnSO_4(aq) \parallel CuSO_4(aq) \mid Cu(s)$$

6.3.6　能斯特方程

对于任一电池反应

$$cC + dD = gG + hH$$

根据化学反应等温式，上述反应的 $\Delta_r G_m$ 为

$$\Delta_r G_m = \Delta_r G_m^\ominus + RT \ln \frac{a_G^g d_H^h}{a_C^c a_D^d} \qquad (6\text{-}27)$$

由式 $\Delta_r G_m = -nEF$ 得

$$E = E^\ominus - \frac{RT}{nF} \ln \frac{a_G^g d_H^h}{a_C^c a_D^d} \qquad (6\text{-}28)$$

式（6-28）就是能斯特方程。式中，n 就是电极反应中得失的电子数；$E^\ominus$ 为所有参加反应的组分都处于标准状态时的电动势。当反应物或产物为气体时，活度 a 变为 p/p^θ；

为固体时，活度 a 的值为 1。在已知各物质的活度、分压和标准电池电动势 $E^\ominus$ 的情况下，可利用能斯特方程计算电池电动势。已知

$$\Delta_r G_m^\ominus = -nE^\ominus F \tag{6-29}$$

$\Delta_r G_m$ 与反应的标准平衡常数 $K_a^\ominus$ 的关系为

$$\Delta_r G_m^\ominus = -RT\ \ln K_a^\ominus \tag{6-30}$$

根据式（6-29）和式（6-30）可得

$$E^\ominus = \frac{RT}{nF}\ln K_a^\ominus \tag{6-31}$$

可通过标准电动势计算得出平衡常数 $K_a^\ominus$。

【例 6-3】 在 25℃时，电池 Pt ｜ H_2(100kPa) ｜ HCl(a_0=0.1) ｜ Cl_2(100kPa) ｜ Pt 的标准电动势 $E^\ominus$=1.358V。

（1）写出电极反应和电池反应；

（2）计算此温度下的电池电动势 E。

解：（1）左边负极，氧化反应　$H_2 - 2e^- = 2H^+$

右边正极，还原反应　$Cl_2 + 2e^- = 2Cl^-$

电池反应　$H_2 + Cl_2 = 2HCl$（$a_\pm$=0.1）

（2）根据能斯特方程，电池电动势为

$$E = E^\ominus - \frac{RT}{nF}\ln\frac{a_{HCL}^2}{\dfrac{p_{H_2}\,p_{Cl_2}}{p^\ominus p^\ominus}} = E^\ominus - \frac{RT}{nF}\ln a_{HCl}^2 = E^\ominus - \frac{RT}{nF}\ln a_\pm^4$$

$$E = 1.358 - \frac{4\times 8.314\times 298}{2\times 96500}\ln 0.1 = 1.476\text{V}$$

*6.3.7 可逆电池电动势的温度系数

根据电动势 E 及其温度系数$\left(\frac{\partial E}{\partial T}\right)_p$，求 $\Delta_r H_m$ 和 $\Delta_r S_m$ 的方法如下：

由热力学基本公式　$dG = -SdT + Vdp$

$$\left(\frac{\partial G}{\partial T}\right)_p = -S\left[\frac{\partial(\Delta G)}{\partial T}\right]_p = -\Delta S$$

已知 $\Delta_r G_m = -zEF$，则

$$\left[\frac{\partial(-zEF)}{\partial T}\right]_p = -\Delta_r S_m$$

所以

$$\Delta_r S_m = zF\left(\frac{\partial E}{\partial T}\right)_p \tag{6-32}$$

等温条件下，电池工作可逆热

$$Q_R = T\Delta_r S_m = zFT\left(\frac{\partial E}{\partial T}\right)_p \tag{6-33}$$

电动势 E 与电池反应的摩尔焓变 $\Delta_r H_m$ 的关系

$$\Delta_r H_m = \Delta_r G_m + T\Delta_r S_m = -zEF + zFT\left(\frac{\partial E}{\partial T}\right)_p \tag{6-34}$$

从实验室测得电池的可逆电动势和温度关系，就可求出反应的 $\Delta_r H_m$ 和 $\Delta_r S_m$ 值。

6.3.8 电极电势

1. 标准氢电极

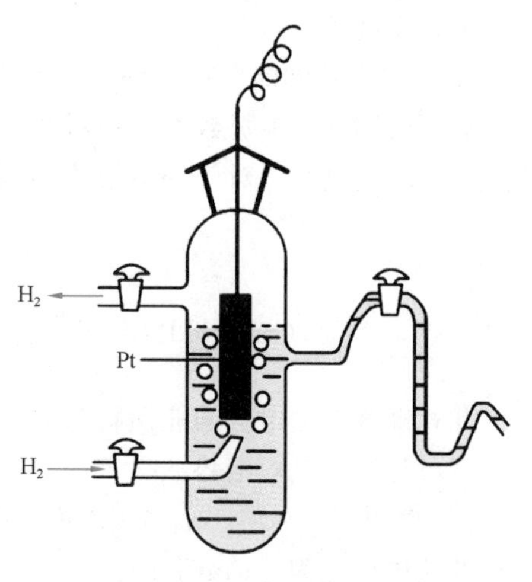

图 6-10　氢电极的结构

为了测定任意电极的相对电极电势数值，1953年国际纯粹与应用化学联合会（IUPAC）建议，采用标准氢电极作为标准电极，规定电极电势就是该电极与同温下的氢标准电极所组成的电池的电动势。氢电极的结构如图6-10所示，其工作原理是：把镀铂黑的铂片（用电镀法在铂片的表面上镀一层铂微粒）插入含有氢离子的溶液中，并不断用 H_2 冲击到铂片上，在氢电极上所进行的反应为

$$\frac{1}{2}H_2(g, p_{H_2}) \longrightarrow H^+ (a_{H^+}) + e^-$$

在一定的温度下，如果氢气在气相中的分压为 $p^\ominus$，且氢离子的活度等于1，即 $m_{H^+}=1mol \cdot kg^{-1}$，$\gamma_{H^+}=1$，$a_{m,H^+}=1$，则这样的氢电极就作为标准氢电极，标准氢电极的电极电势为零，$\varphi^\ominus_{[H^+|H_2(g)]}=0$。

2. 标准电极电势

对于任意给定的电极，使其与标准氢电极组合成原电池，标准氢电极作为发生氧化反应的负极，而给定电极作为发生还原反应的正极，电池表示式

$$Pt|H_2(g,100kPa)|H^+(a_{H^+}=1)\parallel \text{给定电极}$$

此原电池的电动势的数值和符号，就是该给定电极电势的数值和符号，用 φ 表示，还可在电极电势符号后注明氧化态与还原态，即 $\varphi(Ox|Red)$。φ 实际是指还原电势，当 φ 为正值时，表示该电极的还原倾向大于标准氢电极的还原倾向，实际进行的就是还原反应，即组成的电池是自发的。若 φ 为负值，则该电极实际进行的是氧化反应，与标准氢电极组成的电池是非自发的。

当给定电极中各组分均处在各自的标准态时（要求离子活度为1），相应的电极电势即标准电极电势，例如对于铜电极，可构成电池

$$Pt \mid H_2(p^\ominus) \mid H^+ (a_{H^+}=1) \parallel Cu^{2+}(a_{Cu^{2+}}=1) \mid Cu(s)$$

阳极：氧化（－）$H_2(p^\ominus) \longrightarrow 2H^+ (a_{H^+}=1)+2e^-$

阴极：还原（＋）$Cu^{2+}(a_{Cu^{2+}}=1)+2e^- \longrightarrow Cu(s)$

电池的净反应：$H_2(p^\ominus)+Cu^{2+}(a_{Cu^{2+}}=1)=Cu(s)+2H^+ (a_{H^+}=1)$

电池的电动势：$E=\varphi^\ominus_{Cu^{2+}|Cu}-\varphi^\ominus_{H^+|H_2}=\varphi^\ominus_{Cu^{2+}|Cu}$

实验测得电池的电动势为0.337V，为正值，电池自发进行。所以 $\varphi^\ominus_{Cu^{2+}|Cu}=0.337V$。根据这一方法，就可以得到其他电极的标准还原电极电势值。

电极电势的大小反映了电极上可能发生反应的次序。电极电势越小，越容易失去电子，越容易被氧化，是较强的还原剂；电极电势越大，越容易得到电子，越容易被还原，是较强的氧化剂。利用电极电势，在原电池中，就可以判断哪个作正极，哪个作负极。在电解池中，可以判断电极上发生反应的次序，阳极上电极电势小者先被氧化，阴极上电极

电势大者先被还原。

3. 电极电势的能斯特方程

如上所测电极电势数值是相对值，其实质是一特定电池的电动势。因此，能斯特方程也适用于电极电势，对任一电极的还原电极反应：氧化态$+ze^- \longrightarrow$还原态

$$a_{Ox} + ze^- \longrightarrow a_{Red}$$

$$\varphi(Ox \mid Red) = \varphi^{\ominus}_{(Ox|Red)} - \frac{RT}{zF}\ln\frac{a_{Red}}{a_{Ox}} = \varphi^{\ominus}_{(Ox|Red)} + \frac{RT}{zF}\ln\frac{a_{Ox}}{a_{Red}} \quad (6\text{-}35)$$

此式即为电极电势的能斯特方程，查表获得电极的标准还原电势值，再根据已知条件，就可计算出电极电势。

例如有电极　$Cl^-(a_{Cl^-}) \mid AgCl(s) \mid Ag(s)$

电极的还原反应为　$AgCl(s) + e^- \longrightarrow Ag(s) + Cl^-(a_{Cl^-})$

电极电势的计算为

$$\varphi_{Cl^-|AgCl|Ag} = \varphi^{\ominus}_{Cl^-|AgCl|Ag} - \frac{RT}{zF}\ln\frac{a_{Ag}a_{Cl}}{a_{AgCl}} = \varphi^{\ominus}_{Cl^-|AgCl|Ag} - \frac{RT}{F}\ln a_{Cl^-}$$

【例 6-4】 在 25℃时，电池 $Sn \mid Sn^{2+}(c=0.8mol \cdot L^{-1}) \parallel Pb^{2+}(c=0.4mol \cdot L^{-1}) \mid Pb$，求解：

（1）电极反应；

（2）化学电池反应式；

（3）化学电池反应的 E；

（4）电池反应的吉布斯函数变化；

（5）判断反应能否自发进行；

（6）电池反应的平衡常数。

解：（1）电极反应

$$(-)\ Sn - 2e^- \longrightarrow Sn^{2+}(c=0.8mol \cdot L^{-1})$$

$$(+)Pb^{2+}(c=0.4mol \cdot L^{-1}) + 2e^- \longrightarrow Pb$$

（2）化学电池反应

$$Sn + Pb^{2+}(c=0.4mol \cdot L^{-1}) \longrightarrow Sn^{2+}(c=0.8mol \cdot L^{-1}) + Pb$$

（3）化学电池反应的 E

$$E = E^{\ominus} - \frac{0.059}{2}\lg\frac{c_{Sn^{2+}}/c^{\ominus}}{c_{Pb^{2+}}/c^{\ominus}}$$

查附录 B，求得化学电池反应的标准电势为

$$E^{\ominus} = \varepsilon^{\ominus}_{+} - \varepsilon^{\ominus}_{-} = -0.1265 - (-0.1366) = 0.0101V$$

则当 $c^{\ominus}=1mol \cdot L^{-1}$时，$E=0.0101-\frac{0.059}{2}\lg\frac{0.8}{0.4}=0.0012V$

（4）吉布斯函数变化

$$\Delta G = -nFE = -2 \times 96500 \times 0.0012 = -231.6J$$

（5）因为 $\Delta G_{T,p}$ 为负值（E 为正值），故在恒温恒压无其他有用功下，反应能自发进行。

（6）电池反应的平衡常数

$$E^{\ominus}=\frac{RT}{nF}\ln K=\frac{0.059}{2}\lg K$$

$$\lg K=\frac{2E^{\ominus}}{0.059}=\frac{2\times 0.0101}{0.059}=0.3424$$

$$K=2.199$$

6.3.9 电动势测定的应用

通过测定原电池的电动势，能够求电池反应的热力学性质及其变化、电解质溶液的活度系数、难溶盐的溶度积、溶液的 pH 等。

1. 测定溶液的 pH

要测定某一溶液的 pH，可用氢电极和甘汞电极构成如下电池

Pt | $H_2(p^{\ominus})$ | 待测溶液 ‖ 甘汞电极

电极反应为 $\frac{1}{2}H_2-e^-=H^+$

该电池的电动势为

$$E=E_{甘汞}-E_{H^+|H_2}=E_{甘汞}-\left[E^{\ominus}_{H^+|H_2}-\frac{RT}{F}\ln\frac{(p_{H_2}/p^{\ominus})^{1/2}}{a_{H^+}}\right]$$

$$=E_{甘汞}+\frac{RT}{F}\ln\frac{1}{a_{H^+}}=E_{甘汞}+\frac{2.303RT}{F}(-\lg a_{H^+})$$

$$=E_{甘汞}+0.05916\text{pH}$$

$$\text{pH}=\frac{E-E_{甘汞}}{0.05916} \tag{6-36}$$

因此，测定该电池的电动势 E，就能求出待测溶液的 pH。

2. 电位滴定

滴定分析时，在滴定等当点时，溶液中被测离子的浓度要发生几个数量级的突变。在含有待分析离子的溶液中放入一个对该种离子可逆的电极和另一参比电极组成电池，然后在不断滴加滴定液的过程中，记录与所加滴定液体积相对应的电池电动势。随着滴定液的不断加入，被分析离子的浓度也不断变化，因此，电池电动势也随之不断变化。当接近滴定等当点时，少量滴定液的加入便可引起离子浓度改变很大，因此电池电动势也会突变。根据电池电动势的突变指示滴定终点，即可根据电动势突变时所对应的加入滴定液的体积，确定被分析离子的浓度，此法称为电位滴定。电位滴定可用于水质分析中的酸碱中和、沉淀生成及氧化还原等各类滴定反应。如果以电动势 E 对滴定液的体积 V 作图，可得电势滴定曲线，如图 6-11（a）所示。若在图 6-11（a）上求出 ΔV 及其对应的 ΔE 值，算出 $\Delta E/\Delta V$ 值，然后与对应 ΔV 作图，可得到图 6-11（b）。在图 6-11（b）中曲线有个尖锐的转折点，更为明确地确定出等当点。

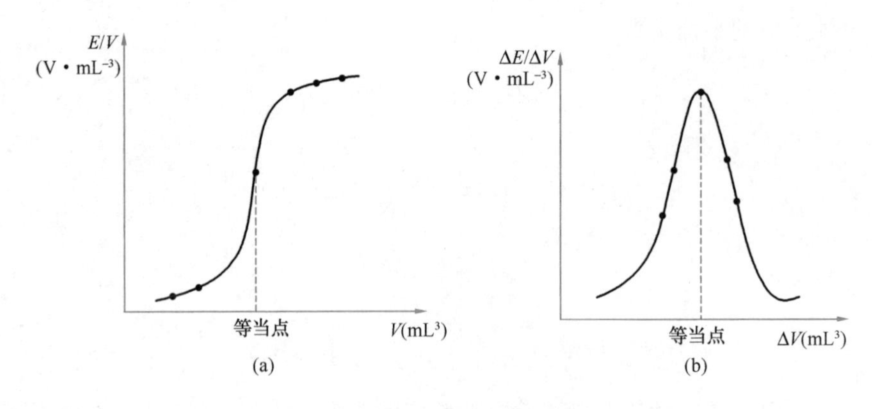

图 6-11　电位滴定曲线示意图

6.4　不可逆电极过程

前面所讨论的电极过程是在无限接近平衡条件下进行的，在这一条件下，电池中没有电流通过，电池发生的是可逆反应。而实际上，不论是原电池还是电解池，都有一定大小的电流通过电池，电极过程都是不可逆的，电极电势就将偏离平衡时的电极电势，这种现象称为极化。

6.4.1　分解电压

在电池外加一个直流电源，并逐渐增加电压致使电池中的物质在电极上发生化学反应，此为电解过程。实验表明，对任一电解槽进行电解时，随着外加电压的改变，通过该电解槽的电流也随之变化。如在浓度为 0.5mol・dm^{-3} 的 H_2SO_4 溶液中插入两个铂电极，如图 6-12 所示。图中 G 是安培计，V 是伏特计，R 是可变电阻。外加电压由零开始逐渐增大，同时记录相应的电流，绘出电流—电压曲线，如图 6-13 所示。开始时，外加电压很小，几乎没有电流通过；此后随着电压增加，电流缓慢增加。但当电压增加到某一数值后，电流随外加电压直线上升，同时两极出现气泡。

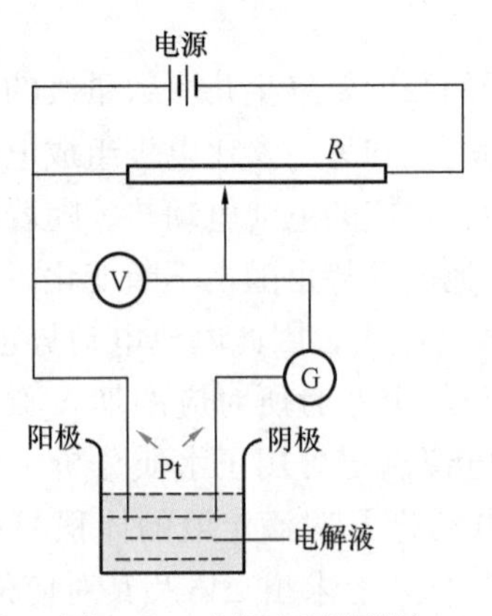

图 6-12　分解电压的测定

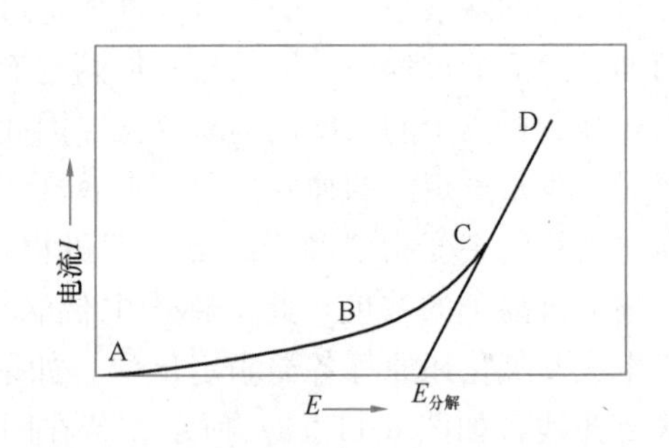

图 6-13　测定分解电压时的电流—电压曲线

在外加电压的作用下，溶液中的正负离子分别向电解池的阴阳两极迁移，并发生下列

电极反应

阴极：$2H^+(a_{H^+})+2e^- \longrightarrow H_2(g, p)$

阳极：$2OH^-(a_{OH^-}) \longrightarrow H_2O(l)+\frac{1}{2}O_2(g, p)+2e^-$

电解反应：$H_2O(l) \longrightarrow \frac{1}{2}O_2(g)+H_2(g)$

电解析出的 H_2 和 O_2 气体，分别吸附在两极的铂表面上，形成氢电极和氧电极，而构成的电池为

$$Pt \mid H_2(g) \mid 0.5mol \cdot dm^{-3}\ H_2SO_4 \mid O_2(g) \mid Pt$$

此电池的反应为

$$H_2(g)+\frac{1}{2}O_2(g) \longrightarrow H_2O(l)$$

此原电池与外加电压的方向相反，称为反电动势 E_b。因为电极表面氢气和氧气的压力远远低于大气的压力，微量的气体不仅不能离开电极而自由逸出，反而可能扩散到溶液中消失。由于电极上的产物扩散了，需要通入极小的电流使电极产物得到补充。增大外加电压，电极上就有氢气和氧气继续产生并向溶液中扩散，因而电流有少许增加，这一情况对应于图 6-13 曲线上的 AB 段。最后当电极产物 H_2 和 O_2 的浓度最大时，即与外压相等时，反电动势 E_b 增加到最大值。此后若再增加外压 $E_{外}-E_{b,max}=IR$，由于反动电势达到最大不再增加，则电流就直线上升，对应于图中的 CD 段。

将 CD 直线向下外延到电流强度为零时所得的电压就是 $E_{b,max}$，这就是使某电解质溶液能连续不断发生电解时所必需的最小外加电压，也称为电解质溶液的分解电压。那么，分解电压是否就等于原电池的可逆电动势 $E_{可逆}$ 呢？实验表明，实际的分解电压常常要大于理论计算的分解电压（即 $E_{可逆}$），见表 6-4。

在电解过程中，当外加电压达到某电解质溶液的分解电压，在电极上能够观察到某物质不断析出时，所对应的电极电势就称为该物质的析出电势。

几种电解质溶液的分解电压（以 Pt 为电极，$c_B=1mol \cdot L^{-1}$） **表 6-4**

电解质	电解产物	$E_{分解}$（V）	$E_{可逆}$（V）
HNO_3	H_2+O_2	1.69	1.23
H_2SO_4	H_2+O_2	1.67	1.23
H_3PO_4	H_2+O_2	1.70	1.23
NaOH	H_2+O_2	1.69	1.23
KOH	H_2+O_2	1.67	1.23
$NH_3 \cdot H_2O$	H_2+O_2	1.74	1.23
$ZnBr_2$	$Zn+Br_2$	1.80	1.87
HCl	H_2+Cl_2	1.31	1.37
$NiCl_2$	$Ni+Cl_2$	1.85	1.64
$CdSO_4$	$Cd+O_2$	2.03	1.26
$AgNO_3$	$Ag+O_2$	0.70	0.04

6.4.2 极化作用

根据上面所述，实际的电解过程都是在不可逆的情况下进行的，都有一定的电流通过电池，随着电极上电流密度的增加，电极反应的不可逆程度越来越大，其电势值对可逆电

势值的偏离越来越大。我们将电流通过电极时，电极电势偏离可逆电势的现象，称为电极的极化。为了表示不可逆程度的大小，通常把在某一电流密度下的电极电势 $\varphi_{不可逆}$ 与 $\varphi_{可逆}$ 之间的差值称为超电势或过电位，用 η 表示。

电解时，实际分解电压 $E_{分解}$ 一般都大于 $E_{可逆}$

$$E_{分解}=E_{可逆}+\Delta E_{不可逆}+IR \tag{6-37}$$

式中：$E_{可逆}$ 是原电池的可逆电动势，即理论分解电压；IR 为欧姆电势差，可以通过加粗导线、增加电解质的浓度，来降低 IR 使其达到可以忽略不计的程度。$\Delta E_{不可逆}$ 是由于电极极化引起的电势差。

$$\Delta E_{不可逆}=\eta_{阴}+\eta_{阳} \tag{6-38}$$

式中，$\eta_{阴}+\eta_{阳}$ 分别表示阴、阳极上的超电势。

根据极化产生的原因不同，可简单地划分为电化学极化和浓差极化两类。

1. 浓差极化

浓差极化是由于电解过程中电极附近溶液的离子浓度和本体溶液（指离开电极较远，浓度均匀的溶液）中的离子浓度差所引起的。

以 Zn^{2+} | Zn 为例，将两个锌电极插入到浓度为 c 的 $ZnSO_4$ 溶液中进行电解，在阴极附近的 Zn^{2+} 沉积到电极上去 [$Zn^{2+}+2e^- \longrightarrow Zn\ (s)$]，使得该处溶液中的 Zn^{2+} 浓度不断地降低。如果 Zn^{2+} 从本体溶液向阴极表面迁移的速率小，使电极表面液层中 Zn^{2+} 增加的速度小于电极反应消耗的速度，则在阴极附近 Zn^{2+} 浓度 c_e 势必比本体溶液的浓度 c_0 低。在一定的电流密度下，达到稳定状态后，溶液有一定的浓度梯度，此时 c_e 具有一定的稳定值，就好像是把电极浸入一个浓度较小的溶液中。由于浓差极化是因为离子在溶液中的扩散速度缓慢引起的，加强搅拌可减少浓差极化的影响，但由于电极表面滞流层的存在，不可能将其完全消除。

2. 电化学极化

假定溶液已搅拌均匀或者已设法使浓差极化降至忽略不计，同时又假定溶液的内阻以及各部分的接触电阻都很小，均可不予考虑，则从原则上看，要使电解质溶液进行电解，外加的电压只需略微大于因电解而产生的原电池的电动势就行。但实际上有些电解池并非如此，要使这些电解池的电解顺利进行，所加的电压就必须比该电池的反电动势要大。若电极上产生气体，其差异会更大。这是因为电极反应过程通常是按若干个具体步骤来完成的，其中最慢的一步将对整个反应过程起控制作用，需要较高的活化能。这种由于电化学反应本身的迟缓性而引起的极化，就称为电化学极化。由此而产生的超电势被称为电化学超电势或活化超电势。

在一定的电流密度下，每个电极的实际析出电势（即不可逆电极电势）等于可逆电极电势加上浓差超电势和电化学超电势，即

$$\varphi_{阳,析出}=\varphi_{阳,可逆}+\eta_{阳} \tag{6-39a}$$

$$\varphi_{阴,析出}=\varphi_{阴,可逆}-\eta_{阴} \tag{6-39b}$$

而整个电池的分解电压等于阴、阳两极的析出电势之差，即

$$E_{分解}=\varphi_{阳,析出}-\varphi_{阴,析出}=E_{可逆}+\eta_{阳}+\eta_{阴} \tag{6-40}$$

综上所述，极化的结果，使电解池阴极电势变得更负，使电解池的阳极电势变得更正。电极电势的大小与电流密度有关，描述电流密度与电极电势关系的曲线，就称为极化曲线。

6.4.3 极化曲线

图 6-14 是电解池和原电池通电时电流密度与电极电势关系的示意图（即电极的极化曲线）。在图 6-14（a）中，$\eta_{阳}$ 和 $\eta_{阴}$ 分别是电解池的阳极和阴极在一定电流密度下的超电势。因为电解池中阳极就是正极，阴极是负极，所以阳极电势高于阴极电势。由图 6-14 可见，电解时电流密度越大，超电势越大，则外加的电压也需增大，所消耗的能量也就越多。

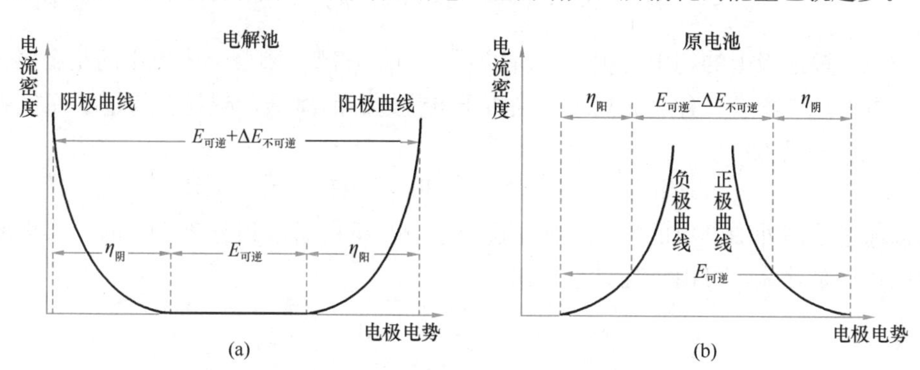

图 6-14 电解池和原电池中电流密度与电极电势的关系

（a）电解池；（b）原电池

在原电池中，阳极是负极，阴极是正极，阳极的电势要低于阴极，如图 6-14（b）所示。当原电池放电时，有电流在电极上通过，随着电流密度的增大，由于极化作用，负极（阳极）的电极电势越来越大（与可逆电势值相比），正极（阴极）的电极电势越来越小，两条曲线逐渐相互靠近，原电池的电动势逐渐减小，则所做的电功逐渐减小。

影响超电势的因素很多，如电极材料、电极的表面状态、电流密度、温度、电解质溶液的性质和浓度，以及溶液中的杂质等。1905 年，塔菲尔（Tafel）根据实验总结出氢气的超电势与电流密度 j 的定量关系，称为塔菲尔公式：

$$\eta = a + b\ln(j) \tag{6-41}$$

式中，a 和 b 为经验常数。

6.4.4 电解的析出顺序

对电解质的水溶液进行电解，当外加电压缓慢增加时，其阳极电势逐渐升高，阴极电势逐渐降低。从整个电解池来说，只要外加电压达到分解电压的数值，电解反应即进行；从各个电极的角度来说，只要电极电势达到对应离子的析出电势，则电解的电极反应就可以进行。若不考虑浓差极化，则阳极和阴极的极化电极电势可分别由式（6-39a）和式（6-39b）计算。

下面分别讨论电解时的阴极反应和阳极反应。

1. 阴极反应

当电解金属盐的水溶液时，在阴极上发生的是还原反应，即金属离子被还原成金属或 H^+ 被还原成 H_2。那么，究竟哪个先在阴极上析出？

【例 6-5】 以镉为阴极电解 $CdSO_4$ 溶液（设活度为 1）。阴极反应：

$$Cd^{2+}(a=1) + 2e^- \longrightarrow Cd(s) \qquad \varphi^{\ominus}_{Cd^{2+}|Cd} = -0.403V$$

问在中性溶液中，阴极上析出的物质是H_2还是金属镉？

解：若阴极上析出Cd

$$\varphi_{Cd^{2+}|Cd}^{析出}=\varphi_{Cd^{2+}|Cd}^{\ominus}=-0.403V$$

若阴极上析出氢气，则：

$$\varphi_{H_2}^{析出}=\varphi_{H^+|H_2}-\eta_{H_2}=0.05916\lg a_{H_+}-\eta_{H_2}=-0.414-\eta_{H_2}$$

由于氢在镉电极上的超电势很大，所以$\varphi_{cd^{2+}|Cd}^{析出}>\varphi_{H_2}^{析出}$，阴极上先析出的是金属镉。

如果电解液中含有多种金属离子，则析出电势越高的离子，越易获得电子而优先还原成金属，次序一般为：

$$Ag^+、Cu^{2+}>Zn^{2+}、Ni^{2+}、Fe^{2+}>H^+>Na^+、K^+$$

可以通过控制外加电压的大小，使金属离子分步析出而达到分离的目的。那么离子分离完全的标准是什么，可由下述计算得出

$$M^{z+}(a_+)+ze^-\longrightarrow M(s)$$

$$\varphi_{(M^{z+}|M)}^{阴}=\varphi_{(M^{z+}|M)}^{\ominus}-\frac{RT}{zF}\ln\frac{1}{a_{M^{z+}}}$$

设在金属离子还原过程中阳极的电势不变，设金属离子的起始和终了活度分别为$a_{m^+,1}$和$a_{m^+,2}$，则两者的电势差值为：

$$\Delta\varphi=\frac{RT}{zF}\ln\frac{a_{m^+,1}}{a_{m^+,2}}$$

为了使分离效果较好，后一种离子反应时，前一种离子的活度应减少到10^{-7}以下，这样离子才分离干净，那么要求两种离子的析出电势需相差一定的数值，可由式（6-42）计算得出

$$\Delta\varphi=\frac{RT}{zF}\ln10^{-7}\tag{6-42}$$

z金属的化合价，当

$$z=1,\ \Delta\varphi>0.41V$$

$$z=2,\ \Delta\varphi>0.21V$$

$$z=3,\ \Delta\varphi>0.14V$$

【例6-6】在298K和标准压强下，用电解沉积法分离Ag^+、Cu^{2+}和Cd^{2+}的混合溶液。已知Ag^+、Cu^{2+}和Cd^{2+}的质量摩尔浓度均为$1mol\cdot kg^{-1}$（设活度因子均为1），且无$H_2(g)$析出影响分离效果，试判断：（1）金属的析出顺序；（2）银、铜、镉三种金属是否能分离完全？

已知$\varphi^{\ominus}(Ag^+|Ag)=0.7996V$，$\varphi^{\ominus}(Cu^{2+}|Cu)=0.34V$，$\varphi^{\ominus}(Cd^{2+}|Cd)=-0.403V$

解：

（1）

若Ag开始析出时

$\varphi_{(Ag^+ \mid Ag)} = \varphi^{\ominus}_{(Ag^+ \mid Ag)} + 0.0591 \lg a(Ag^+) \approx 0.7996V$

Cu 开始析出时

$\varphi_{(Cu^{2+}|Cu)} = \varphi^{\ominus}_{(Cu^{2+}|Cu)} + 0.0296 \lg a(Cu^{2+}) \approx 0.34V$

Cd 开始析出时

$\varphi_{(Cd^{2+}|Cd)} = \varphi^{\ominus}_{(Cd^{2+}|Cd)} + 0.0296 \lg a(Cd^{2+}) \approx -0.403V$

因为 $\varphi^{\ominus}_{(Ag^+|Ag)} > \varphi^{\ominus}_{(Cu^{2+}|Cu)} > \varphi^{\ominus}_{(Cd^{2+}|Cd)}$ 且三种离子的质量摩尔浓度均为 $1mol \cdot kg^{-1}$，阴极上首先析出电极电势较大的金属，所以金属的析出顺序依次为 Ag 、Cu 、Cd。

(2)

当铜开始析出时，银离子的浓度为

$\varphi^{阴}_{(Ag^+|Ag)} = \varphi^{\ominus}_{(Ag^+|Ag)} + 0.0591 \lg a(Ag^+)$

$0.34 = 0.7996 + 0.0591 \lg \frac{m_{(Ag^+)}}{m^{\ominus}}$

$m_{(Ag^+)} = 1.67 \times 10^{-8} mol \cdot kg^{-1} < 1.0 \times 10^{-7} mol \cdot kg^{-1}$

当镉开始析出时，银、铜离子的浓度为

$\varphi^{阴}_{(Ag^+|Ag)} = \varphi^{\ominus}_{(Ag^+|Ag)} + 0.0591 \lg a(Ag^+)$

$-0.403 = 0.7996 + 0.0591 \lg \frac{m_{(Ag^+)}}{m^{\ominus}}$

$m_{(Ag^+)} = 4.48 \times 10^{-21} mol \cdot kg^{-1}$

$\varphi^{阴}_{(Cu^{2+}|Cu)} = \varphi^{\ominus}_{(Cu^{2+}|Cu)} + 0.0296 \lg a(Cu^{2+})$

$-0.403 = 0.34 + 0.0296 \lg \frac{m_{(Cu^{2+})}}{m^{\ominus}}$

$m_{(Cu^{2+})} = 7.92 \times 10^{-26} mol \cdot kg^{-1}$

综上所述，三种金属能够完全分离。

如果溶液中几种金属离子还原反应的极化电极电势近似相等，那么这几种金属离子可以同时沉积在阴极上，得到均匀的固溶体，这就是合金镀金的原理。如 Sn^{2+} 和 Pb^{2+} 浓度相同时，析出电势十分接近。只要对浓度稍加调整，就很容易在阴极上析出铅锡合金。

2. 阳极反应

在阳极发生的是氧化反应。析出电势越低的离子，越易在阳极上放出电子而被氧化。所以在电解时，在阳极电势逐渐由低变高的过程中，各种不同的离子依次析出，按电势由低到高的顺序先后放电发生氧化反应。如果阳极材料是 Pt 等惰性金属，则电解时的阳极反应只能使溶液中的离子放电，如负离子 Cl^-、Br^-、I^- 及 OH^- 等被氧化成 Cl_2、Br_2、I_2 和 O_2。一般的含氧酸根离子，如 SO_4^{2-}、PO_4^{3-}、NO_3^- 等因析出电势很高，水溶液中是不可能在阳极上放电的。如果阳极材料是 Zn、Cu 等相对活泼的金属，则电解时的阳极反应可能使电极溶解为金属离子。阳极反应放电的一般规律为

较活泼金属 $> I^-$、Cl^-、$Br^- > OH^- > SO_4^{2-}$、NO_3^-、PO_4^{3-}

【例 6-7】在 298K 和标准压强下，以 Ag（s）为电极，电解一含 Ag^+（$m_{(Ag^+)}=1mol\cdot kg^{-1}$）的中性溶液（pH=7），电解过程中超电势可忽略不计，设活度因子均为 1。试分别通过在酸性条件与碱性条件下的阳极反应，判断是银电极先发生变化，还是氧气先析出？

已知 $\varphi^{\ominus}(Ag^+ \mid Ag)=0.799V$，$\varphi^{\ominus}(OH^- \mid Ag_2O \mid Ag)=0.344V$

解：

（1）若按酸性条件处理，$O_2+4e^-+4H^+=2H_2O$

阳极上可能发生氧化的有

① $\frac{1}{2}O_2(p^{\ominus})+2H^+(a_{H^+}=10^{-7})+2e^- \rightarrow H_2O(l)$

$$\begin{aligned}\varphi(H^+,O_2 \mid H_2O) &= \varphi^{\ominus}(H^+,O_2 \mid H_2O)+\left(\frac{RT}{F}\right)\ln a(H^+)\\ &=1.229-0.05916pH\\ &=1.229-0.05916\times 7\\ &=0.815V\end{aligned}$$

② $Ag^+(a_{Ag^+}=1)+e^- \rightarrow Ag(s)$

$\varphi(Ag^+ \mid Ag)=\varphi^{\ominus}(Ag^+ \mid Ag)=0.799V$

在阳极上还原电极电势小的物质，先发生氧化。因此银电极先溶解

（2）若按碱性条件处理，$O_2+4e^-+2H_2O=4OH^-$

阳极上可能发生氧化的有

① $\frac{1}{2}O_2(p^{\ominus})+H_2O(l)+2e^- \rightarrow 2OH^-(a_{OH^-}=10^{-7})$

$$\begin{aligned}\varphi(O_2 \mid OH^-) &= \varphi^{\ominus}(O_2 \mid OH^-)-\left(\frac{RT}{F}\right)\ln a(OH^-)\\ &=0.401-\left(\frac{RT}{F}\right)\ln a(OH^-)\\ &=0.815V\end{aligned}$$

② $Ag_2O(s)+H_2O(l)+2e^- \rightarrow 2Ag(s)+2OH^-(a_{OH^-}=10^{-7})$

$$\begin{aligned}\varphi(OH^- \mid Ag_2O \mid Ag) &= \varphi^{\ominus}(OH^- \mid Ag_2O \mid Ag)-\left(\frac{RT}{F}\right)\ln a(OH^-)\\ &=0.344-\left(\frac{RT}{F}\right)\ln(10^{-7})\\ &=0.758V\end{aligned}$$

在阳极上还原电极电势较小的银电极先被氧化成 Ag_2O（s）

综上所述，银电极先溶解或生成 Ag_2O

6.5 化学电源

化学电源是将化学能转变为电能的装置。有实用价值的化学电源需要具备以下几个条件：

（1）电极物质及电解质有充分来源且价格低廉；

（2）电池电动势较高；

（3）放电时电压比较稳定；

（4）单位质量或单位体积电池所能输出的电能比较大。

由于化学电源品种繁多，按其使用的特点大体可分为如下两类：

（1）一次电池，即电池中的反应物在进行一次电化学反应放电后就不能再次使用了，如干电池、锌—空气电池等。燃料电池也可以认为是一种比较特殊的一次电池，在本节进行单独介绍。

（2）二次电池，可以多次反复使用，放电后可以充电使活性物质复原后能够再放电，如铅蓄电池等。

6.5.1　一次电池

锌锰干电池是人们在日常生活和实验中常用的一次电池。它的负极是锌，正极是被二氧化锰包围着的石墨电极，电解质是含氯化锌及氯化铵的糊状物，其结构如图 6-15 所示。

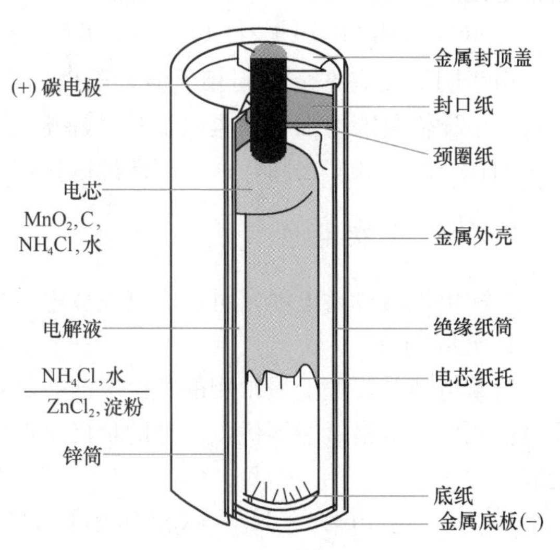

图 6-15　锌锰干电池

锌锰干电池根据电解质酸碱性质可分为酸性电池和碱性电池两类：

酸性锌锰干电池是以锌筒作为负极，并经汞齐化处理，使表面性质更为均匀，以减少锌的腐蚀，提高电池的储藏性能，正极材料是由二氧化锰粉、氯化铵及炭黑组成的一个混合糊状物。正极材料中间插入一根炭棒，作为引出电流的导体。在正极和负极之间有一层增强的隔离纸，该纸浸透了含有氯化铵和氯化锌的电解质溶液，金属锌的上部被密封。这种电池是 19 世纪 60 年代法国的勒克兰谢（Leclanche）发明的，故又称为勒克兰谢电池或炭锌干电池，可表示为

$$(-)Zn(s) \mid NH_4Cl(l,\ 20\%) \mid ZnCl_2(s) \mid MnO_2(s),\ C(+)$$

通常认为放电时，阴极反应为

$$2MnO_2(s)+2H_2O(l)+2e^- \longrightarrow 2MnO(OH)(s)+2OH^-(aq)$$

阳极反应为

$$Zn(s)+2NH_4Cl(l) \longrightarrow Zn(NH_3)_2Cl_2(l)+2H^+(aq)+2e^-$$

总的电池反应为

$$2MnO_2(s)+Zn(s)+2NH_4Cl(l) \longrightarrow 2MnO(OH)(s)+Zn(NH_3)_2Cl(l)$$

该电池的开路电压为 1.55～1.70V，具有多种型号（1 号～5 号），携带方便，适用于间歇式放电场合，另外其原材料丰富，价格低廉。但该类电池在使用过程中电压不断下降，不能提供稳定电压，且放电功率低，比能量小，低温性能差，在高寒地区只可使用碱性锌锰电池。

碱性锌锰电池简称碱锰电池，当用 KOH 电解质溶液代替 NH_4Cl 作电解质时，电池的比能量和放电电流都有显著的提高。它的电池表达式为

$$(-)Zn(s)|KOH(l),K_2[Zn(OH)_4](l)|MnO_2(s),C(+)$$

它的阴极反应为

$$MnO_2(s)+H_2O(l)+e^- \longrightarrow MnO(OH)(s)+OH^-$$

而 MnO(OH)在碱性溶液中有一定的溶解度

$$MnO(OH)(s)+H_2O(l)+OH^-(aq) \longrightarrow Mn(OH)_4^-(s)$$

$$Mn(OH)_4^-(s)+e^- \longrightarrow Mn(OH)_4^{2-}(aq)$$

阳极反应为

$$Zn(s)+2OH^-(aq) \longrightarrow Zn(OH)_2(s)+2e^-$$

$$Zn(OH)_2(s)+2OH^-(aq) \longrightarrow Zn(OH)_4^{2-}(s)$$

总的电池反应为

$$Zn(s)+MnO_2(s)+2H_2O(s)+4OH^-(aq) \longrightarrow Mn(OH)_4^{2-}(aq)+Zn(OH)_4^{2-}(s)$$

由于阴极反应不全是固相反应，阳极反应产物是可溶性的 $Zn(OH)_4^{2-}$，故内阻小，放电后电压恢复能力强。该类电池的开路电压为 1.5V，有较好的低温放电性能，工作温度范围在－20～60℃之间，适于高寒地区使用。

6.5.2 二次电池

二次电池又称蓄电池，可以反复充放电，主要可分为以下几类：

1. 铅蓄电池

铅蓄电池是工业上最常用的二次电池。其特点在于电池电动势较高、结构简单、使用温度范围大、价格低廉等优点。它的负极是海绵状铅，正极是涂有二氧化铅的铅板，其电池表示为

$$Pb(s) \mid H_2SO_4(\text{相对密度 } 1.22\sim1.28) \mid PbO_2(s) \mid Pb(s)$$

负极反应：$Pd(s)+SO_4^{2+} \longrightarrow PdSO_4(s)+2e^-$

正极反应：$PdO_2(s)+H_2SO_4(aq)+2H^+ +2e^- \longrightarrow PdSO_4(s)+2H_2O(l)$

总电池反应：

$$PbO_2(s)+2H_2SO_4(aq)+Pb(s) \underset{\text{充电}}{\overset{\text{放电}}{\rightleftharpoons}} 2PbSO_4(s)+2H_2O(l)$$

2. 镉镍电池

镉镍电池具有寿命长、低温性能好、耐充放电能力强、维护简单等优点；但其价格较贵、有污染。其电池表示为

$$Pb(s) \mid Cd(OH)_2(s) \mid KOH(s)(aq) \mid Ni(OH)_2(s) \mid NiOOH(s)$$

负极：$Cs(s)+2OH^- \longrightarrow Cd(OH)_2(s)+2e^-$

正极：$2NiOOH(s)+2H_2O(l)+2e^- \longrightarrow 2\beta-Ni(OH)_2(s)+2OH^-$

电池反应：$2NiOOH(s)+2H_2O(l)+Cd(s) \underset{\text{充电}}{\overset{\text{放电}}{\rightleftharpoons}} Cd(OH)_2(s)+2Ni(OH)_2(s)$

3. 锂离子电池

锂离子电池主要依靠锂离子在正极和负极之间移动来工作。充电时，Li^+ 从正极脱嵌，经过电解质嵌入负极；放电时则相反。手机和笔记本电脑使用的都是锂离子电池。如果以 $LiCoO_2$ 为正极，石墨为负极，充电过程的电极反应为

正极：$LiCoO_2 = Li_{1-x}CoO_2 + xLi + xe^-$

负极：$xLi^+ + xe^- + 6C \longrightarrow Li_xC_6$

电池总反应：$LiCoO_2 + C_6 \underset{充电}{\overset{放电}{\rightleftharpoons}} Li_{1-x}CoO_2 + Li_xC_6$

6.5.3　燃料电池

燃料电池是一个敞开系统，电极上所需要的物质（燃料和氧化剂）存在电池的外部。使用时，根据需要加入燃料，同时排出生成物，即与环境既有能量的交换，又有物质的交换。

燃料电池的负极由惰性电极和燃料组成，燃料可为氢气、甲烷、天然气等其他碳氢化合物；正极是惰性电极和氧气（或空气）。以氢作为燃料的氢—氧燃料电池（图 6-16）为例，当电解质是酸性介质时

阴极反应：$O_2 + 4H^+ + 4e^- \longrightarrow 2H_2O$

阳极反应：$2H_2 \longrightarrow 4H^+ + 4e^-$

电池净反应：$2H_2 + O_2 \longrightarrow 2H_2O$

在碱性介质中

阴极反应：$O_2 + 2H_2O + 4e^- \longrightarrow 4OH^-$

阳极反应：$2H_2 + 4OH^- \longrightarrow 4H_2O + 4e^-$

电池净反应：$2H_2 + O_2 \longrightarrow 2H_2O$

该电池电动势与氢气和氧气的分压有关。燃料电池作为一种高效且对环境友好的发电方式，既可用作民用电源，也可作为军事工业和宇宙航行，因此被广泛推广使用。

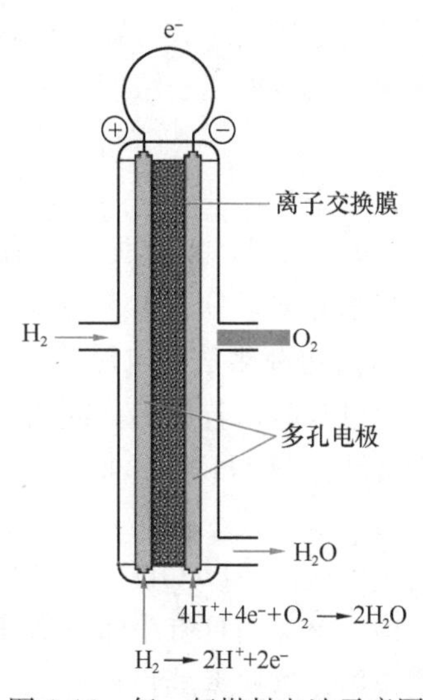

图 6-16　氢—氧燃料电池示意图

6.6　电化学过程在水质处理中的应用

可以利用电解的基本原理处理废水中的有害物质，即在电极上分别发生氧化和还原反应，将有害物质转化为无害物质以净化水质。

6.6.1　电解过程在水处理技术中的应用

1. 电解法

在电解过程中阳极发生氧化反应，用这种电解过程可以处理含酚废水、有机磷废水、纤维素废水等有机废水，实际是有机物的化学氧化过程，这个过程称为电解氧化法。

在阴极上发生还原反应，能使氧化型色素还原成无色（脱色），也可使重金属离子还原析出，这个过程称为电解还原法。电解法具有使用范围广、处理效果好、使用寿命长、成本低廉、操作维护方便等优点。

电解法最常见的应用在于处理含铬废水。处理含铬废水时电解池中铁板作为阴极和阳极。在电解作用下，在铁板阳极上铁板被氧化后，而在铁板阴极上则发生析氢的还原反应，同时，也使少量的六价铬还原成三价铬。其基本反应式

阳极区反应：$Fe-2e \longrightarrow Fe^{2+}$ （即铁板溶解）

得到的 Fe^{2+} 将 Cr^{6+} 还原成 Cr^{3+}：

$$Cr_2O_7^{2-}+6Fe^{2+}+14H^+ \longrightarrow 2Cr^{3+}+6Fe^{3+}+7H_2O$$

$$Cr_2O_4^{2-}+3Fe^{2+}+8H^+ \longrightarrow 3Cr^{3+}+3Fe^{3+}+4H_2O$$

$2OH^- - 2e^- \longrightarrow H_2O+\frac{1}{2}O_2$（较弱，但少量氧气会使阳极钝化）

阴极区反应：$2H^+ + 2e^- \longrightarrow H_2$ （有大量气泡产生）

$$Cr_2O_7^{2-}+6Fe^{2+}+14H^+ \longrightarrow 2Cr^{3+}+6Fe^{3+}+7H_2O$$

$$CrO_4^{2-}+3Fe^{2+}+8H^+ \longrightarrow Cr^{3+}+3Fe^{3+}+4H_2O$$

由上述反应式可知，电解过程消耗了大量的氢离子，因而被电解的溶液中氢离子浓度减少，氢氧根离子浓度增加，Cr^{3+} 和 Fe^{3+} 沉淀析出，其反应式如下

$$Cr^{3+}+3OH^- \longrightarrow Cr(OH)_3\downarrow \quad \text{蓝灰色}$$

$$Fe^{3+}+3OH^- \longrightarrow Fe(OH)_3\downarrow \quad \text{红棕色}$$

$Fe(OH)_3$ 易沉淀且具有凝聚、吸附作用，因而 $Cr(OH)_3$ 也随之沉淀。最后将沉淀物与水分离，分离出来的清水即可排放或回收，从而达到除去废水中有害 Cr^{6+} 的目的。

2. 电凝聚法和电浮选法

电解时，若用铝（或铁）板作为阳极，则阳极将发生溶解，Al^{3+} （或 Fe^{3+}）离子进入溶液。当 $pH>3.8$ 时，发生反应

$$Al^{3+}+3OH^- \longrightarrow Al(OH)_3$$

反应生成的 $Al(OH)_3$（或 $Fe(OH)_3$）是活性较大的带正电的胶体，且具有多孔性凝胶结构，该凝胶具有表面电荷作用，具有较强的吸附作用，还能对废水中的污染物起接触凝聚作用。这些絮凝物相对密度较小时就上浮分离，相对密度较大时就向下沉淀分离，就可以净化水。这种处理过程称为电凝聚法。

近年来，国内外多采用电凝聚法净水。电凝聚法可以有效地用于澄清、脱色、杀菌、去污染、除氯和软化水，以及除去重金属离子、多种有机物、放射性物质等杂质。此外，电凝聚法的装置还具有结构简单，操作维护方便，容易实现自动化等优点。

电解水时，将在阴极产生氢气泡，在阳极产生氧气泡。同时，气泡上升时会将黏附在气泡上的悬浮物或油分一起带到水面，在水面形成浮渣层，进一步用人工、机械方法定时刮去，这种处理过程通常称为电浮选法。

6.6.2 生物燃料电池

利用微生物的代谢作用可以制造生物燃料电池，这种方法也可以处理废水中有机污染物。从资源循环利用角度来看，有机废水中包含着一定浓度的易降解物质和可再生利用物质，如果能够从中回收能源和有用物质则不仅可以达到净化水质的作用，还可以获得一定的能源。

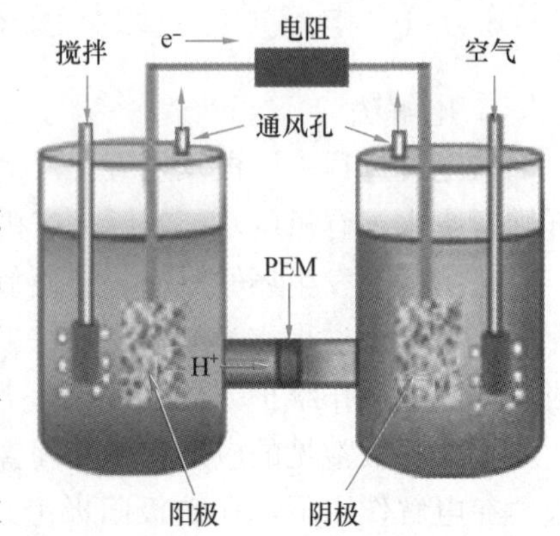

图 6-17 微生物燃料电池结构示意图

微生物燃料电池的基本原理是把原本在细胞内发生的氧化还原反应扩展到整个电池结构体系中。基本

构造如图6-17所示，分为阳极室、阴极室、质子交换膜和电解液。

有机物作为燃料在厌氧的阳极室中被微生物氧化，微生物细胞呼吸过程产生的质子穿过质子交换膜（PEM）到达阴极，电子通过外电路到达阴极，从而形成回路产生电流。其阳极与阴极的反应式如下：

阳极反应：$(CH_2O)_n + nH_2O \longrightarrow nCO_2 + 4ne^- + 4nH^+$

阴极反应：$4e^- + O_2 + 4H^+ \longrightarrow 2H_2O$

思 考 题

1. 简要说明电导、电导率和摩尔电导率的定义及其相互关系。
2. 电导率与浓度的关系，对弱电解质和强电解质有何不同？
3. 原电池中的负极和正极是怎么规定的？电极上发生的反应有何不同？
4. E 和 $E^{\ominus}$ 有何不同？是否都能用于计算平衡常数？
5. 试说明分解电压和离子析出电势的意义？

习 题

1. 在25℃时，某电导池采用电导率为0.2768S·m^{-1}的0.02mol·L^{-1}的KCl溶液时，测得其电阻为4364Ω，若放置另一溶液于此电导池中，测得其电阻为3050Ω，求：

（1）该电导池的电池常数$\left(K_{cell}或\dfrac{l}{A}\right)$；

（2）未知溶液的电导率。

（1208m^{-1}，0.3961S·m^{-1}）

2. 将0.1mol·L^{-1}的KCl溶液置于电导池中，在25℃时测得其电阻为24.36Ω。已知此溶液的电导率为1.1639S·m^{-1}，纯水的电导率为7.5×10^{-6}Ω^{-1}·m^{-1}。若在上述电导池中装入的是0.01mol·L^{-1}的醋酸，在25℃时测得其电阻为1982Ω，求0.01mol·L^{-1}醋酸的摩尔电导率Λ_m。

（1.43×10^{-3}Ω^{-1}·m^2·mol^{-1}）

3. 已知25℃时，0.02mol·dm^{-3}KCl溶液的电导率为0.2768Ω^{-1}·m^{-1}，若在电导池中装入这一溶液，此温度下测得其电阻为453Ω，若在同一电导池中装入同样体积的质量浓度为0.555g·dm^{-3}的$CaCl_2$溶液，测得电阻为1050Ω，求：

（1）电导池系数；

（2）$CaCl_2$溶液的电导率；

（3）$CaCl_2$溶液的摩尔电导率。

（125.4m^{-1}，0.1194S/m，0.02388S·m^2/mol）

4. 已知浓度为0.001mol·dm^{-3}的Na_2SO_4溶液的电导率为0.026Ω^{-1}·m^{-1}，已知$\Lambda_{m,Na^+} = 5.01\times10^{-3}$Ω^{-1}·m^2·mol^{-1}，$\Lambda_{m,\frac{1}{2}Ca^{2+}} = 5.9\times10^{-3}$Ω^{-1}·m^2·mol^{-1}。求$\Lambda_m(CaSO_4)$。

（0.028Ω^{-1}·m^2·mol^{-1}）

5. 已知25℃时水的离子积 $K_w=1.008\times10^{-14}$，NaOH、HCl和NaCl的 Λ_m^∞ 分别为0.024811 $S\cdot m^2\cdot mol^{-1}$，0.042616 $S\cdot m^2\cdot mol^{-1}$ 和0.012645 $S\cdot m^2\cdot mol^{-1}$，求25℃时纯水的电导率。

(5.500×10^{-6} S/m)

6. 在电镀光亮的镍中，若电流的效率为90%，采用3A电流在某零件上镀26.7g金属镍需要多少时间？ (9h)

7. 设某电镀锌车间，出锌量为1.114g/Ah，求电流效率。

(91%)

8. 在25℃时，有一由银电极浸入 $1mol\cdot L^{-1}$ $AgNO_3$ 溶液中和标准氢电极所组成的化学电池。当电池作用时，电极上将发生何种化学反应？计算化学电池反应的电势。

(0.8V)

9. 氨可以作为燃料电池的燃料，其电极反应及电池反应分别为

阳极：$NH_3(g)+3OH^-=\frac{1}{2}N_2(g)+3H_2O(l)+3e^-$

阴极：$\frac{3}{4}O_2(g)+\frac{3}{2}H_2O(l)+3e^-=3OH^-$

电池反应：$NH_3+\frac{3}{4}O_2(g)=\frac{1}{2}N_2(g)+\frac{3}{2}H_2O(l)$

试利用物质的标准摩尔生成吉布斯函数，计算该电池在25℃时的标准电动势。

(1.172V)

10. 写出下列各电池的电池反应，并写出以活度表示的电动势公式。

(1) $Pt|H_2\{p(H_2)\}|HCl\{a(HCl)\}|Hg_2Cl_2(s)|Hg$

(2) $Zn\mid Zn^{2+}\{a(Zn^{2+})\}\parallel Sn^{4+}\{a(Sn^{4+})\},\ Sn^{2+}\{a(Sn^{2+})\}\mid Pt$

$$\left(E=E^\ominus-\frac{RT}{2F}\ln\frac{a^2(H^+)a^2(Cl^-)}{p(H_2)/p^\ominus};E=E^\ominus-\frac{RT}{2F}\ln\frac{a(Sn^{2+})a(Zn^{2+})}{a(Sn^{4+})}\right)$$

11. 写出下列电池的电池反应和电动势的计算式。

$$Ag\mid AgCl(s)\mid HCl(b_1)\parallel HCl(b_2)\mid AgCl(s)\mid Ag$$

$$\left(E=E^\ominus-\frac{RT}{F}\ln\frac{b_2(Cl^-)}{b_1(Cl^-)}\right)$$

12. 已知下列电池（25℃）

$$Cd\mid Cd^{2+}(1mol\cdot L^{-1})\parallel I^-(1mol\cdot L^{-1})\mid I_2(s),\ Pt$$

(1) 写出电极反应和电池反应式。

(2) 计算该电池反应的标准电势。

($E^\ominus=0.938V$)

13. 若将铂作为阳极电解 $0.5mol\cdot L^{-1}$ H_2SO_4 溶液（即 H^+ 离子浓度为 $1mol\cdot L^{-1}$）$E_{d(分解)}=2.69V$，求 H_2 在铅阴极上的超电势。（设 $\eta_{Pt}^{O_2}=0.46V$） (1.000V)

14. 已知25℃时 $E^\ominus$ ($Fe^{3+}\mid Fe$) $=-0.330V$，$E^\ominus$ ($Fe^{3+}\mid Fe^{2+}$) $=0.770V$，求25℃时电极 $Fe^{2+}\mid Fe$ 的标准电极电势 $E^\ominus$ ($Fe^{2+}\mid Fe$)。

(−0.440V)

15. 某溶液中含有 Fe^{2+} ($1mol\cdot L^{-1}$) 和 Zn^{2+} ($1mol\cdot L^{-1}$)，H_2 在铁电极上的超电

势为 0.4V，今用此溶液镀铁，要使 H^+ 变成 H_2，而不使 Zn^{2+} 变成 Zn 沉积，求溶液的 pH（25℃时，$E^{\ominus}$（Zn^{2+}，Zn）＝－0.763V）？

（pH＜6.2）

16. 电池 Pt | H_2（g，100kPa）| 待测 pH 的溶液 | 1mol・dm^{-3}KCl | Hg_2Cl_2（s）| Hg 在 298.15K 时测得电动势 E＝0.664V，求待测溶液的 pH（4（Cl^- | Hg_2Cl_2 | Hg）＝0.2799V）。

（6.49）

17. 电池 Pb | $PbSO_4$（s）| $Na_2SO_4 \cdot 10H_2O$ 饱和溶液 | Hg_2SO_4（s）| Hg 在 25℃ 时电动势为 0.9647V，电动势的温度系数为 $1.74 \times 10^{-4} V \cdot K^{-1}$。

（1）写出电池反应；

（2）计算 25℃时该反应的 $\Delta_r G_m$、$\Delta_r S_m$、$\Delta_r H_m$，以及电池恒温可逆放电时该反应过程的 $Q_{r,m}$。

（$-93.08 kJ \cdot mol^{-1}$，$16.79 J \cdot K^{-1} \cdot mol^{-1}$，$-88.30 kJ \cdot mol^{-1}$，$5.005 kJ \cdot mol^{-1}$）

18. 有电池 Pt | H_2（$p^{\ominus}$）| H^+（a_{H^+}）‖ OH^-（a_{OH^-}）| O_2（$p^{\ominus}$）| Pt，在 298K 时，电池的标准电动势 $E^{\ominus}$＝0.40V，$\Delta_f G_m^{\ominus}$（H_2O，l）＝－237.13kJ・mol^{-1}，求这时 $H_2O \longrightarrow H^+ (a_{H^+}) + OH^- (a_{OH^-})$ 的离子积常数 $K_w^{\ominus}$ 的值。

（9.5×10^{-15}）

19. 试设计一个电池，使其中进行下述反应

$$Fe^{2+}(a_{Fe^{2+}}) + Ag^+(a_{Ag^+}) \longrightarrow Ag(s) + Fe^{3+}(a_{Fe^{3+}})$$

（1）写出电池的反应式；

（2）计算上述电池反应在 298K，反应进度 ξ 为 1mol 时的平衡常数 $K_a^{\ominus}$；

（3）若将过量磨细的银粉加到浓度为 0.05mol・kg^{-1}的 Fe（NO_3）$_3$ 溶液中，求当反应达平衡后 Ag^+ 的浓度为多少（设活度系数均等于 1）？

（2.988，0.0442mol・kg^{-1}）

20. 列式表示下列两组电极中每级标准电极电势 $\varphi^{\ominus}$ 之间的关系：

（1）$Fe^{3+} + 3e^- \longrightarrow Fe(s)$，$Fe^{2+} + 2e^- \longrightarrow Fe(s)$，$Fe^{3+} + e^- \longrightarrow Fe^{2+}$

（2）$Sn^{4+} + 4e^- \longrightarrow Sn(s)$，$Sn^{2+} + 2e^- \longrightarrow Sn(s)$，$Sn^{4+} + 2e^- \longrightarrow Sn^{2+}$

21. 在 298K 和标准压强下以 Pt 为阴极，C(石墨)为阴极，电解含 $CdCl_2$(0.01mol・kg^{-1})和 $CuCl_2$(0.02mol・kg^{-1})的水溶液。若电解过程中超电势可忽略不计，试问：

(1)哪种金属首先在阴极析出？

(2)第二种金属开始析出时，前一种金属剩下的浓度为多少(设活度因子均为 1)？

（Cu，1×10^{-27}mol・kg^{-1}）

22. 在 298K 和标准压强时，电解含有 $Ag^+(a_{Ag^+}=0.05)$，$Fe^{2+}(a_{Fe^{2+}}=0.01)$，$Cd^{2+}(a_{Ca^{2+}}=0.001)$，$H^+(a_{Hi^+}=0.001)$的混合溶液，并设 a_{Hi^+} 不随电解的进行而变化，又已知 H_2(g)在 Ag(s)，Fe(s)和 Cd(s)上的超电势分别为 0.20V，0.18V 和 0.30V。当外加电压从零开始逐渐增加时，试用计算说明在阴极上析出物质的顺序。

（Ag^+、H^+、Cd^{2+}、Fe^{2+}）

第 7 章　化学动力学基础

对任何反应都必须同时研究反应的热力学和动力学。反应热力学确定反应进行的可能性、方向和限度，但不能确定反应的速率。如热力学计算表明，在室温常压下煤的氧化反应属热力学不稳定体系

$$C(s)+O_2(g)=CO_2(g);\ \Delta_f G^{\ominus}=-395.39,\ kJ\cdot mol^{-1}$$

尽管氧化反应的趋势很大，但由于反应速率极慢，以至于不易观测到其发生。对热力学分析表明可能进行的反应，必须进行动力学的分析。化学动力学是从原子和分子的性质与速度关系出发研究化学反应的机理和速率，确定反应路径、影响因素等问题，从而达到控制化学反应的目的。

7.1　化学反应速率的基本规律

7.1.1　基元反应

基元反应是构成化学反应的基本步骤；其定义为，反应物分子经过一次碰撞直接转化为生成物的化学反应。实际上，大多数化学反应都不是基元反应，是复杂反应。

7.1.2　反应速率的表达方式

反映化学反应速率和浓度关系的规律称质量作用定律，它是通过实验现象总结出来的化学反应的客观规律，又称经验速率定律。严格地讲，它只适用于基元反应。化学反应速率与浓度的关系一般都要由实验来确定。

设在一个体积为 V 的封闭体系内发生如下化学反应

$$aA+bB=dD$$

在 dt 时间内，物质 A，B，D 量的变化分别为 dn_A，dn_B，dn_D，则它们随时间的变化率为 $\frac{dn_A}{dt}$，$\frac{dn_B}{dt}$，$\frac{dn_D}{dt}$，根据反应的定量关系，这些变化率之间存在着如下的比例关系

$$-\frac{1}{a}\frac{dn_A}{dt}=-\frac{1}{b}\frac{dn_B}{dt}=\frac{1}{d}\frac{dn_D}{dt}=\frac{d\xi_B}{dt}$$

恒容时，因为 $n=c\cdot V$，有 $dn_A=d(Vc_A)=Vdc_A$，$dn_B=d(Vc_B)=Vdc_B$，$dn_D=d(Vc_D)=Vdc_D$，则定义化学反应速率

$$\nu=\frac{d\xi}{dt}\frac{1}{V}=-\frac{1}{a}\frac{1}{V}\frac{dn_A}{dt}=-\frac{1}{b}\frac{1}{V}\frac{dn_B}{dt}=\frac{1}{d}\frac{1}{V}\frac{dn_D}{dt}$$

$$\nu=-\frac{1}{a}\frac{dc_A}{dt}=-\frac{1}{b}\frac{dc_B}{dt}=\frac{1}{d}\frac{dc_D}{dt}\tag{7-1}$$

反应速率可用单位时间内反应物浓度的减少，或生成物浓度的增加来表示；负号表示浓度

的减少。

例如，在铂催化合成氨反应 $N_2(g) + 3H_2(g) = 2NH_3(g)$的反应速率为

$$\nu = -\frac{dc_{N_2}}{dt} = -\frac{1}{3}\frac{dc_{H_2}}{dt} = \frac{1}{2}\frac{dc_{NH_3}}{dt}$$

化学反应速率的单位是“浓度/时间”。常用的浓度单位是“$mol \cdot m^{-3}$”或“$mol \cdot dm^{-3}$”，时间单位要根据反应的快慢进行选择，通常是“s”、“min”或“h”。

对于气相反应，若把气体当作理想气体处理时，依据状态方程 $pV=nRT$，得到气相反应物浓度 $c= n/V = p/RT$。因为化学反应通常都是在恒定温度下进行的，气相物质的浓度正比于分压，所以，对气相反应通常用物质的分压来表示化学反应的速率，即

$$\frac{dc}{dt} = \frac{d}{dt}\left(\frac{p}{RT}\right) = \frac{1}{RT}\frac{dp}{dt}$$

7.1.3　质量作用定律与反应级数

对于一般化学反应，反应的速率方程可写为

$$\nu = kc_A^{\alpha} c_B^{\beta} c_C^{\gamma} \cdots\cdots \qquad (7\text{-}2a)$$

式中：ν 代表反应速率；c_A，c_B、c_C，……代表反应系统中物质 A，B，C……的浓度，它们可以是反应物、产物或者是催化剂等；α，β，γ……分别代表 A，B，C……物质对化学反应速率的影响程度，称为分级数，分级数可以是整数、分数或负数，负数代表该物质对反应起阻滞作用。

$\alpha+\beta+\gamma+\cdots\cdots= n$ 称为总级数。

当 $n=1$ 时的化学反应称为一级反应，当 $n=2$ 时的反应称为二级反应，当 $n=3$ 时的反应称为三级反应，依此类推。

质量作用定律的定义是，基元反应的速率与反应物浓度的适当方次（是指各个反应物在反应方程式中的化学计量数）成正比。式（7-2a）称为质量作用定律表达式。

对于一步直接生成产物的基元反应，其化学反应方程式直接揭示反应的历程，其反应速率表达式为：

$$aA + bB + dD \longrightarrow \varepsilon P$$

$$\nu = kc_A^{a} c_B^{b} c_D^{d} \qquad (7\text{-}2b)$$

此时，a，b，d……分别代表反应物 A，B，D……化学计量数，也就是说，总反应级数等于各反应物化学计量数之和。

对于非基元反应，反应方程式仅反映物质消耗和生成的化学计量关系，不代表反应的机理。其中有些反应可以与基元反应一样，由式（7-2b）的质量作用定律表示，但有些反应就不能用其表示。

例如，五氧化二氮的分解反应 $2N_2O_5(g) \longrightarrow 4NO_2(g) + O_2(g)$，反应物的化学计量数是 2，但实验测量的数据表明这个反应为一级反应，即反应速率方程为 $\nu=kc_{N_2O_5}$。

又如由氢气和氯气合成氯化氢的反应 $H_2(g) + Cl_2(g) = 2HCl(g)$，反应的速率方程为 $\nu_{HCl}=\frac{dc_{HCl}}{dt}=kc_{H_2}c_{Cl_2}^{1/2}$，即反应为 1.5 级。

所以对于复杂反应，反应级数 α，β，γ 的数值必须从反应动力学数据获得，不能简单

地采用方程中的化学计量数来代表反应级数。

总之，只有对基元反应可按质量作用定律直接写出反应的速率方程。

7.2 简单反应的速率表达

7.2.1 零级反应

反应 $A \xrightarrow{k_A} P$ 是零级反应，反应的速率方程为

$$\nu_A = -\frac{dc_A}{dt} = k_A c_A^0 = k_A$$

式中，c_A 代表反应物 A 的浓度，上标 0 代表 c_A 的零次幂。因此，零级反应的速率是常数。在时间区间 $0 \longrightarrow t$，浓度区间 $c_{A0} \longrightarrow c_A$ 范围内对上式积分，即：

$$-\int_{c_{A0}}^{c_A} dc_A = \int_0^t k_A dt$$

得
$$c_{A0} - c_A = k_A t \tag{7-3}$$

式(7-3)表明，零级反应的反应物浓度与时间呈线性关系，随着反应时间的延长，反应物浓度线性下降，即 c_A 对 t 作图是斜率为 $-k_A$ 的直线，k_A 是反应的速率常数。零级反应的速率常数 k_A 的单位是“浓度 · (时间)$^{-1}$”，当浓度单位是“$mol \cdot m^{-3}$”，时间的单位是“s”时，反应速率常数的单位是“$mol \cdot m^{-3} \cdot s^{-1}$”。

反应的半衰期是反应物浓度消耗一半时所用的时间，是表征反应特征的量，用符号 $t_{\frac{1}{2}}$ 表示。

将 $c_A = \frac{1}{2} c_{A0}$ 代入式(7-3)中，求出零级反应的半衰期 $t_{\frac{1}{2}} = \frac{c_{A0}}{2k_A}$，即零级反应的半衰期与初始反应物浓度成正比，与速率常数成反比。初始反应物浓度越大，反应的半衰期越长。零级反应常出现在催化反应以及外场作用下的化学反应系统中。

综上所述，零级反应的三个特征是：

(1) 反应速率与反应物浓度无关；

(2) 反应物浓度的变化与时间成正比；

(3) 半衰期与初始反应物浓度的 1 次方成正比。

7.2.2 一级反应

设一级反应 $A \longrightarrow P$ 的速率方程为

$$-\nu_A = -\frac{dc_A}{dt} = k_A c_A$$

在时间 $0 \longrightarrow t$，浓度 $c_{A0} \longrightarrow c_A$ 范围作积分，即

$$-\int_{c_{A0}}^{c_A} \frac{dc_A}{c_A} = \int_0^t k_A dt$$

积分表达式
$$\ln \frac{c_{A0}}{c_A} = k_A t \tag{7-4a}$$

$$\ln c_{A0} - \ln c_A = k_A t \tag{7-4b}$$

或写为指数形式
$$c_A = c_{A0} e^{-k_A t} \tag{7-4c}$$
式（7-4c）表明，对一级反应，反应物浓度随时间呈指数衰减，反应物浓度取对数后对时间作图是一条直线（见式 7-4b)，直线的斜率等于速率常数 k_A 的负值。

从积分式（7-4a）可知，一级反应速率常数的单位是时间的倒数。将 $c_A = \frac{1}{2} c_{A0}$ 代入式（7-4a）中，得到一级反应的半衰期 $t_{\frac{1}{2}} = \frac{\ln 2}{k_A}$。一级反应的半衰期与初始反应物的浓度无关，即无论初始反应物浓度是多少，反应的半衰期都是相同的。

综上所述，一级反应的三个特征是：

(1) 反应速率与反应物浓度的 1 次方成正比；

(2) 反应物浓度的对数与时间成正比；

(3) 半衰期与初始反应物浓度无关。

7.2.3　二级反应

设某二级反应　　$2A \longrightarrow C$ 或 $A + B \longrightarrow C$

二级反应的速率方程为
$$-\frac{dc_A}{dt} = k_A c_A^2 \tag{7-5}$$
或
$$-\frac{dc_A}{dt} = k_A c_A c_B \tag{7-6}$$
式（7-5）表示的速率方程是反应速率与一种物质浓度的平方成正比，式（7-6）表示的速率方程是反应速率与两种物质浓度的各 1 次方成正比，都是二级反应。当反应方程式中反应物 A 和 B 的化学计量数相等，并且反应物 A 和 B 的初始浓度相同时，式（7-6）可简化为式（7-5)；若化学计量数不相同或反应物的初始浓度不同时，式（7-6）与式（7-5）有不同的积分形式。对式（7-5）积分，即
$$-\int_{c_{A0}}^{c_A} \frac{dc_A}{c_A^2} = \int_0^t k_A dt$$
得
$$\frac{1}{c_A} - \frac{1}{c_{A0}} = k_A t \tag{7-7}$$
式（7-7）表明，对二级反应来说，反应物浓度的倒数与时间是直线关系，直线的斜率等于速率常数 k_A。二级反应速率常数的单位是“(浓度·时间)$^{-1}$”，半衰期为 $t_{\frac{1}{2}} = \frac{1}{c_{A0} k_A}$，半衰期与反应物初始浓度成反比，反应物初始浓度越大，半衰期越短。

综上所述，二级反应的特征是：

(1) 反应速率与反应物浓度的平方成正比；

(2) 反应物浓度的倒数与时间成正比；

(3) 半衰期与初始反应物浓度的负 1 次方成正比。

7.2.4　*n* 级反应

最简单的 n 级反应的速率可表示为下列形式

$$-\frac{dc_A}{dt}=k_A c_A^n，式中 n\neq 1$$

在浓度区间 $c_{A0}\longrightarrow c_A$ 积分，得

$$\frac{1}{n-1}\left(\frac{1}{c_A^{n-1}}-\frac{1}{c_{A0}^{n-1}}\right)=k_A t \tag{7-8}$$

表明对 n 级反应，反应物浓度的（$n-1$）次幂的倒数与时间呈直线关系，直线的斜率等于反应的速率常数 k_A，且速率常数的单位是（浓度）$^{1-n}$·（时间）$^{-1}$。

将 $c_A=\frac{1}{2}c_{A0}$ 代入到 n 级反应速率定律的积分式（7-8）中，得到 n 级反应的半衰期为

$$t_{\frac{1}{2}}=\frac{2^{n-1}-1}{(n-1)k_A c_{A0}^{n-1}} \tag{7-9}$$

式（7-9）对一级反应不适用。式（7-9）建立了反应物的初始浓度、半衰期、反应的速率常数及级数之间的关系。

综上所述，n 级反应的三个特征为：

（1）反应速率与反应物浓度的 n 次方成正比；

（2）反应物浓度的 $n-1$ 次方的倒数与时间成正比；

（3）半衰期与初始反应物浓度的 $n-1$ 次方的倒数成正比。

7.3 几类典型的复杂反应

简单反应是指在反应进行过程中只有一个反应，向一个方向进行；如 A ⟶ B 或 A+B ⟶ C 等。复杂反应是由两个或两个以上的基元反应以不同形式组合而成的，而这些基元反应各自服从质量作用定律和阿累尼乌斯（Arrhenius）公式，彼此互不影响；亦即体系中物质浓度的变化率等于各基元反应中该物质浓度变化率的代数和。因此复杂反应的速率方程相对而言比较复杂，这里只介绍三种典型的复杂反应。

7.3.1 对峙反应

对峙反应是正反应和逆反应同时进行的反应。在对峙反应中，反应物转变为产物的同时，产物也转化为反应物，两个相反方向的反应同时进行。所有化学反应理论上都应该是对峙反应，只有当逆反应速率很慢，可以忽略不计时，反应就变成了单向反应。

一级可逆反应是指在反应进行时，正反应和逆反应同时进行，均为一级，且逆反应是不可忽略的反应。反应可表示为

$$A \rightleftharpoons B$$

令正、逆反应的速率常数分别为 k_1、k_{-1}。反应开始时，反应物 A 的浓度为 c_{A0}，产物 B 的浓度等于零。当反应进行到 t 时刻时，反应物浓度等于 $c_A=c_{A0}-x$，产物 B 的浓度等于 x，此时正反应的速率是 k_1（$c_{A0}-x$），逆反应的速率是 $k_{-1}x$，化学反应的速率等于正反应和逆反应速率之差，即

$$\nu=-\frac{dc_A}{dt}=\frac{dx}{dt}=k_1(c_{A0}-x)-k_{-1}x$$

在 $0\longrightarrow x$ 浓度范围积分

$$\int_0^x \frac{dx}{k_1(c_{A0}-x)-k_{-1}x}=\int_0^t dt$$

得
$$\ln c_{A0}-\ln\left(c_{A0}-\frac{k_1+k_{-1}}{k_1}x\right)=(k_1+k_{-1})t \tag{7-10}$$

式（7-10）表明了一级对峙反应反应物浓度消耗的量 x 与时间的变化关系。

当对峙反应达到平衡时，反应的速率等于零，即$\frac{dx}{dt}=0$，令 x_e 代表平衡时的 x 值，则

$$\frac{dx}{dt}=k_1(c_{A0}-x_e)-k_{-1}x_e=0$$

即
$$k_1(c_{A0}-x_e)=k_{-1}x_e$$

整理得
$$\frac{x_e}{c_{A0}-x_e}=\frac{k_1}{k_{-1}}=K_c \tag{7-11}$$

式中，K_c 是用浓度表示的一级对峙反应的平衡常数，等于正反应和逆反应的速率常数之比。

经代数变换后可知 $c_{A0}=\frac{k_1+k_{-1}}{k_1}x_e$，并将其代入一级对峙反应速率定律的积分表达式（7-10）中，便得到一级对峙反应的速率方程式（7-12）

$$\ln\frac{x_e}{x_e-x}=(k_1+k_{-1})t \tag{7-12}$$

一级对峙反应以达到平衡为特征，在速率定律的积分中出现了平衡浓度 x_e，且ln（x_e-x）对时间作图呈直线关系，直线的斜率等于正反应、逆向反应的速率常数之和的负数。一级对峙反应的半衰期 $t_{\frac{1}{2}}=\frac{\ln 2}{k_1+k_{-1}}$，与初始反应物的浓度无关。此式可以用 $x=\frac{1}{2}c_{A0}$ 代入式（7-11）中得到。

7.3.2　平行反应

平行反应又称主副反应。在平行反应中，一个反应物参与多个反应，生成多个产物。例如，丙烷裂解反应是平行反应，两个反应均以丙烷作为反应物，两个产物分别是 C_2H_4 和 C_3H_6。

$$C_3H_8(g)\longrightarrow C_2H_4(g)+CH_4(g)$$
$$C_3H_8(g)\longrightarrow C_3H_6(g)+H_2(g)$$

通常将反应速率快，产量多的反应称为主反应，余者为副反应。这里仅以一级平行反应为例进行分析，讨论其速率方程及其积分表达式。

设一级平行反应为

$$A\begin{cases}\xrightarrow{k_1} B\\ \xrightarrow[k_2]{} C\end{cases}$$

令 c_{A0} 和 c_A 分别代表反应开始时和 t 时刻反应物 A 的浓度，t 时刻产物 B 和 C 的浓度分别用 c_B 和 c_C 表示。两个反应的速率方程分别为

$$\nu_B=\frac{dc_B}{dt}=k_1c_A \tag{7-13}$$

$$\nu_C = \frac{dc_C}{dt} = k_2 c_A \tag{7-14}$$

因此，用反应物A的消耗速率表示总反应的速率时，总反应的速率是两个平行反应的速率之和，即

$$\nu_A = -\frac{dc_A}{dt} = k_1 c_A + k_2 c_A = (k_1 + k_2) c_A$$

在 $c_{A0} \longrightarrow c_A$ 浓度区间内积分，得式（7-15a）和式（7-15b）

$$c_A = c_{A0} e^{-(k_1+k_2)t} \tag{7-15a}$$

$$\ln\frac{c_{A0}}{c_A} = (k_1 + k_2)t \tag{7-15b}$$

即一级平行反应中，反应物浓度随时间按指数衰减，与简单一级反应的积分表达式有相同的变化规律。将 $c_A = c_{A0} e^{-(k_1+k_2)t}$ 代入式（7-13）和式（7-14）中并积分，分别得到产物B和C的浓度随时间的变化规律，即

$$c_B = \frac{k_1}{k_1 + k_2} c_{A0} [1 - e^{-(k_1+k_2)t}] \tag{7-16}$$

$$c_C = \frac{k_2}{k_1 + k_2} c_{A0} [1 - e^{-(k_1+k_2)t}] \tag{7-17}$$

从平行反应两个产物的浓度与时间的关系式（7-16）及式（7-17）中看出，在反应过程中的任一时刻，两种产物浓度之比都等于两个反应的速率常数之比，即式（7-18）

$$\frac{c_B}{c_C} = \frac{k_1}{k_2} \tag{7-18}$$

根据同一时刻反应系统中产物的组成，可判断出平行反应中两个反应速率常数的相对大小，或已知两个平行反应的速率常数，计算两个产物组成的比值。

7.3.3 连串反应

连串反应又称逐次反应。在连串反应中，反应相继发生，首尾相连接，前步反应的产物是接续反应的反应物，经过一系列中间产物（可以是普通分子，也可以是自由原子或基团），达到最后的生成物，称串联反应。最简单的串联反应，是两个一级基元反应的组合。这里仅以一级连串反应为例，讨论连串反应的速率方程及其积分表达式。

设一级连串反应

$$A \xrightarrow{k_1} B \xrightarrow{k_2} C$$

令 c_{A0} 和 c_A 分别代表反应物A的初始浓度和 t 时刻浓度，产物B和C在t时刻的浓度分别用 c_B 和 c_C 表示。则用反应物A表示的反应速率为

$$\nu_A = -\frac{dc_A}{dt} = k_1 c_A \tag{7-19}$$

用中间物B表示的反应速率为

$$\nu_B = \frac{dc_B}{dt} = k_1 c_A - k_2 c_B \tag{7-20}$$

用产物 C 表示的反应速率为

$$\nu_C = \frac{dc_C}{dt} = k_2 c_B \tag{7-21}$$

用反应物 A 表示的反应速率，积分得到其积分表达式 $c_A = c_{A0} e^{-k_1 t}$；将其代入用中间物 B 表示的反应速率，整理后积分，则得到 B 物质的积分表达式为

$$c_B = \frac{k_1 c_{A0}}{k_2 - k_1}(e^{-k_1 t} - e^{-k_2 t}) \tag{7-22}$$

依据物质浓度守恒关系式 $c_A + c_B + c_C = c_{A0}$ 及 c_A、c_B，可求得产物 C 的浓度随时间的变化规律

$$c_C = c_{A0} - c_A - c_B = c_{A0}\left(1 - \frac{k_2 e^{-k_1 t} - k_1 e^{-k_2 t}}{k_2 - k_1}\right) \tag{7-23}$$

讨论式（7-23）的两种极限情况：

1）当 $k_1 \gg k_2$ 时，即反应物 A 的量几乎全部转变为中间产物 B，相当于 $k_2 \approx 0$，表示连串反应的第一步是快速反应，第二步则是慢反应，此时 $c_C \approx c_{A0}$（$1 - e^{-k_2 t}$），与 k_1 无关，表明得到的产物 C 的浓度由慢步骤速率常数 k_2 决定（称控速环节），与快步骤的速率常数 k_1 无关。

2）当 $k_1 \ll k_2$ 时，第二步反应速率远远大于第一步反应速率，中间产物 B 极不稳定，生成产物 C 的浓度则由慢步骤第一步决定，$c_C \approx c_{A0}$（$1 - e^{-k_1 t}$），与快步骤速率常数 k_2 无关，意味着 k_1 是反应的控制环节。

因此，在由多个步骤构成的化学反应中，反应速率由慢步骤所决定，称其为控速步骤（或控速环节）。

7.4　化学反应动力学实验及数据处理

7.4.1　化学动力学实验

化学反应动力学实验目的是获得物质（包括反应物和生成物）的浓度随时间的变化规律，其实验方法可分为物理分析和化学分析法。

1. 化学分析法

化学分析法是随时间取样分析反应物或生成物的浓度，而后根据数据处理确定反应速率方程。在化学分析法中值得注意的问题：

（1）分析困难。分析系统中物质的组成时，有一定的困难。特别是当反应系统中存在一些有机化合物时，则很难给出准确的浓度数据。

（2）取样可能影响浓度变化。随反应过程的进行需要多次从反应系统中取样，进行成分和浓度分析，只有系统量足够大时，取样对体系浓度的影响才可以忽略不计。

（3）样品分析前须终止反应。为终止待分析样品中发生的化学反应，需要采取诸如聚冷、稀释、加入阻化剂或分离催化剂等一些措施。

（4）分析周期相对较长。化学分析需要较长的时间。

因此化学分析法研究化学动力学的关键是：选择合适的化学分析方法，保持反应系统

不受取样分析的影响，取样终止反应的准确计时等。

2. 物理分析法

物理分析法是在反应进行的过程中，测量系统中某种物理性质随时间的变化规律，建立反应物浓度与该种物理性质之间的关系，获得化学反应动力学数据。常用的物理性质有电导、旋光度、折光率、黏度、气体的压力和体积等。

物理分析法与化学分析法相比，其优点是简便、迅速，易实现自动化。因此，物理分析法得到了广泛的应用。

物理分析法应用实例：设化学反应 $aA+bB=dD$，在 $t=0$、t 和∞时刻，系统的某一物理性质 Y 的值分别为 Y_0、Y_t 和 Y_∞。

假设物理性质 Y 是只与 A 物质相关的特性，且与 B 与 D 物质无关，性质 Y 和反应物 A 的浓度 c_A 之间的关系为

$$c_{A0} \propto (Y_\infty - Y_0) \tag{7-24}$$

$$c_A \propto (Y_t - Y_0) \tag{7-25}$$

两式相除，得

$$\frac{c_{A0}}{c_A} = \frac{Y_\infty - Y_0}{Y_t - Y_0} \tag{7-26}$$

由此可见，通过测定系统中某物理性质随时间的变化规律得到反应物浓度随时间的变化规律，可求得化学反应的速率方程，反应级数及反应速率常数等动力学参数。

3. 快速反应分析技术

快速反应分析技术是近代化学动力学实验方法发展的趋势，包括了化学分析法和物理分析法。随着现代实验技术的发展，实现了对快速化学反应的实验研究，20 世纪末已可测试到飞秒级（10^{-15}s）的化学反应速率。这里介绍两种快速反应分析技术：快速混合法和化学弛豫法。

快速混合法将反应物混合的时间从数秒缩短到 0.001s，适用于研究半衰期在几毫秒以下的自由基反应，溶液中的各种有机反应、无机反应和酶反应。

化学弛豫法是使系统某性质（如温度、压力或浓度）发生微小的突变，并在新的条件下重新建立平衡，测量系统趋向平衡时的速率。由于系统偏离平衡的程度很小，可采用一级反应动力学方程处理数据。化学弛豫法省去了样品的混合和分析时间，动力学数据处理也比较简单。

7.4.2 准级数反应的实验设计与应用

设一化学反应 $aA+bB=dD$，则反应物 A 消耗的同时反应物 B 也消耗，需要同时研究 A 物质和 B 物质浓度随时间的变化，既复杂又困难。通常采用分别将 A 物质浓度或 B 物质浓度配制得很高，这样随着反应的进行其改变量可以忽略不计，即认为此物质的浓度不随时间改变。

根据质量作用定律，反应的速率方程可写为

$$v = kc_A^a c_B^b$$

当 $c_{A,0} \gg c_{B,0}$时，c_A 几乎不随时间改变，$c_A \cong c_{A,0}$，反应速率方程可以改写为

$$v = k'c_B^b, \quad k' = kc_{A,0}^a$$

反应可视为 B 物质的 b 级反应。

同理 $c_{A,0} \ll c_{B,0}$ 时，c_B 几乎不随时间改变 $c_B \cong c_{B,0}$，反应速率方程可以改写为

$$v = k''c_A^a, \quad k'' = kc_{B,0}^b$$

反应可视为 A 物质的 a 级反应。

这种处理方法可将复杂得多物质反应的动力学，简化为单一物质反应级数的研究。因此，在动力学实验研究中经常采用。

7.4.3　动力学数据的处理

动力学数据的处理方法主要有：积分法、微分法和半衰期法。

1. 积分法

积分法是将获得的实验数据 $c \sim t$ 关系代入各级反应速率方程的积分表达式中，计算反应速率常数 k。若反应速率常数 k 在一定的误差范围内是常数，则可根据所用的浓度-时间积分表达式确定反应级数。对零级反应，c_A 随 t 直线变化；对一级反应，$\ln c_A$ 随 t 直线变化，对二级反应，$\frac{1}{c_A}$随 t 直线变化等。

也可以将实验数据作图：c_A 对 t 作图是直线时，为零级反应；$\ln c_A$ 对 t 作图是直线时，为一级反应；$\frac{1}{c_A}$对 t 作图是直线时，为二级反应。

若用零级、一级、二级反应物的浓度和时间的变化规律计算得到的 k 值不是常数，或作图得不到直线关系，说明反应不是整数级。

积分法也可将不同时间测量得到的反应物浓度代入到各反应级数的积分表达式，计算反应速率常数 k，若某个公式计算的 k 为常数，则该公式的反应级数即为所求的反应级数。

【例 7-1】 已知反应　$2A + B = A_2B$　经三次实验的结果见表 7-1。

实验结果　　**表 7-1**

序号	c_{A0}(mol·L^{-1})	c_{B0}(mol·L^{-1})	t (min)	c_{A_2B}(mol·L^{-1})
1	0.0418	0.404	60	0.0032
2	0.0836	0.404	65	0.0068
3	0.0836	0.202	120	0.0031

求反应的级数和速率常数。

解： 首先根据实验数据计算反应物浓度变化和平均反应速度，计算结果见表 7-2。

反应物浓度和平均反应速度计算结果　　**表 7-2**

序号	c_A(mol·L^{-1})	c_B(mol·L^{-1})	v
1	0.0354	0.4008	$\bar{v}_{60} = 5.33 \times 10^{-5}$
2	0.07	0.3972	$\bar{v}_{65} = 1.046 \times 10^{-4}$
3	0.774	0.1989	$\bar{v}_{120} = 2.58 \times 10^{-5}$

假设反应的速率表达式为　$v = kc_A^\alpha c_B^\beta$　计算 α 和 β。

方法一：

若 c_{B0} 不变，由两个反应速率之比$\frac{\overline{v}_{60}}{\overline{v}_{65}}$求 α，$\alpha=1$；

若 c_{A0} 不变，由两个反应速率之比$\frac{\overline{v}_{60}}{\overline{v}_{120}}$求 β，$\beta=2$。

故反应级数 $\alpha+\beta=3$，为三级反应；计算反应速率常数 k，由式 $v=kc_Ac_B^2$ 求得 $k=0.0095$。

方法二：

将实验数据代入 $v=kc_A^\alpha c_B^\beta$，解方程组求 k，同时也可以求出 α 和 β。

$$5.33\times10^{-5}=k\times0.0354^\alpha\times0.4008^\beta$$

$$1.046\times10^{-4}=k\times0.07^\alpha\times0.3972^\beta$$

$$2.58\times10^{-5}=k\times0.0774^\alpha\times0.1989^\beta$$

结果与方法一相同，于是该反应的经验速率可表示为

$$v=0.0095c_Ac_B^2$$

【例 7-2】 已知反应 A→B 浓度 c_A 随时间 t 的变化，见表 7-3 所列。

浓度 c_A 与时间 t **表 7-3**

t(s)	0	2	4	6	8	10	12	14	16	18	20
$w(c_A)$(%)	1.5	1.25	1.04	0.78	0.52	0.30	0.23	0.16	0.11	0.074	0.05

试求反应速率常数 k 和反应级数 n。

解：

方法一（尝试法）：先假定为零级反应，将已知数据 c_A、c_{A0}、t 代入反应速率方程求 k；而后再假定为一级反应，将已知数据代入反应速率方程再求 k。当 k 值为常数时为止。

方法二（图解法）：根据不同级数反应的特征，用已知数据作图，如图 7-1 所示，判断其反应级数。

作 c_A 对 t 图，发现当 $w(c_A)>0.2\%$ 时为一直线，如图 7-1（a）所示，具有零级反应的特征，为零级反应；

作 $\lg c_A$ 对 t 图，发现当 $w(c_A)<0.2\%$ 时为一直线，如图 7-1（b）所示，具有一级反应的特征，为一级反应。

【例 7-3】 在合成氯化氢的实验中提供的数据见表 7-4 所列。

实验数据 **表 7-4**

No.	反应物初始浓度 $c^0_{H_2}$ (mol·m^{-3})	反应物初始浓度 $c^0_{Cl_2}$ (mol·m^{-3})	反应时间 t (s)	生成物浓度 c^0_{HCl} (mol·m^{-3})
1	0.4	0.3	30	0.030
2	0.4	0.6	60	0.0849
3	0.2	0.6	90	0.06318

试求合成氯化氢的反应级数。

解： 令

$$v=kc_{H_2}^{a}c_{Cl_2}^{b}$$

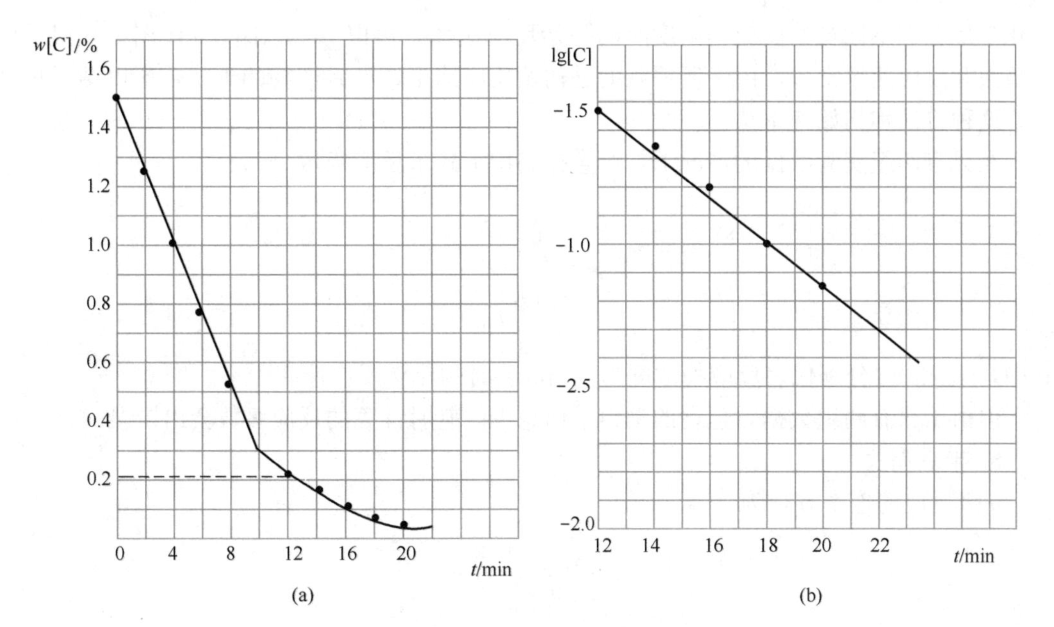

图 7-1　图解法求反应级数

(a) 前期为零级反应；(b) 一级反应

$$\frac{v_2}{v_1}=\frac{0.001415}{0.001}=\left(\frac{2c_{Cl_2}^0}{c_{Cl_2}^0}\right)^b;\ 1.415=2^b;\ b=0.5$$

$$\frac{v_2}{v_3}=\frac{0.001415}{0.000702}=\left(\frac{2c_{H_2}^0}{c_{H_2}^0}\right)^a;\ 2=2^a;\ a=1$$

所以

$$v=kc_{H_2}^{1}c_{Cl_2}^{0.5};\ n=1.5$$

合成氯化氢的反应为 1.5 级。

2. 微分法

将 n 级反应的速率方程 $v_A=-\frac{dc_A}{dt}=k_Ac_A^n$ 两边取对数，得

$$\lg v_A=\lg k_A+n\lg c_A \tag{7-27}$$

根据实验测得的不同浓度 c_A 时反应的速率 v_A，以 $\lg v_A$ 为纵坐标，$\lg c_A$ 为横坐标作图，得到一条直线，直线的斜率为反应级数 n，截距为反应速率常数的对数 $\lg k_A$。

图 7-2 是由一组实验数据作的 $c_A\sim t$ 曲线。在图中不同时间处作曲线的切线，即得相应时刻反应的速率，$v_{A1}=\frac{dc_{A1}}{dt}$，$v_{A2}=\frac{dc_{A2}}{dt}$。将在不同时刻获得的反应速率与相应的浓度分别取对数，以 $\lg v_A$ 为纵坐标，$\lg c_A$ 为横坐标作图即可得到斜率为 n，截距为 $\lg k_A$ 的直线，从而分别求得反应级数和反应速率常数。

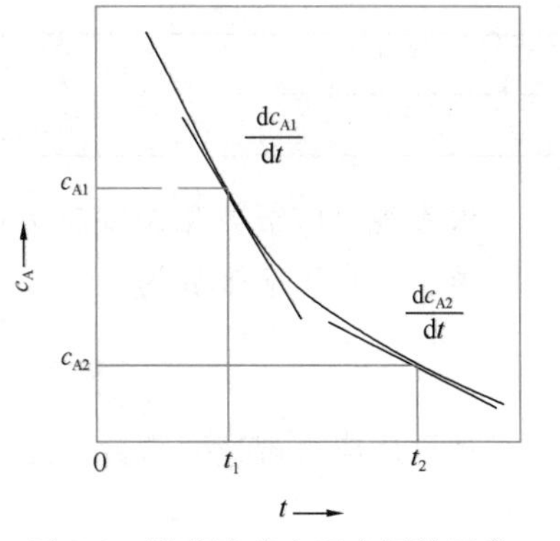

图 7-2　微分法确定反应级数示意

利用微分法确定反应的速率方程时，也可以测量同

一化学反应在不同初始反应物浓度时的初始反应速率，再以 $\lg v_{A0}$ 对 $\lg c_{A0}$ 作图，获得反应的级数和反应速率常数，由于所得到的是初始反应速率，没有产物的干扰，所以结果更准确，这种方法称初始速率法。

在只有两组实验数据的情况下，可直接利用下式求反应级数

$$n = \frac{\lg\left(\frac{v_{A2}}{v_{A1}}\right)}{\lg\left(\frac{c_{A2}}{c_{A1}}\right)}$$

式中，v_{A2} 和 v_{A1} 分别代表反应物浓度为 c_{A2} 和 c_{A1} 时的化学反应速率。

但由于只有两组数据，包含的动力学信息少，有时计算的反应级数会出错误。

3. 半衰期法

n 级反应的速率方程为

$$-\frac{dc_A}{dt} = k_A c_A^n$$

半衰期 $$t_{\frac{1}{2}} = \frac{2^{n-1}-1}{(n-1)k_A c_{A0}^{n-1}}$$

对半衰期取对数，得

$$\lg t_{\frac{1}{2}} = (1-n)\lg c_{A0} + \lg\left[\frac{2^{n-1}-1}{k_A(n-1)}\right] \tag{7-28}$$

半衰期的对数 $\lg t_{\frac{1}{2}}$ 与反应物初始浓度的对数 $\lg c_{A0}$ 呈直线关系，直线的斜率等于 $1-n$。因此，利用半衰期与反应物初始浓度的关系，可以通过作图法求得反应级数。

也可以直接利用两组数据计算反应级数：

$$n = 1 + \frac{\lg\left(\frac{t'_{1/2}}{t''_{1/2}}\right)}{\lg\frac{c''_{A0}}{c'_{A0}}} \tag{7-29}$$

式中，$t'_{1/2}$、$t''_{1/2}$ 分别代表初始浓度为 c'_{A0} 和 c''_{A0} 时反应的半衰期。

【例 7-4】 在 1173K 时，用铜屑催化使氨裂解为氢和氮过程的数据见表 7-5 所列。

氨裂解过程数据 **表 7-5**

氨开始压力 p_0（MPa）	0.035	0.017	0.07
半衰期 $t_{1/2}$（min）	1.7	3.5	7.8

求表观反应级数和表观速率常数。

解： 表观反应级数为

$$n = 1 + \left[\lg\frac{(t_{1/2})_1}{(t_{1/2})_2}\right] \Big/ \left[\lg\frac{(p_0)_2}{(p_0)_1}\right] = 2$$

计算反应表观速率常数

$$k = \frac{1}{t_{1/2}p_0^1} = 16.81\text{MPa}^{-1}\cdot\text{min}^{-1}$$

7.5　温度对反应速率的影响

大量的实验结果表明，温度对化学反应速率影响很大，大多数的化学反应速率均随温度的升高而迅速增加。1884 年范特霍夫把温度与化学反应的平衡常数联系起来得到，在室温附近，温度每升高 10℃，化学反应的速率增加 2～4 倍，称为范特霍夫规则。

7.5.1　阿累尼乌斯定律

化学反应速率方程中的速率常数与温度有关，1889 年阿累尼乌斯提出四点基本假定：一般分子要变为异构形态的活化分子才能进行反应；形成活化分子的反应总是可逆反应；活化分子的浓度总是很低的，它的形成实际上不影响反应物的浓度；活化分子一旦形成便以一定速率转化为产物。最后，通过大量的实验总结提出了反应速率常数 k 与温度 T 的关系式，称阿累尼乌斯定律。

$$\frac{\mathrm{d}\ln k}{\mathrm{d}T}=\frac{E_\mathrm{a}}{RT^2} \tag{7-30}$$

式中，k 是化学反应的速率常数，E_a 为活化能，单位是“kJ・mol”或“J・mol”。式（7-31)称阿累尼乌斯方程微分式。

活化能是由普通分子转变为活化分子必须增加的能量，或定义为活化分子的能量与一般分子平均能量之差。显然，活化能越大，反应速率就越小。

对式（7-30）分别进行不定积分和定积分，得

$$\ln k=-\frac{E_\mathrm{a}}{RT}+B \tag{7-31}$$

$$\ln\frac{k_2}{k_1}=\frac{E_\mathrm{a}}{R}\left(\frac{1}{T_1}-\frac{1}{T_2}\right) \tag{7-32}$$

式（7-32）称为阿累尼乌斯对数式。

根据式（7-31）绘制出反应速率常数与温度的关系图（图 7-3），由图 7-3 可以看出：化学反应速率常数的对数 $\ln k$ 和温度的倒数 $\frac{1}{T}$ 呈直线关系，直线的斜率等于 $-E_\mathrm{a}/R$。因此，用该图法可以求得化学反应的活化能。由图 7-3 可知：化学反应的活化能越大，反应速率受温度的影响就越大；反之化学反应的活化能越小，反应速率受温度的影响也就越小。如果化学反应的活化能等于零，则化学反应速率不受温度的影响。

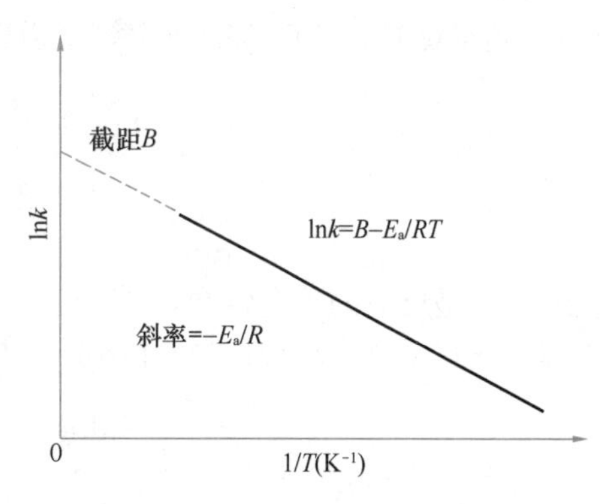

图 7-3　反应速率常数与温度的关系

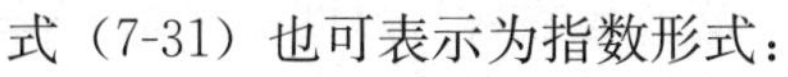
式（7-31）也可表示为指数形式：

$$k=Ae^{-E_\mathrm{a}/RT} \tag{7-33}$$

式中，A 称为指前因子，与速率常数具有相同的单位。式（7-33）称为阿累尼乌斯方程指数式。

【例 7-5】 某化学反应在 273K 时的反应速率常数为 $k_{273}=2.46\mathrm{s}^{-1}$，在 293K 时的反应

速率为 $k_{293}=47.5\mathrm{s}^{-1}$，求该化学反应的活化能。

解：将已知数据代入式（7-32），求得表观活化能为

$$E=\frac{RT_1T_2}{T_1-T_2}\ln\frac{k_1}{k_2}=\frac{2.3026RT_1T_2}{T_1-T_2}\lg\frac{k_1}{k_2}=-\frac{19.14\times273\times293}{20}\lg\frac{2.46}{47.5}=97.91\mathrm{kJ/mol}$$

【例 7-6】 已知氢还原金属氧化物的动力学数据，见表 7-6 所列。

氢还原金属氧化物的动力学数据 **表 7-6**

T/K	623	673	723	773
K/min^{-1}	0.8	2.0	4.24	7.74

试计算该反应的表观活化能。

解：作 $\lg k$—T^{-1} 图，如图 7-4 所示。

求得斜率 $E_{\mathrm{apparent}}=-R\tan\theta=-19.14\tan\theta=55.6\mathrm{kJ\cdot mol^{-1}}$。

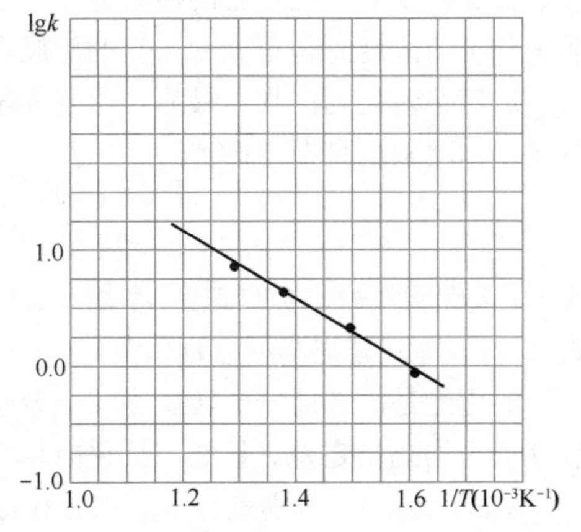

图 7-4 氢还原金属氧化物的动力学曲线

7.5.2 活化能的物理意义及其与热力学参数的联系

化学反应是旧键断裂与新键生成的过程，而旧键断裂需要能量，因此反应物分子在生成产物的过程中首先需要获得能量形成活化态。分子处于活化态时是不稳定态，因而活化能不可能用量热法直接测定，通常多采用间接的方法进行计算。

现以对峙反应为例，说明反应物分子获得能量及其活化的过程。

对峙反应：$\alpha\mathrm{A}\rightleftharpoons\beta\mathrm{B}$

设正反应的速率常数是 k_1，活化能为 $E\mathrm{a}_1$，逆反应的速率常数是 k_{-1}，活化能为 $E_{\mathrm{a}\text{-}1}$。反应达到平衡时，正反应的速率等于逆反应的速率，即

$$k_1c_{\mathrm{A}}^{\alpha}=k_{-1}c_{\mathrm{B}}^{\beta}$$

$$\frac{c_{\mathrm{B}}^{\beta}}{c_{\mathrm{A}}^{\alpha}}=\frac{k_1}{k_{-1}}=K_c \tag{7-34}$$

式中，K_c 是反应的平衡常数，等于正反应与逆反应速率常数之比。

将式（7-34）两边取对数并微分，得

$$\frac{\mathrm{d}\ln k_1}{\mathrm{d}T}-\frac{\mathrm{d}\ln k_{-1}}{\mathrm{d}T}=\frac{\mathrm{d}\ln K_c}{\mathrm{d}T} \tag{7-35}$$

将阿累尼乌斯方程 $\frac{\mathrm{d}\ln k_1}{\mathrm{d}T}=\frac{E_{\mathrm{a1}}}{RT^2}$，$\frac{\mathrm{d}\ln k_{-1}}{\mathrm{d}T}=\frac{E_{\mathrm{a-1}}}{RT^2}$ 及平衡常数与温度的关系 $\frac{\mathrm{d}\ln K_c}{\mathrm{d}T}=\frac{\Delta_{\mathrm{r}}U_{\mathrm{m}}}{RT^2}$，代入式（7-35）中，得

$$\frac{E_{\mathrm{a1}}}{RT^2}-\frac{E_{\mathrm{a-1}}}{RT^2}=\frac{\Delta_{\mathrm{r}}U_{\mathrm{m}}}{RT^2}$$

从而得到反应的摩尔内能变化与正反应和逆反应活化能之间的关系为

$$E_{a1} - E_{a-1} = \Delta_r U_m \tag{7-36}$$

式中，$\Delta_r U_m$ 是化学反应的摩尔内能变化，亦即恒容热效应，E_{a1} 和 E_{a-1} 分别为正反应和逆反应的活化能。因此，化学反应的热力学能变化等于正反应和逆反应活化能之差。

图 7-5 表示反应物向产物转变过程的能量路线图。图中 A 点的能量代表反应物的平均能量，B 点的能量代表中间态的平均能量，C 点则代表产物的平均能量。反应物分子从 A 点出发，经过 B 点的中间态后，到达末态 C 点。在这个过程中，分子能量经过了一个爬坡的过程，在 B 点达到最大值，称为活化态。活化态的分子转变为产物分子时，能量降低。B 点与 A 点及 C 点的平均能量之差分别等于正反应的活化能 E_{a1} 及逆反应的活化能 E_{a-1}。反应系统在升温过程中，分子的平均能量升高，系统中活化分子的数目增加，则会有更多的反应物分子转变为产物分子，因此化学反应的速率随温度升高而加快。一般化学反应的活化能的数量级在 40～500kJ・mol^{-1}之间。

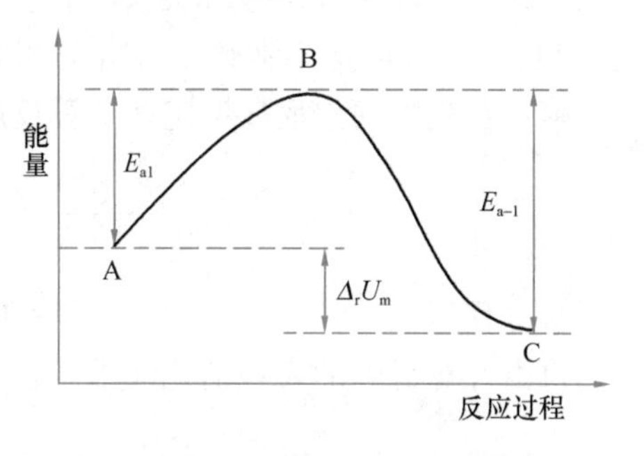

图 7-5　反应物能量沿反应历程的变化

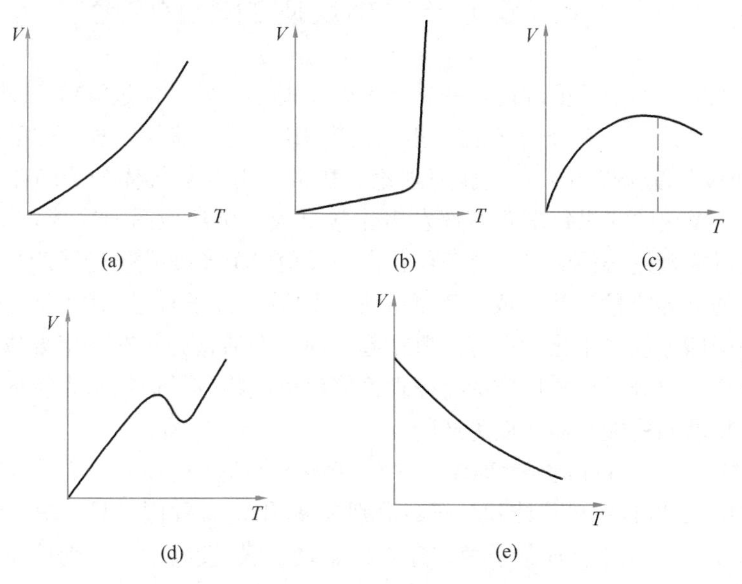

图 7-6　反应速率与温度关系的类型

(a) 一般化学反应；(b) 爆炸反应；(c) 酶反应或局域界面化学反应；

(d) 碳氢化合物的氧化反应；(e) 放热反应

应当指出：不是所有的化学反应都遵从阿累尼乌斯定律，各种化学反应的速率与温度的关系是相当复杂的，目前已知有 5 种类型，如图 7-6 所示：为一般化学反应，随温度升高反应加速；爆炸反应，当温度升高至燃点时，反应速率急剧增大；酶反应，高温时酶被破坏；局域界面化学反应，起初随温度升高反应界面逐渐增大，当界面前沿汇合后反应界面又逐渐减少；伴有副反应的化学反应，随温度升高副反应影响增大，如碳氢化合物的氧化就属此类反应；放热反应，温度降低对化学反应有利，如 $2NO(g)+O_2(g)\longrightarrow 2NO_2(g)$反应属此类反应。

【例 7-7】 在水溶液中戊酮-3-二酸 $CO(CH_2COOH)_2$的分解反应，在温度为 283K 时，反应速率常数为 $k_{283K}=1.080\times10^{-4}\,s^{-1}$；在温度为 303K 时，反应速率常数为 $k_{303K}=1.63\times10^{-3}\,s^{-1}$；在温度为 333K 时，反应速率常数为 $k_{333K}=5.484\times10^{-2}\,s^{-1}$，求分解反应在 303K 时的反应速率常数 k_{303K}并与实验值比较。

解：首先由阿累尼乌斯定律计算反应的表观活化能

$$\ln\frac{5.484\times10^{-2}}{1.080\times10^{-4}}=\frac{E}{8.314\times2.303}\times\left(\frac{333-283}{283\times333}\right)$$

解方程得 $E=97.906\text{kJ}\cdot\text{mol}^{-1}$

再由计算得到的表观活化能求 k_{303K}

$$\ln\frac{k_{303K}}{1.080\times10^{-4}}=\frac{97906}{8.314\times2.303}\times\left(\frac{303-283}{283\times303}\right)$$

解得 $k_{303K}=1.67\times10^{-3}\,s^{-1}$

显然，实验测定与计算值吻合很好。

*7.6 双分子气相反应的碰撞理论

化学反应速度有两个重要理论，一是有效碰撞理论，另一是过渡状态理论。本节讨论化学反应的速率理论——双分子气相反应的碰撞理论，进一步深入理解化学反应的本质。

1918 年刘易斯首先提出了有效碰撞理论。在常压下一般气体分子间碰撞次数是很大的，每秒约为 10^{10}次，如果每次碰撞都发生化学反应，则反应瞬时完成，即成爆炸反应。化学反应有效碰撞理论必须满足三个条件：参与反应的分子要发生碰撞产生活化分子（即分子具有一定的临界能量，等于或高于活化能，称活化分子），只有活化分子的碰撞，且在一定方位的碰撞才能发生化学反应。概括起来即只有活化分子在一定方位的有效碰撞才能发生化学反应。双分子气相反应的碰撞理论假设反应物分子通过与系统内分子或容器壁的碰撞，获得足够高的能量后转变为产物。

设反应物分子 A 和 B 都是刚性球体，它们的半径分别是 r_A和 r_B，质量分别是 m_A和 m_B，单位反应容器内 A 和 B 的单位体积分子数分别是 n_A和 n_B，并假设只有 A 分子运动，B 分子是静止的，A 分子相对于 B 分子做匀速直线运动，其速率是 μ_A。则单位时间内，其移动的距离为 μ_A。

图 7-7 为在圆筒中运动的分子 A 和 B，圆筒半径为 r_A+r_B，圆筒的体积为 $\pi(r_A+r_B)^2\mu_A$，分子 A 在圆筒的轴线上。在分子 A 沿水平方向从圆筒左侧向右侧移动距离 μ_A的过程中，将与所有体心位置在筒内的 B 分子发生碰撞。筒内 B 分子的个数等于 $\pi(r_A+r_B)^2\mu_A n_B$。因此，在单位时间内 A 分子和 B 分子碰撞的总次数 $Z=\pi(r_A+r_B)^2\mu_A n_A n_B$。根据统计热力学中的麦克斯韦

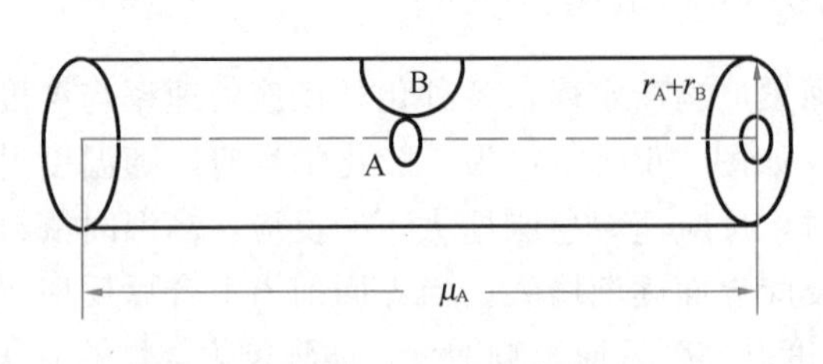

图 7-7 在圆筒中运动的分子 A 和 B

关系可知，在这些碰撞中，能量超过某一阈值 ε 的碰撞占总碰撞数的分数为 $e^{-\frac{\varepsilon}{kT}}$，即有效碰撞的比例。因此，单位时间内气相中 A 分子和 B 分子的有效碰撞总次数为

$$Z=\pi(r_A+r_B)^2\mu_A n_A n_B e^{-\frac{\varepsilon}{kT}} \tag{7-37}$$

即气相双分子 A 和 B 反应的反应速率为

$$-\frac{dn_A}{dt}=\pi(r_A+r_B)^2\mu_A n_A n_B e^{-\frac{\varepsilon}{kT}} \tag{7-38}$$

式中，k 是玻尔兹曼常数，ε 是阈能量，μ_A 代表 A 相对于 B 的运动速率，$\mu_A=\left[\frac{8kT(m_A+m_B)}{\pi m_A m_B}\right]^{\frac{1}{2}}$，$\frac{m_A+m_B}{m_A m_B}$是分子 A 和 B 的折合质量。通常是以反应物浓度对时间的变化率表示化学反应的速率，而这里是以单位时间气体分子 A 和 B 的有效碰撞次数表示化学反应速率。这两种表示方法之间的转换关系为：

$$c_A=\frac{n_A}{N_A},\ c_B=\frac{n_B}{N_A},\ \frac{dc_A}{dt}=\frac{1}{N_A}\frac{dn_A}{dt}$$

式中，N_A是阿伏伽德罗常数。将这些关系式代入式（7-38）中，得到双分子气相反应的速率方程及速率常数分别为

$$-\frac{dc_A}{dt}=N_A(r_A+r_B)^2\left[\frac{8\pi kT(m_A+m_B)}{m_A m_B}\right]^{\frac{1}{2}}e^{-\frac{\varepsilon}{kT}}c_A c_B \tag{7-39}$$

$$k_A=N_A(r_A+r_B)^2\left[\frac{8\pi kT(m_A+m_B)}{m_A m_B}\right]^{\frac{1}{2}}e^{-\frac{\varepsilon}{kT}} \tag{7-40}$$

式（7-40）表明，速率常数与分子 A 和 B 的半径、质量、温度、阈能量 ε 有关。因此，从分子半径和质量、阈能和温度，可计算双分子气相反应的速率常数。

碰撞理论的速率常数与温度有关，为

$$k_A=k'_A T^{\frac{1}{2}}e^{-\frac{E}{RT}} \tag{7-41}$$

式中，$k'_A=N_A(r_A+r_B)^2\left[\frac{8k\pi(m_A+m_B)}{m_A m_B}\right]^{\frac{1}{2}}$，$E=\varepsilon N_A$，$N_A$ 是阿伏伽德罗常数。

对式（7-36）取对数，得

$$\ln k_A=\ln k'_A+\frac{1}{2}\ln T-\frac{E}{RT}$$

求温度的导数，得

$$\frac{d\ln k_A}{dT}=\frac{1}{2T}+\frac{E}{RT^2}=\frac{\frac{1}{2}RT+E}{RT^2} \tag{7-42}$$

将该式与阿累尼乌斯方程比较可知，双分子气相反应碰撞理论的活化能比阿累尼乌斯方程中的活化能大，两者之间相差$\frac{1}{2}RT$。

有效碰撞理论是从近似的假设出发进行分析的，忽略了分子内部复杂的结构因素，误

差是不可避免的。有时实验值与理论值相差甚大，即有效碰撞理论计算的速率常数比实测的反应速率常数大得多。反应物分子的结构越复杂，两者之间的差值就越大。对结构复杂的分子，在碰撞时除了考虑碰撞能量之外，还要考虑碰撞的位置。当碰撞位置恰好是反应过程中要断开的化学键，则碰撞的结果是有效的，碰撞后的反应物变为产物。为此在反应速率常数中人为地增加方位因子 P，用以调整计算的反应速率常数与实测的反应速率常数之间的差值。对不同的化学反应，方位因子数值大约在 $1 \sim 10^{-8}$ 之间。然而，对双分子气相反应的碰撞理论不能预测方位因子 P 值的大小。

【例 7-8】 在 842K，0.1MPa 下，甲醛 HCHO 为双分子碰撞，已知 $M_{HCHO}=30$ 有效碰撞直径 $d_{eff}=5\times10^{-8}$cm，另外由实验测得 $k=2.2\times10^{17}\text{mL}^{-1}\cdot\text{s}^{-1}$，求碰撞总数 Z 以及有效碰撞与无效碰撞之比。

解： 首先计算 1cm^3 中甲醛气体的分子数

$$n=\frac{N_0PV}{RT}=6.06\times10^{23}\times\frac{0.1\times V}{842R}=8.7\times10^{18}$$

求碰撞总数

$$Z=\frac{1}{2}\left(\frac{2\times8\pi RT}{M}\right)^{\frac{1}{2}}d^2n^2=3.2\times10^{28}\text{mL}^{-1}\cdot\text{s}^{-1}$$

计算有效碰撞与无效碰撞之比

由 $$k=\frac{4N_0d_{eff}^2}{10^3}\left(\frac{\pi RT}{M}\right)^{\frac{1}{2}}e^{\frac{-E}{RT}}$$

因此　有效碰撞：无效碰撞$=1:10^{11}$。

【例 7-9】 在一定温度 T，0.1MPa 压强下，某 $A_2(g)\longrightarrow B(g)+C(g)$ 双分子反应的表观活化能为 $E=186.188\text{kJ}\cdot\text{mol}^{-1}$，有效碰撞直径为 $d_{eff}=5\times10^{-8}$cm，分子量 $M=30$，试求反应速率常数和有效碰撞所占份数。

解： 由已知公式　$k=\frac{4N_0d_{eff}^2}{10^3}\left(\frac{\pi RT}{M}\right)^{\frac{1}{2}}e^{\frac{-E}{RT}}$

将已知数据代入得　$k=0.77\text{L}\cdot\text{mol}^{-1}\cdot\text{s}^{-1}$

$$-\frac{dn}{dt}=kn^2\times\frac{10^3}{N_0}=1.0\times10^{17}\text{mol}\cdot\text{mL}^{-1}\cdot\text{s}^{-1}$$

再求有效碰撞份数 q

$$q=\frac{\text{有效碰撞}}{\text{碰撞总数}}=e^{\frac{-E}{RT}}=3.7\times10^{-33}$$

由此可见，在$\frac{1}{3.7\times10^{-33}}=2.7\times10^{32}$次碰撞中只有一次是有效碰撞。

*7.7　过渡状态理论

有效碰撞理论用于计算复杂结构的分子误差较大，因此皮尔泽（Pelzer）和沃格纳（Wigner）提出了过渡状态理论（又称活化络合物理论），即利用反应物分子的一些基本物理性质（诸如：振动频率、质量等）计算反应速率。过渡状态理论认为：反应物分子发生碰撞形成活化络合物（具有平动、转动、振动等），活化络合物沿反应轴振动发生分解，生成产物。因为分子碰撞数很大，总有一部分分子很快形成活化络合物，而活化络合物分子又可以返回到反应物，且反应较快，因此反应物和活化络合物之间达到局域化学平衡；而后一步活化络合物分解为产物相对较慢，成为控制步骤。

过渡状态理论假设反应物分子生成产物之前，要经过一个过渡状态（图7-8），生成活化络合物。活化络合物分子的平均能量高于反应物和产物分子的平均能量。因此，化学反应的速率由活化络合物生成产物的速率决定。

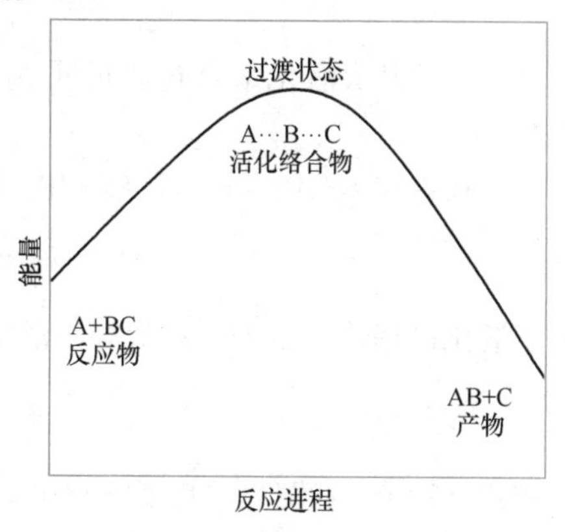

图7-8　反应物分子的过渡状态

生成活化络合物的反应为

$$A+BC \xrightarrow{K^{\neq}} A\cdots B\cdots C \xrightarrow{k_r} AB+C$$

式中，A和BC代表反应物；A···B···C代表活化络合物；$K^{\neq}$代表由反应物分子生成活化络合物分子反应的平衡常数；$c^{\neq}$代表活化络合物A···B···C的平衡浓度；c_A和c_{BC}分别代表反应物A和BC的平衡浓度。根据平衡常数与物质浓度之间的关系，有

$$K^{\neq}=\frac{c^{\neq}}{c_A c_{BC}} \tag{7-43}$$

即

$$c^{\neq}=K^{\neq}\ c_A c_{BC}$$

过渡状态理论假设化学反应速率等于活化络合物转变为产物的速率，根据质量作用定律，反应的速率方程为

$$-\frac{dc_A}{dt}=k_r c^{\neq} \tag{7-44}$$

式中，k_r代表反应速率常数，与活化络合物的振动频率有关。

根据统计热力学原理，速率常数k_r与温度的关系为

$$k_r=\frac{kT}{h}$$

式中，k是玻尔兹曼常数，T是热力学温度，h是普朗克常数。

将$k_r=\frac{kT}{h}$，$c^{\neq}=K^{\neq}c_A c_{BC}$代入式（7-44）中，得到过渡状态理论给出的双分子气相反应的速率方程，即

$$-\frac{dc_A}{dt}=\frac{kT}{h}K^{\neq}\ c_A c_{BC} \tag{7-45}$$

反应速率常数为

$$k_B=\frac{kT}{h}K^{\neq} \tag{7-46}$$

计算速率常数k_B需要平衡常数$K^{\neq}$数据。平衡常数$K^{\neq}$与反应物分子转变为络合物分子过程的吉布斯自由能变化$\Delta_r G_m^{\neq}$有关，即

$$\Delta_r G_m^{\neq} = -RT\ln K^{\neq} \tag{7-47}$$

相应过程的焓变和熵变分别为 $\Delta_r H_m^{\neq}$ 和 $\Delta_r S_m^{\neq}$。

将 $\Delta_r G_m^{\neq} = \Delta_r H_m^{\neq} - T\Delta_r S_m^{\neq}$ 代入式（7-47），得

$$K^{\neq} = e^{\frac{-\Delta_r G_m^{\neq}}{RT}} = e^{\frac{-\Delta_r H_m^{\neq}}{RT}} \cdot e^{\frac{\Delta_r S_m^{\neq}}{R}} \tag{7-48}$$

式（7-48）表示活化络合过程的平衡常数与过程的焓变和熵变及吉布斯自由能变化的关系。

将式（7-48）代入式（7-45）中，得到过渡状态理论的速率常数，即：

$$k_B = \frac{kT}{h} e^{\frac{\Delta_r S_m^{\neq}}{R}} \cdot e^{\frac{-\Delta_r H_m^{\neq}}{RT}} \tag{7-49}$$

由于活化过程焓变 $\Delta_r H_m^{\neq}$ 近似等于活化能 E_a，于是有

$$k_B = \frac{kT}{h} e^{\frac{\Delta_r S_m^{\neq}}{R}} \cdot e^{\frac{-E_a}{RT}} \tag{7-50}$$

比较式（7-50）和阿累尼乌斯方程可知，阿累尼乌斯方程中的频率因子

$$A = \frac{kT}{h} e^{\frac{\Delta_r S_m^{\neq}}{R}} \tag{7-51}$$

即频率因子与活化过程的熵变有关。由于活化络合物分子比反应物分子空间取向更规范，致使活化过程发生后系统混乱程度降低，熵值减小。反应物分子结构越复杂，活化过程熵变数值为负值，且该负值绝对值越大，频率因子和速率常数越小。因此，在解释分子结构对化学反应速率的影响方面，显然过渡状态理论优于碰撞理论。

目前过渡状态理论仅用于溶液中的化学反应或气相中的化学反应，但由于分子结构复杂，计算难度较大。由于活化络合物的结构还无法实验测定，再加上计算方法比较复杂，故实际应用还存在一定的困难。由此可见，人们对反应速率理论的认识有待进一步的探索和研究。

综上所述，有效碰撞理论和过渡状态理论都是用来解释反应机理，计算反应速率常数。

【例 7-10】已知活化络合熵 ΔS^* 和活化络合焓 ΔH^*，试推导依据过渡状态理论计算反应速率常数的公式。

解：反应速率常数为

$$k = \frac{KT}{h} K^*$$

而 $$K^* = e^{\frac{-\Delta G^*}{kT}};\ \Delta G^* = \Delta H^* - T\Delta S^*$$

于是 $$k = \frac{kT}{h} e^{\frac{-\Delta G^*}{KT}} = \frac{RT}{N_0 h} e^{\frac{\Delta S^*}{R}} e^{\frac{-E}{RT}}$$

7.8 链式反应

链式反应又称链锁反应，简称链反应，是一类比较重要的复杂反应。链式反应一般分为三段：

（1）链的开始，产生活化质点（包括自由基和自由原子）引起反应；

（2）链的传递，反应在生成产物的同时，还产生新的活性质点；

（3）链的终止，反应中活化质点能量耗尽，转变为普通分子，则该反应链终止。

化学工业中的高聚合物合成、石油裂解、氢的燃烧等都是链式反应。链式反应分为直链反应和支链反应两类。

7.8.1　直链反应

$H_2(g)+Cl_2(g)=2HCl(g)$ 是直链反应（文献中尚存在分歧），反应分为链的引发、链的传递和链的终止三个步骤。

链的引发：

（1）$$Cl_2(g)+M \xrightarrow[\text{碰撞}]{k_1} 2Cl^*+M$$

链的传递：

（2）$$Cl^*+H_2(g) \xrightarrow{k_2} HCl(g)+H^*$$

（3）$$H^*+Cl_2(g) \xrightarrow{k_3} HCl(g)+Cl^*$$

（4）$$H^*+HCl(g) \xrightarrow{k_3} H_2(g)+Cl^*$$

链的终止：

（5）$$2Cl^*+M \xrightarrow{k_4} Cl_2(g)+M$$

式中，（4）、（5）步分别是步骤（2）和（1）的逆过程。

链的引发方式有多种，光的照射、加入引发剂及受热分解都可能产生能量和活性很高的原子，如 H^*、Cl^*（称活化质点）等。这些活化质点与反应物分子发生反应，生成产物的同时又生成活化质点，使活化质点数目得以维持，化学反应能够循环进行。链的终止反应是活化质点失去高能量、变成普通分子的过程，失去的能量可能传递给容器内的其他分子或容器器壁。有一类被称为阻化剂的物质，能够与活性质点结合，使其失去活性和能量，因此阻化剂显著降低链式反应的速率。

7.8.2　支链反应

支链反应中自由基或活化质点的数目不能保持恒定，一直连续增加，如图 7-9 所示，氢的燃烧反应就是支链反应，反应机理

链的引发：

（1）　$H_2(g) \longrightarrow 2H(g)$

链的传递：

（2）$H(g)+O_2(g) \longrightarrow OH(g)+O(g)$

（3）$O(g)+H_2(g) \longrightarrow OH(g)+H(g)$

（4）$OH(g)+H_2(g) \rightarrow H_2O(g)+H(g)$

链的终止：

（5）　$2H(g) \longrightarrow H_2(g)$

（6）　$OH(g)+H(g) \longrightarrow H_2O(g)$

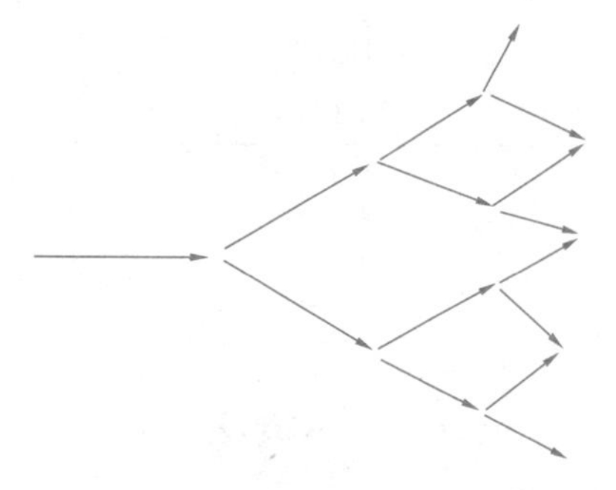

图 7-9　支链反应活化质点数目变化示意图

在支链反应中，链传递步骤的特点是产生的活化

质点数目大于消耗的活化质点数目，出现了活化质点浓度的积累，因此化学反应的速率继续增大。当系统中活化质点的数目剧增，反应速率急剧增加时，将发生爆炸反应；当反应热量过多，不能及时散失，反应系统温度升高，反应速率加快，同样会发生爆炸反应，称热爆炸反应。

图 7-10 为 $H_2(g)$和 $O_2(g)$燃烧反应的爆炸界限与温度和压力的关系示意图。当 $H_2(g)$和 $O_2(g)$以2∶1(mol) 比混合时，在一定温度和压力下反应系统会发生爆炸。现以 500℃时为例进行分析，对于压力等于 A 与 B 点之间表示的系统，由于气体压力小，密度小，平均自由程长，气体分子中的活化质点运动易碰撞到容器的表面，把能量传递给容器器壁（即发生墙面失活），降低了反应速率，则系统不会产生爆炸反应。当压力介于 B 和 C 之间时，活化质点墙面失活速率低于其产生速率，导致系统发生爆炸反应，故 B 点为 500℃时的第一爆炸限。当压力达到 C 点后，系统中反应物浓度较高，活化质点之间易发生链的终止反应，使活化质点数目下降，系统进入非爆炸的区域，因而 C 点称为第二爆炸限。系统压力继续升高至 D 点后，系统将发生热爆炸，故 D 点称为第三爆炸限。表 7-7 中列出了空气中某些可燃气体的第一爆炸限和第二爆炸限。

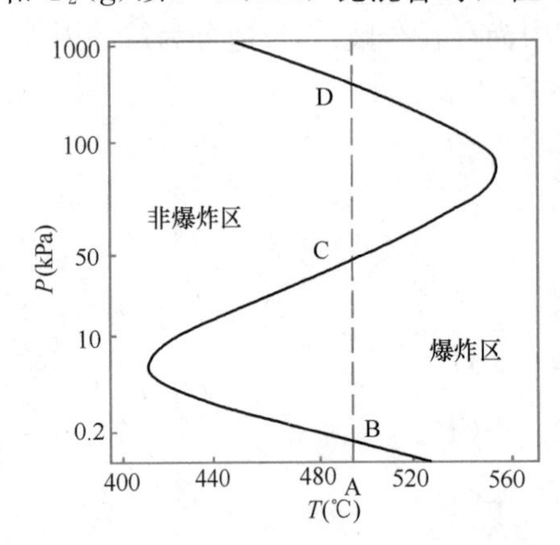

图 7-10　氢氧混合（2∶1）爆炸界限

某些可燃气体在空气中的爆炸限（体积分数）　　表 7-7

气体	第一爆炸限（%）	第二爆炸限（%）
H_2	4	74
NH_3	16	27
CS_2	1.25	44
CO	12.5	74
CH_4	5.3	14
C_2H_6	3.2	12.5
C_2H_2	2.5	80
C_3H_6	2	11
C_6H_6	1.2	9.5
$(CH_3)_2CO$	2.5	13

7.9 催 化 反 应

7.9.1 基本概念

凡是能改变化学反应速率，而本身的化学性质和数量在反应前后均不改变的物质称催化剂；或者说，催化剂是一种只要少量存在就能显著加快反应速率，而本身并不被消耗的物质。如果催化剂加入能使反应速率加快，这种现象称正催化作用，所加的催化剂称正催化剂；反之，使反应速率减慢的催化剂称负催化剂（或阻化剂），只在特殊条件下使用。

1. 催化反应分类

催化剂可分为均相催化和非均相催化反应两类。均相催化是在同一相（气相或液相）中进行的催化反应，例如酸碱催化反应和配合物催化反应；非均相催化是在两个相的相界面上进行的反应，包括固体催化剂催化气体的反应和生物过程中的酶催化反应等。因此，非均相催化反应也称为多相催化反应。

2. 催化剂的特征

（1）催化剂与反应物生成中间化合物，改变了反应途径，降低了反应的活化能，加快反应速率；如碘化氢的分解添加铂催化剂后，活化能可降低约 2/3。

（2）催化剂可加快正反应和逆反应的速率，缩短平衡时间，且对正反应和逆反应速率增加的倍数相同，故对正反应是优良的催化剂，必定也是逆反应的优良催化剂；由于催化剂在反应前后的状态不变，故催化剂不改变反应的平衡常数。

（3）具有选择性，一种催化剂只能加快某些反应的速率。如甲酸蒸气加热分解，一部分是脱氢反应，另一部分是脱水反应：如果用三氧化二铝催化剂，只加速脱水反应；如果用氧化锌作催化剂，则只加速脱氢反应。因此对多平行反应，常用高选择性催化剂加速预期产物的反应速率；如乙醇蒸气的分解，依催化剂种类和反应进行的条件不同，可得到不同的产物。催化剂这种严格分工，在生物催化作用中表现尤为突出。

3. 影响催化剂性能的其他因素

除催化基本概念中所讨论的外，影响催化性能的因素还有温度、比表面积和 pH 等。

多相催化反应广泛用于化学工业，在多相催化反应中，催化反应是在催化剂和反应物两个相的相界面上进行的，因此反应速率与催化剂的表面特征有很大的关系。为了提高催化剂的表面积和催化活性，需要将催化剂分成细小的颗粒，并附在多孔载体上（如沸石、石棉）。有些物质本身并不是催化剂，但能提高催化剂的催化活性，称为催化助剂。例如合成氨时，在铁催化剂中加入 4%～5% Al_2O_3 和 1%～2% K_2O，能使铁催化剂的活性提高一倍。使催化剂催化活性降低或失效的物质，称为催化剂毒物。催化剂长期使用后也会自然老化。

催化剂表面是不均匀的，存在一些活性中心。这些活性中心的键是不饱和的，容易吸附其表面附近的气体分子，引起分子电子云的形变，产生活化，加快反应速率。

7.9.2 活性中心

活性中心是指分子具有较高的能量，或由于表面分子处于不均匀力场中，或表面存在缺陷、位错端头、自由键力等。过渡金属原子具有未配对的 d 轨道电子，容易与外来气体分子发生强的化学吸附，形成共价键或离子键。因此，过渡族金属具有良好的催化活性。图 7-11 示意不同气体分子在金属 Ni 表面吸附时发生电子转移的情况，图中箭头所指的方向是电子离开金属 Ni 的方向。

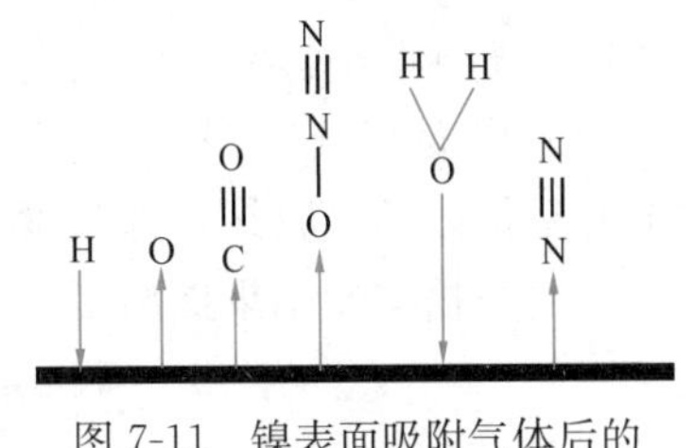

图 7-11　镍表面吸附气体后的电子转移

在碱金属的原子结构中，由S态的价电子形成的半充满能带，容易与气体分子发生化学吸附而失去电子，形成的化学键太强，被吸附的气体分子不容易脱附，因此碱金属不适合用作催化剂。

许多半导体材料常用作催化剂。例如 ZnO、NiO、CuO、CoO、Fe_2O_3、V_2O_5、MoO_3、NiS、MoS 等过渡金属的氧化物和硫化物。半导体材料分为 n 型和 p 型两种。n 型半导体是依靠自由电子导电，p 型半导体是依靠空穴导电。这些自由电子和空穴在化学吸附中起着授受电子的作用，影响催化剂的催化活性。在化学吸附过程中，使半导体氧化物电荷增加的化学吸附比较容易发生；相反，使半导体氧化物电荷减少的吸附过程不容易发生。例如 用 ZnO（n 型半导体）催化 N_2O 分解为 N_2 和 O_2 的反应机理为

（1）$N_2O+e^- \longrightarrow N_2O^-_{(ad)}$

（2）$N_2O^-_{(ad)} \longrightarrow O^-_{(ad)}+N_2$

（3）$2O^-_{(ad)} \longrightarrow O_2+2e^-$

（4）$O^-_{(ad)}+N_2O \rightarrow O_2+N_2+e^-$

反应步骤中下标 ad 表示吸附态物质。步骤（1）需要电子，因此在吸附过程中 ZnO 失去电子、电荷减少，不容易发生，是整个反应过程的慢步骤。通过掺杂剂，可以提高半导体的导电能力，提高催化剂的催化活性。

SiO_2、Al_2O_3、MgO、硅酸铝、分子筛等绝缘材料也可以用作催化剂。在这些材料的表面上存在着活性中心，发生催化反应时，能形成酸或碱，但没有电子转移。

* 7.10 酶催化反应特性及应用

7.10.1 酶催化反应的动力学

由于酶是生物大分子，酶催化反应系统比一般化学反应系统复杂得多，影响酶催化反应的因素主要有：浓度因素（酶浓度、底物浓度）、抑制剂、激活剂、酶的结构与性质，以及反应环境诸如温度、pH、离子强度、压力等，其中浓度是最基本的影响因素。

酶催化反应动力学主要研究：从浓度因素的有关实验数据可求出速率常数，进而分析各种影响因素的相互关系。

最简单的酶催化反应是由一种底物参与的不可逆反应。如水解酶、异构酶及多数裂解酶的催化反应均属此类反应。研究该类反应的方法有两种，即米彻利斯-曼吞（Michaelis-Menten）快速平衡法（Rapid Equilibrium）与布里格斯-霍尔丹（Briggs-Haldane）稳态法，后者更接近于实际的机理，且更符合现实的解析方法。

1. 米彻利斯-曼吞快速平衡法

1902 年赫尼（V. Herni）在研究蔗糖酶水解蔗糖时，发现随着底物浓度增加，反应速率上升呈极限的抛物线，即浓度增加至一定程度后，反应速率达一个极限（图 7-12）。

赫尼根据实验结果提出了“酶-底物中间复合体”的假说，其机理为：

$$E+S \underset{k_{-1}}{\overset{k_1}{\rightleftharpoons}} ES \xrightarrow{k_2} E+P \tag{7-52}$$

式中 E——酶；

S——底物；

ES——复合中间物；

P——催化产物。

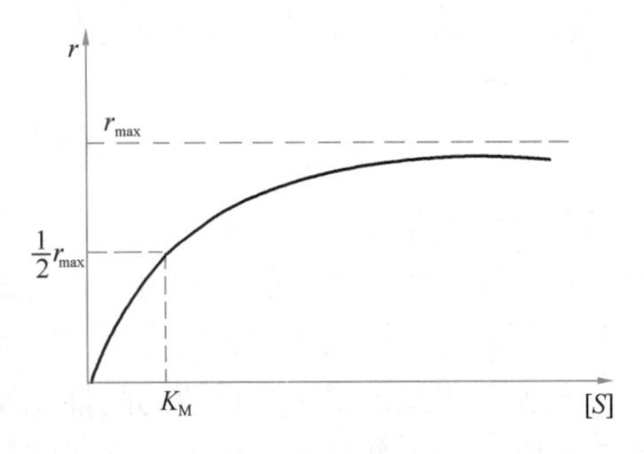

图 7-12　酶催化反应速率随底物浓度的变化关系

1913 年，米彻利斯-曼吞根据中间复合物假说，提出三点基本假设，构成了快速平衡学说，对图 7-12 进行了数学解释。其假设为：

（1）测定的速率为反应的初速率，此时底物消耗很小，故在测定反应速率所需时间内，产物 P 的生成极少，那么由产物 P 与酶 E 作用生成中间物 ES 的逆反应可能性很小，可以忽略。

（2）底物的浓度［S］显著地超过酶的浓度［E］，ES 的形成不会明显地降低底物浓度［S］。因此，底物浓度［S］可用起始浓度进行计算。

（3）酶和底物结合成复合物 ES 的速率明显快于 ES 形成产物 P 和酶 E 的速率，即酶 E 和底物 S 结合形成复合物 ES 的反应及其逆反应在测定时间内达到局域平衡，ES 分解为产物的速率不足以破坏这个平衡。

2. 布里格斯-霍尔丹稳态学说

1925 年，布里格斯-霍尔丹鉴于许多酶具有很大的催化效力，当 ES 形成后随即迅速转化为产物 P 并释放出来酶 E，认为当 $k_2 > k_1$ 时，米彻利斯-曼吞的所谓快速平衡不一定能成立，将平衡假说修改为稳态法处理。

具体推导过程为：

反应速率用 ES 的分解速率表示

$$r = k_2[\mathrm{ES}] \tag{7-53}$$

复合中间物 ES 的浓度很低，且不随时间变化

$$\frac{\mathrm{d}[\mathrm{ES}]}{\mathrm{d}t} = k_1[\mathrm{E}][\mathrm{S}] - k_{-1}[\mathrm{ES}] - k_2[\mathrm{ES}] = 0 \tag{7-54}$$

根据物料平衡有 $[\mathrm{E}] = [\mathrm{E_0}] - [\mathrm{ES}]$

则式（7-54）可以改写为

$$k_1\{[\mathrm{E_0}] - [\mathrm{ES}]\}[\mathrm{S}] = (k_{-1} + k_2)[\mathrm{ES}]$$

整理后得

$$[\mathrm{ES}] = \frac{k_1[\mathrm{E_0}][\mathrm{S}]}{k_1[\mathrm{S}] + (k_{-1} + k_2)} = \frac{[\mathrm{E_0}][\mathrm{S}]}{[\mathrm{S}] + \dfrac{(k_{-1} + k_2)}{k_1}} = \frac{[\mathrm{E_0}][\mathrm{S}]}{[\mathrm{S}] + K_\mathrm{M}} \tag{7-55}$$

式中，$K_\mathrm{M} = \dfrac{k_{-1} + k_2}{k_1}$，称米氏常数。

将式（7-55）代入式（7-53）得

$$r = k_2\,\frac{[\mathrm{E_0}][\mathrm{S}]}{[\mathrm{S}] + K_\mathrm{M}}$$

若 $K_\mathrm{M} \ll [\mathrm{S}]$ 时，则该式可以写作 $r_{max} = k_2[\mathrm{E_0}]$，此时反应速率达到最大，也就是图 7-12 中的极限反应速率（图中虚线）。

任一时刻的反应速率 r 可表达为

$$r=\frac{r_{max}[S]}{[S]+K_M} \tag{7-56}$$

式（7-56）称米氏方程，式中，K_M 是一个酶与底物反应的特征常数，K_M 越小，ES 越不易解离，说明酶与底物的亲和力大，反之 K_M 越大，则酶与底物的亲和力小；k_2 表示每个酶分子在单位时间内使底物转变为产物的分子数，反映了酶催化效率。

米氏方程提出了两个重要的酶催化反应动力学常数 K_M 和 $r_{max}=k_2\ [E_0]$，它们表达了反应性质、反应条件和反应速率之间的关系。K_M 是一个酶与底物反应的特征常数，k_2 表示每个酶分子在单位时间内使底物转变为产物的分子数，它反映酶在催化中间复合物转变为产物的能力或效率。k_2 的大小直接表示酶的催化效率的高低。

3. 动力学参数 K_M 和 r_{max} 的计算

米氏方程可转变成不同的形式，用相应的作图法来描写，这些图形可用来计算动力学常数。

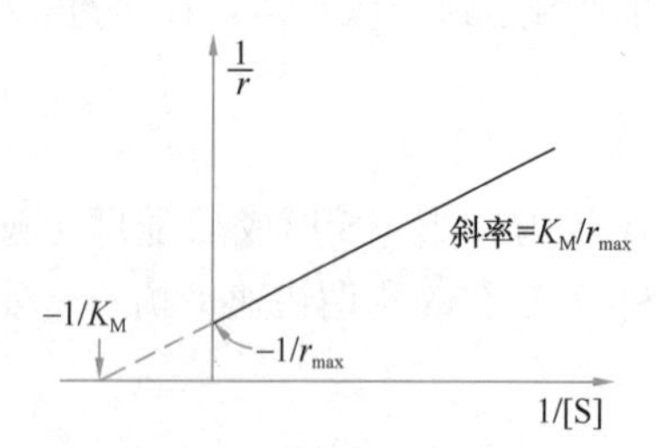

图 7-13　林尼韦弗—伯克作图法

（1）林尼韦弗-伯克（Lineweaver-Burk）作图法（也称双倒数法）

对式（7-56）两端取倒数

$$\frac{1}{r}=\frac{1}{r_{max}}+\frac{K_M}{r_{max}[S]} \tag{7-57}$$

用 $\frac{1}{r}$ 对 $\frac{1}{[S]}$ 作图，进行线性回归分析（图 7-13），得到纵坐标的截距为 $\frac{1}{r_{max}}$，斜率为 $\frac{K_M}{r_{max}}$，而横坐标的截距为 $\frac{-1}{K_M}$。

该方法可以方便地求出 K_M 和 r_{max}，但缺点是误差较大。造成误差较大的原因是：低底物浓度取倒数误差较大；另外，图形点集中分布在坐标的左下方。

（2）亨尼斯（Hanes）作图法

将式（7-56）两边乘以［S］，转化为

$$\frac{[S]}{r}=\frac{[S]}{r_{max}}+\frac{K_M}{r_{max}} \tag{7-58}$$

以 $\frac{[S]}{r}$ 对［S］作图（图 7-14），纵坐标的截距为 $\frac{K_M}{r_{max}}$，而斜率为 $\frac{1}{r_{max}}$，横坐标的截距为 $-K_M$。此方法的优点是数据分布在坐标图中较均匀，误差较小。

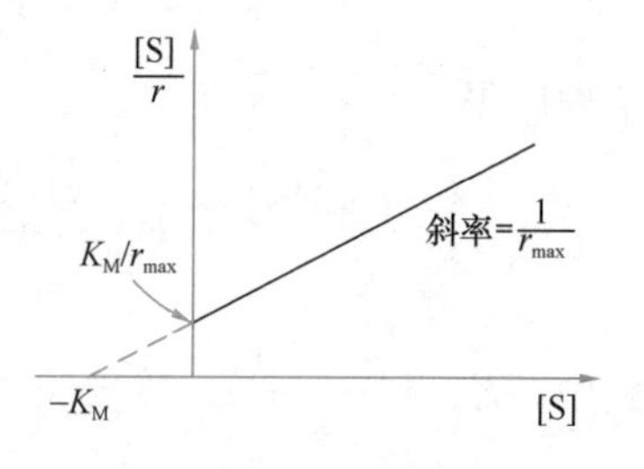

图 7-14　亨尼斯作图法

（3）伊代—豪夫特蒂（Eadie-Hoftstee）法

将式（7-57）乘以 $r_{max}\cdot r$ 整理得：

$$r=r_{max}-\frac{r\cdot K_M}{[S]} \tag{7-59}$$

以 r 对 $\frac{r}{[S]}$ 作图，得一直线，纵坐标的截距为 r_{max}，斜率为 $-K_M$。

7.10.2　酶催化反应速率的影响因素分析

1. 底物浓度的影响

由式（7-56）可知，当底物［S］浓度很小时，即［S］$\ll K_M$ 则有 $r=\frac{r_{max}[S]}{K_M}=\frac{k_2[E_0][S]}{K_M}=k_a[S]$，则整个反应为1级反应。反应速率与底物浓度［S］成正比。

2. 温度的影响

在一定温度范围内，酶的催化反应速率 k 仍符合式（7-31）和式（7-33），故可以利用 $\ln k$ 对 $\frac{1}{T}$ 作图，由直线斜率计算酶催化反应的活化能 E_a，进而可以判断此反应的难易程度。但由于酶是一种生物大分子，温度对酶催化反应速率的影响很大，如图7-15（a）所示，当温度升高，酶催化反应速率加快。因为温度升高，反应物的能量增加，单位时间内有效碰撞次数增加，促使酶反应加速，但有一个温度界限，即在某一点之后再升高温度，酶反应会迅速降低，因为温度过高会使酶蛋白变性。因此，酶反应速率随着温度的升高达到一个最大值，称“最适温度”。“最适温度”不是酶催化反应的特征值，它还受作用时间、底物浓度、酶浓度以及反应中pH等条件的影响。

3. pH的影响

酶的活力与氢离子浓度关系很大，同一种酶在不同条件下测定的活力不同。酶通常限于某一pH范围内才表现出最大活力，称该酶的最适pH。当稍高或稍低于最适pH时，酶活力就降低。图7-15（b）表示多酚氧化酶在不同pH的溶液中的活力变化规律。大多数酶的最适pH在5～8之间，植物及微生物的酶，最适pH多在6.5～8左右。但也有例外情况，如胃蛋白酶为1.5，肝中精氨酸酶为9.0。酶的最适pH也不是一个固定常数，它受酶的种类、温度等许多因素的影响。

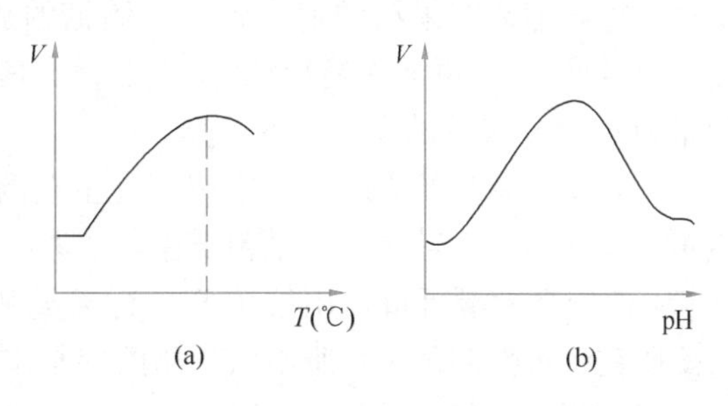

图7-15　多酚氧化酶在不同温度（a）和不同pH溶液中（b）的催化反应速率

4. 激活剂的影响

凡能提高酶活力的化合物称激活剂，如无机阴、阳离子等。通常不同的酶有其特定的激活剂，如 Cl^- 是唾液淀粉酶的激活剂，Mg^{2+} 对脱羧酶和烯醇化酶具有激活作用，Cu^{2+} 能使肌球蛋白腺苷三磷酸酶的活性增强。激活剂能使酶的活性增强的机理较复杂，可归纳为以下几种情况之一或者它们的复合作用：激活剂与酶分子上的氨基酸侧链基团结合，成为酶的活性中心的组成部分，使酶的活性增强；激活剂与酶及底物结合或与中间物结合使酶的活性增强；激活剂作为辅酶或辅基的一个组成部分而起作用。生物生命活动过程中常常需要微量元素，微量元素可能作为某些酶的激活剂。

5. 抑制剂的影响

由于酶蛋白活性中心的化学性质发生改变而引起酶活力下降或丧失的作用称抑制作用，造成抑制作用的物质称抑制剂。生物体内由于某种酶被抑制而引起代谢不正常，以致表现为病态。有剧毒的物质大都是抑制剂，如氰化物抑制细胞色素氧化酶的活力，敌百虫抑制脂酶，毒扁豆碱抑制胆碱酸酶等。一些抑制剂已用于杀虫灭菌、临床治病和农业等相关领域。研究抑制剂和抑制作用对药物设计提供了理论依据。

由于抑制剂破坏或改变了酶与底物结合的活性中心，阻碍了中间物的生成或分解，因此影响了酶的活性。根据酶与底物作用的特点，可将抑制作用分为不可逆抑制作用和可逆抑制作用。不可逆抑制作用是抑制剂与酶的某些基团以共价键方式结合后不能自发分解，不能用透析或超滤等物理方法除去抑制剂而恢复酶的活力的作用；可逆抑制作用是抑制剂与酶结合是可逆的，结合后可以用透析等方法除去抑制剂，使酶复活。区分这两种抑制剂的方法是测不同酶浓度时的反应初速率。

7.10.3 酶催化反应的应用

酶催化反应的优点是：反应效率高，专一性强，不发生副反应，反应条件温和，一般不需要高温、高压、强酸、强碱等条件，酶及产物大多无毒。由于酶催化反应具有以上优越性，因此酶催化反应在食品、纺织、制革、石油、医药等领域具有广泛的应用前景。

1. 酶在食品工业中的应用

(1) 糖类制品的应用：酶法生产葡萄糖是以淀粉为原料，先经 α-淀粉酶转化成糊精，再用糖化酶催化生成葡萄糖。果葡糖浆的生产，是将葡萄糖经葡萄糖异构酶催化生成部分果糖而得到葡萄糖果糖的混合糖浆。饴糖的酶法生产是将大米或糯米磨成粉浆，调节浓度、温度及 pH，再加 α-淀粉酶、β-淀粉酶，其机理是先生成糊精再转变为麦芽糖，可得到含量为 60%～70%的麦芽糖的饴糖。

(2) 蛋白制品的应用：可使用凝乳蛋白酶制造奶酪，可用葡萄糖氧化酶除去全蛋粉、蛋黄粉或蛋白片中存在的少量葡萄糖，以防止褐变，提高产品质量。用木瓜蛋白酶制成嫩肉粉，使肉食嫩滑可口。用溶菌酶进行肉类制品的防腐保鲜等。在清除豆制品的豆腥味时，研究各种抑制剂对豆脂肪氧化酶的抑制作用，去除豆类制品中的豆腥味比传统加热法更能保存蛋白质的含量。

(3) 果蔬加工的应用：果胶酶用于果汁和果酒的澄清方面效果极佳，柚苷酶用于分解柑橘类果肉和果汁中的柚皮苷，以脱除苦味；葡萄糖氧化酶可去除果汁、饮料罐头食品和干燥果蔬制品中的氧气，防止产品氧化变质，防止微生物生长，以延长食品保存期。果蔬物质受损伤时或放置时间较长，由于多酚氧化酶催化多酚类物质生成醌类物质再聚合成黑色素使果蔬褐变，研究其催化动力学和抑制动力学机理，可为果蔬保鲜提供理论依据。

(4) 面包制造中的应用：加适量的 α-淀粉酶和蛋白酶可缩短发酵时间，制成更加松软可口、色香味俱佳的面包，且可防止面包老化，延长保鲜期。

2. 酶在轻工业中的应用

蛋白酶用于皮革工业的脱毛和软化，既节约了时间，又改善了劳动卫生条件。制丝及照相器材业利用蛋白酶使生丝和底片脱胶，在洗涤剂中添加适量的酶可以大大缩短洗涤时间，提高洗涤效果。

3. 酶在医药方面的应用

利用酶可制取多种药物氨基酸、核酸等，如青霉素、维生素 C 等；医学上通过测定血液和其他体液中的酶的活力，诊断某些疾病，如急性胰腺炎血清和尿中淀粉酶活性增高，患肝炎、心肌炎时，血清中转氨酶活性增高，有机磷农药中毒血清中胆碱酯酶活性下降等。

最近也研究应用非水相酶催化反应合成抗癌药物 L-多巴。

4. 酶催化反应在污水处理中的应用

酶催化作用去除废水中的有机物，称生化法。通过微生物的生命活动，将有机物氧化分解为无机物，从而使污水中有害有毒的物质变为无害物质。因此酶催化反应是处理有机污水较好的方法，诸如：处理含酚污水，农药工业中含有机磷的污水，以及维尼纶和橡胶工业中含醛的污水，效果很好。

生化处理按微生物活动的性质可分为：好氧和厌氧性两种。厌氧性生化处理主要用于污泥处理再利用，而污水处理多采用好氧性的生化处理。如果用 $C_5H_7NO_2$ 表示稳定的细菌细胞的构成，用 $C_xH_yO_z$ 表示有机物，则微生物对有机物的氧化和合成反应，首先是有机物的氧化和细胞质的合成反应

有机物的氧化：$C_xH_yO_z \xrightarrow{\text{酶}} CO_2(g) + H_2O +$ 能量

细胞质的合成：$C_xH_yO_z + NH_3 + O_2 \xrightarrow{\text{酶}} C_5H_7NO_2 + CO_2(g) + H_2O +$ 能量

其次是细胞质的氧化反应（或称自体氧化，或内源呼吸）

$$C_5H_7NO_2 + O_2 \xrightarrow{\text{酶}} NH_3 + CO_2(g) + H_2O + \text{能量}$$

由此可见，当污水中的营养物充足时，微生物通过自身的生命活动，借助本身的酶将有机物氧化分解为无机物，放出能量；同时又用这部分能量作为本身生活的能源，并将一部分分解合成为新的细胞，使微生物总数增长。在这一过程中微生物既需要有机物，也需要氧。当污水中营养物缺乏时，微生物只能依靠本身储存的物质，甚至把细胞质作为营养物，亦即利用自体氧化来维持生活所需的能源。此时，会有部分微生物由于饥饿而死亡，其尸体成为另一部分微生物的营养物，微生物的总数减少。

因此在自然条件下，根据水体自净的原理，可采用生物塘即利用较浅的池塘，使污水在池塘中缓慢流动，污水与空气接触面较大，由水面不断补充氧气，使水中微生物能很好地繁殖，将污水净化。

同样也可以利用土壤的自净化能力，将污水灌入过滤田，污水渗入地下，再由地下排水管集中排走，有机物被截留在上层土壤中，靠其中好氧微生物氧化分解为无机物。

显然，利用自然条件净化污水，占地面积大，于是出现了人工条件下生化处理设施，如曝气池和生物滤池等。

思　考　题

1. 简要描述反应级数为整数的化学反应的特征。

2. 试归纳总结有哪些动力学研究是借助于热力学的结论，又有哪些参数是描述热力学与动力学之间的关系的。

3. 阿累尼乌斯公式适用于什么情况下？有几种表示方法？什么是活化能？

4. 催化作用的基本特征是什么？催化剂有哪些特性？

5. 各反应分子数与反应级数有什么关系？

习 题

1. 在 573K 时，反应 $H_2(g)+I_2(g) \longrightarrow 2HI(g)$的机理是：

$I_2(g)+M \xrightarrow{k_1} 2I^*(g)+M$，$E_{a,1}=150.6kJ \cdot mol^{-1}$

$H_2(g)+2I^*(g) \xrightarrow{k_2} 2HI(g)$，$E_{a,2}=20.9kJ \cdot mol^{-1}$

$2I^*(g)+M \xrightarrow{k_3} I_2(g)+M$，$E_{a,3}=0kJ \cdot mol^{-1}$

（1）推导反应的速率方程；

（2）计算反应的表观活化能

$$\left(\frac{d[HI]}{dt}=2\frac{k_1k_2}{k_3}[H_2][I_2],\ E_a=171.5kJ\right)$$

2. 某药物分解反应的速率常数与温度的关系为

$$\ln\left(\frac{k}{h^{-1}}\right)=\frac{-8938}{T}+20.40$$

（1）30℃时，药物第一小时的分解率是多少？

（2）若此药物分解超过 30%时即认为失效，那么药物在 30℃条件下保存的有效期多长？

（3）若想有效期延长至 2 年以上，那么保存温度应不超过多少（假设 1 年为 365 天）？

（$x \approx 1.135 \times 10^{-4}$，$t=3.143 \times 10^3$h，$T=286.46$K 或 $t=13.31$℃）

3. 某溶液中的反应 $A+B \longrightarrow P$，当 $[A_0]=1\times10^{-4}\ mol \cdot dm^{-3}$，$[B_0]=1\times10^{-2}\ mol \cdot L^{-1}$时，实验测得不同温度下吸光度随时间的变化见表 7-8 所列。

不同温度下吸光度与时间的实测值 **表 7-8**

t（min）	0	57	130	∞
298K A（吸光度）	1.390	1.030	0.706	0.100
308K A（吸光度）	1.460	0.542	0.210	0.110

当固定 $[A_0]=1\times10^{-4}\ mol \cdot L^{-1}$，改变 $[B_0]$ 时，实验测得 $t_{\frac{1}{2}}$ 随 $[B_0]$ 的变化见表 7-9 所列（298K）。

$t_{\frac{1}{2}}$ 与 $[B_0]$ 的实测值 **表 7-9**

$[B_0]$（$mol \cdot L^{-1}$）	1×10^{-2}	2×10^{-2}
$t_{\frac{1}{2}}$（min）	120	30

设速率方程为 $r=k[A]^{\alpha}[B]^{\beta}$，求 α，β 及 k 和 E_a（提示使用准级数法和尝试法解决）。

[$\alpha=1$，$\beta=2$；298K 时 $k_1=57.75min^{-1}\ (mol \cdot L^{-1})^2$；
308K 时 $k_2=200min^{-1}\ (mol \cdot dm^{-3})^2$，$E_a=94.79kJ \cdot mol^{-1}$]

4. 某抗生素进入人体后在血液中的反应呈现一级反应。若在人体中注射 0.5g 某抗生素，然后在不同时间测其在血液中的浓度 c_A，得到数据见表 7-10 所列。

血液中药含量　　　　**表 7-10**

t (h)	4	8	12	16
c_A ($mg \cdot 100mL^{-1}$)	0.48	0.31	0.24	0.15

$\ln c_A - t$ 的直线斜率为 -0.0979。

(1) 求反应速率常数。

(2) 计算半衰期。

(3) 若使血液中某抗生素浓度不低于 0.37mg/100mL，问需几小时后注射第二针。

($0.0979h^{-1}$，7.08h，6.8h)

5. 已知某药物分解 20%即为失败，药物溶液的原来浓度为 $10.0mg \cdot mL^{-1}$，10 个月之后，浓度变为 $9.0mg \cdot mL^{-1}$。假定此分解反应为一级反应，则应在标签上注明使用的有效期 t 是多少？此药物的半衰期 $t_{\frac{1}{2}}$ 又是多少？

(21.25 月，66 月)

6. 某个一级反应的半衰期为 1000s，求原来物质只剩下 1/10 和 1/100 时各需多长时间？

(3323s，6645s)

7. 已知某药物分解 30%即为失效，药物溶液的原来浓度为 $5.0mg \cdot mL^{-1}$，20 个月之后，浓度变为 $4.2mg \cdot mL^{-1}$。假定此分解反应为一级反应，求应在标签上注明使用的有效期为多少？此药物的半衰期又是多少？

(40.8 月，79.3 月)

8. 乙烷在 900℃裂解，其反应速率方程为 $-\frac{dc}{dt}=kc$，已知该条件下，$k=57.1s^{-1}$，求乙烷裂解 52.5%时所需要的时间？

(0.013s)

9. 某反应 $E=83.7kJ \cdot mol^{-1}$，求在 0℃和 100℃时的反应速率常数之比 ($k_{100℃}/k_{0℃}$)。

(19664)

10. 反应 $2HI \longrightarrow H_2 + I_2$ 在无催化剂存在时，反应的活化能 $E=184.1kJ$；在以 Au 作催化剂时，反应的活化能 $E=104.6kJ$。若反应在 503K 进行，如果催化反应的指前因子比非催化反应小 108 倍，试估计以 Au 为催化剂反应的速率常数将比非催化反应的速率常数大多少倍？

(1.67×10^6)

11. 某反应在 500K 时进行，完成 50%，需时 25min。如果保持其他条件不变，在 400K 时进行，同样完成 50%，需时 5min，求该反应的实验活化能。

($26.76kJ \cdot mol^{-1}$)

12. 在 673K 时，设反应 $NO_2(g)=NO(g)+\frac{1}{2}O_2(g)$ 可以进行完全，设产物对反应速率无影响，经实验证明该反应是二级反应，速率方程可表示为 $-\frac{d[NO_2]}{dt}=k[NO_2]^2$，速

率常数 $k(\mathrm{mol \cdot dm^{-3}})^{-1} \cdot \mathrm{s}^{-1}$ 与反应温度 T(K) 之间的关系为 $\ln k = -\dfrac{12886.7}{T} + 20.27$。

试计算：

(1) 该反应的指前因子 A 和实验活化能 E_a

(2) 若在 673K 时，将 NO_2(g)通入反应器中，使其压力为 26.66 kPa，发生上述反应，当反应器压力达到 32.0 kPa 时所需的时间(设气体为理想气体)。

[6.36×10^8 $(\mathrm{mol \cdot dm^{-3}})^{-1} \cdot \mathrm{s}^{-1}$，107.1kJ · $\mathrm{mol^{-1}}$，45.7s]

第8章　表　面　现　象

多相系统的两相之间存在相界面，该界面一般为几个分子层厚。界面有五种类型：气-液，气-固，液-液，液-固和固-固。一般把气-液和气-固界面又称为表面。表面的结构和性质与体相有明显不同，自然界的许多现象都与表面的特殊性质有关。

8.1　表面张力与表面自由能

8.1.1　比表面积

分散系统具有很大的相界面和界面效应。一般以比表面积，即单位体积或单位质量的物质所具有的表面积来表示物质的分散度。如某种物质的总面积为 A_s，总体积为 V（或总质量为 m），则比表面积

$$S_v = \frac{A_s}{V} \tag{8-1}$$

或

$$S_m = \frac{A_s}{m} \tag{8-2}$$

对于1g水作为一个球体，表面积 4.85cm^2，质量比表面积 $4.85\text{cm}^2/\text{g}$；若将这1g水分成半径为 10^{-7}cm 的小球，则总计有 2.4×10^{20} 个小球，表面积 $3.0\times10^7\text{cm}^2$，质量比表面积为 $3.0\times10^7\text{cm}^2/\text{g}$。可见物体的粒径越小，分散度越大，比表面积也越大。

8.1.2　表面自由能

如图8-1所示，处在液相中的分子A所受到的周围液体分子的作用力是球形对称的，即合外力为零。但处在表面的分子B上方是空气，而液体分子对B分子的吸引力远大于气体分子对B的吸引力，因此，B分子所受到的合力不为零，其方向指向液体内部。

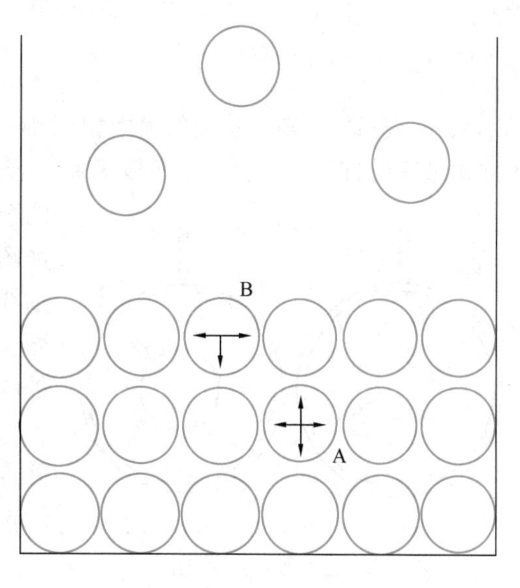

图8-1　界面分子的受力示意图

要把一个分子从液相内部移到表面上来，则需要克服向内的引力而做功，这种扩展表面所做的功称为表面功，表面功是非体积功的一种，此处用 W'_r 表示。由热力学第二定理可知：

$$\mathrm{d}G = -S\mathrm{d}T + V\mathrm{d}P + \sum \mu_B \mathrm{d}n_B + \delta W'_r$$

当恒温，恒压并且组成不变时，有

$$\mathrm{d}G = \delta W'_{\mathrm{r}} = \sigma \mathrm{d}A_{\mathrm{s}} \tag{8-3}$$

$$\sigma = (\partial G / \partial A_{\mathrm{S}})_{T,p,n_{\mathrm{c}}} \tag{8-4}$$

在恒温恒压的条件下，在表面的变化过程中，环境所做的功 W'_{r} 在数值上等于系统吉布斯自由能的增加。此处的吉布斯自由能的增量只和表面有关，称之为表面吉布斯自由能，比例系数 σ 是在一定的温度、压力和组成的条件下，增加单位面积，所引起的吉布斯函数的增量，即比表面吉布斯函数，单位是“$\mathrm{J \cdot m^{-2}}$”。

对式（8-3）积分有

$$\int_0^{G_{\mathrm{s}}} \mathrm{d}G = \sigma \int_0^{A_{\mathrm{s}}} \mathrm{d}A_{\mathrm{s}}$$

$$G_{\mathrm{s}} = \sigma A_{\mathrm{s}} \tag{8-5}$$

【例 8-1】 在 293K 时，把半径为 1.0mm 的水滴分散成半径为 1.0μm 的小水滴，已知 293K 时水的表面吉布斯自由能为 0.07288J · m^{-2}，求：

（1）表面积变为原来的多少倍？

（2）表面吉布斯自由能增加了多少？

（3）完成该变化时，环境至少需做多少功？

解： 设小水滴的数目为 N，则

$$\frac{4}{3}\pi r_1^3 = N \cdot \frac{4}{3}\pi r_2^3,\ N = \left(\frac{r_1}{r_2}\right)^3 = 10^9$$

所以

$$\frac{A_2}{A_1} = \frac{N \times 4\pi r_2^2}{4\pi r_1^2} = 10^9 \times \left(\frac{1 \times 10^{-3}\mathrm{mm}}{1\mathrm{mm}}\right)^2 = 10^3$$

而

$$\Delta G_{\mathrm{A}} = \int_{A_1}^{A_2} \sigma \mathrm{d}A = \sigma(A_2 - A_1) = \sigma(n \cdot 4\pi r_2^2 - 4\pi r_1^2) = 9.145 \times 10^{-4}\mathrm{J}$$

则

$$W_{\mathrm{f}} = -\Delta G_{\mathrm{A}} = -9.145 \times 10^{-4}\mathrm{J}$$

8.1.3 表面张力

从式（8-5）可知，系统的表面积越小，则吉布斯自由能也越小，即系统的演化趋于表面积最小的方向。从另一个角度来看，表面存在一种使其面积收缩的力。将系有细线圈的金属框在肥皂液中浸后取出，框内会形成液膜，如图 8-2（a)所示，细线圈在液膜上是松弛的。把细线圈内的液膜刺破，如图 8-2（b）所示，细线圈会张紧成圆形。表明细线圈受到沿半径方向向外的拉力。

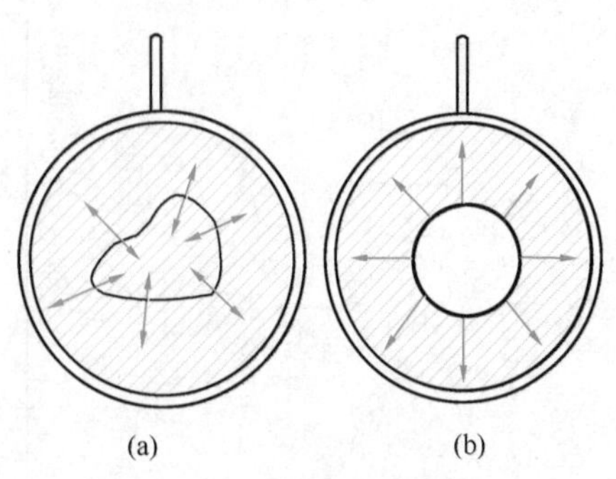

图 8-2 肥皂膜液面的表面张力示意图

把沿着液体的表面，垂直作用于单位长度上，并且使液面发生收缩的力称为表面张力，用 γ 表示，单位是“$\mathrm{N \cdot m^{-1}}$”。

如图 8-3 所示，将肥皂膜铺展在金属框内，其中 AB 边可在导轨上无摩擦移动，两个导轨之间的

距离为 l，如果AB边静止，则需在该边施加外力 f 平衡液面的收缩力，由于肥皂膜有两个液面，则

$$f = 2l\gamma \tag{8-6}$$

在移动了 $\mathrm{d}x$ 距离之后，环境对系统所做的功为

$$\delta W'_{\mathrm{r}} = f \cdot \mathrm{d}x = 2l\gamma \cdot \mathrm{d}x = \gamma \cdot \mathrm{d}A_{\mathrm{s}} \tag{8-7}$$

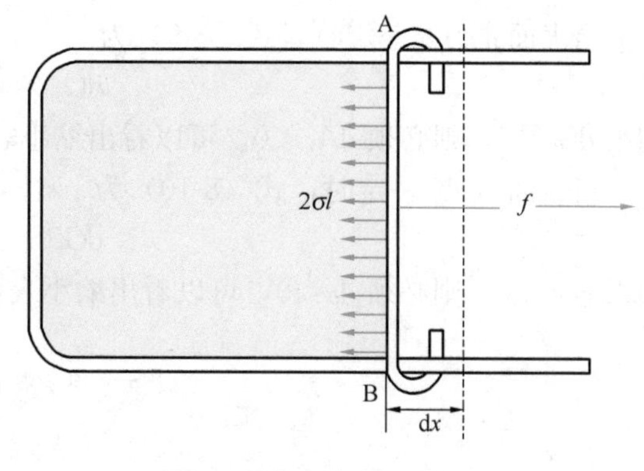

图 8-3　表面张力和表面功

当温度、压力和组成恒定时，有

$$\mathrm{d}G = \delta W'_{\mathrm{r}} = \sigma \mathrm{d}A_{\mathrm{s}}，即\ \sigma = (\partial G/\partial A_{\mathrm{s}})_{T,p,n_{\mathrm{c}}} \tag{8-8}$$

说明表面张力和比表面吉布斯自由能是一致的，既可以用 γ 表示，也可以用 σ 表示。表面张力和比表面吉布斯函数在数值上是相等的，其单位是"$\mathrm{N \cdot m^{-1}}$"，也可写作 $\mathrm{J \cdot m^{-2}}$（即比表面吉布斯函数的量纲也是一致的）。

液体表面张力一般是指液体和空气界面之间的表面张力，其值与分子或原子间力的强弱有关。金属键最强，金属熔化后表面张力最大；离子键比金属键弱，离子型化合物的液体表面张力小于金属液体的表面张力；有机化合物分子之间是非极性键，表面张力最小。水分子含有氢键，并且是极性的，因此，水的表面张力比普通液体表面张力大很多。表8-1列出了几种液体的表面张力。

液体的表面张力　　**表 8-1**

物质	分子式	表面张力 σ ($\mathrm{mN \cdot m^{-1}}$)	温度 T (℃)
铁	Fe	1850	1550
铜	Cu	1103	1131
锌	Zn	760	640
汞	Hg	485	20
氯化镁	$MgCl_2$	139	718
氯化钠	$NaCl$	114	801
氯化钾	KCl	97.4	790
水	H_2O	72.53	20
苯	C_6H_6	28.9	20
乙醇	C_2H_5OH	22.3	20
乙酸	CH_3COOH	27.6	20

8.1.4　表面自发过程判据

对有些系统，不仅表面积发生变化，系统的表面张力也会变化，在这种情况下，$G_{\mathrm{s}} = \sigma A_{\mathrm{s}}$ 的微分形式为

$$\mathrm{d}G_{\mathrm{s}} = \sigma \mathrm{d}A_{\mathrm{s}} + A_{\mathrm{s}} \mathrm{d}\sigma \tag{8-9}$$

当表面张力σ一定时，式（8-9）为

$$dG_s = \sigma dA_s \tag{8-10}$$

如果$dG_s<0$，则必须$dA_s<0$。可以看出缩小表面积的过程是自发过程。

当表面积A_s一定时，式（8-10）为

$$dG_s = A_s d\sigma \tag{8-11}$$

如果$dG_s<0$，则必须$d\sigma<0$，可以看出缩小表面张力的过程是自发过程。

8.2 弯曲液面压力性质

8.2.1 附加压力

由于表面能的作用，任何液体都有尽量紧缩而减小表面积的趋势。如果液面是弯曲的，则这种紧缩趋势会对液面产生附加压力p_s。附加压力与液体的表面张力成正比，与弯曲液面的曲率半径成反比

$$p_s = \frac{2\sigma}{r} \tag{8-12}$$

式（8-12）称为拉普拉斯方程。附加压力的方向由界面曲率方向决定。

（1）凸形液面的液体，$r>0$，$p_s>0$；

（2）平面液体，$r=\infty$，$p_s=0$；

（3）凹形液面的液体，$r<0$，$p_s<0$。

凸形液面的液体承受最大的附加压力，凹形液面的液体，承受的附加压力最小。两种形状的液面及其附加压力的方向如图 8-4 所示。

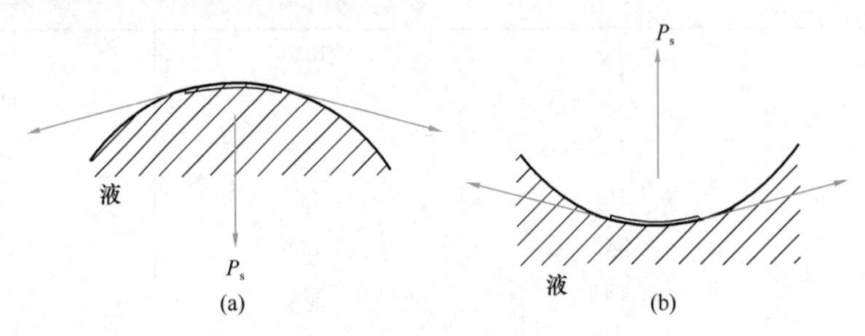

图 8-4 附加压力方向与曲率的关系

8.2.2 毛细管现象

将毛细管插入水中，在表面张力的作用下，水会沿着毛细管上升，而且水面为凹液面，如图 8-5 所示。如果水的上升高度为h，则附加压力为，$p_s=\rho gh$；若毛细管半径为R，则弯曲液面的曲率半径$r=R/\cos\theta$，代入式（8-12）

$$p_s = \rho gh = \frac{2\sigma}{r} = \frac{2\sigma\cos\theta}{R} \tag{8-13}$$

$$h = \frac{2\sigma\cos\theta}{\rho gR} \tag{8-14}$$

式中，ρ 是液体密度，g 是重力加速度。液体润湿毛细管时，液面为凹液面，$\theta<90°$，$\cos\theta>0$，$h>0$，毛细管中液面上升；液体不润湿毛细管时，$\theta>90°$，$\cos\theta<0$，$h<0$，毛细管中液面下降。

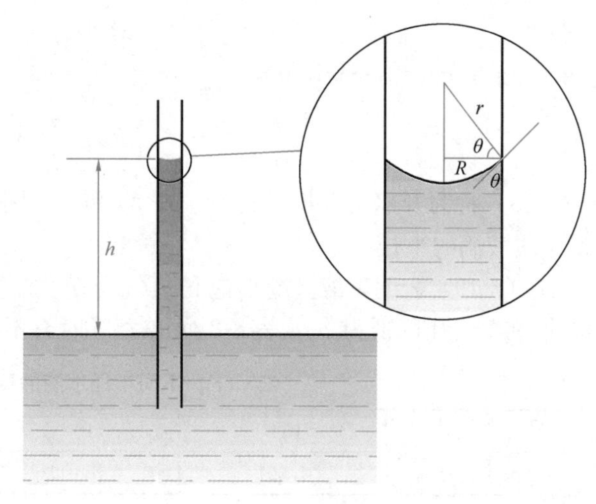

图 8-5　毛细现象

【例 8-2】 把半径为 R 的玻璃毛细管插入某液体中，设该液体与玻璃的接触角为 θ，毛细管中液体所成凹面的曲率半径为 R'，液面上升到 h 高度后达到平衡，试证明液体的表面张力可近似地表示为 $\sigma=\dfrac{gh\rho R}{2\cos\theta}$，式中，$g$ 为重力加速度，ρ 为液体的密度。

解： 附加压力与上升的液柱所产生的静压力 $\Delta\rho gh$ 相等时才达到力的平衡，则

$$\Delta p=\rho_g=\frac{2\sigma}{R'}=\Delta\rho gh$$

式中，$\Delta\rho$ 是液相和气相的密度差，$\rho_1\gg\rho_g$，故 $\Delta\rho\approx\rho_1$

又

$$R'=\frac{R}{\cos\theta}$$

所以

$$\sigma=\frac{gh\rho R}{2\cos\theta}$$

8.2.3　开尔文方程

液滴具有弯曲液面，由拉普拉斯方程可知，其液面上存在附加压力，这使小液滴外比液面（平面）上方存在更大的饱和蒸气压。

设某气-液平衡系统由两部分组成，一是平面液体和饱和蒸气压为 p_0 的蒸气，平衡时液体的化学势等于气体的化学势，对于理想气体，其化学势为

$$\mu=\mu^{\ominus}+RT\ln\frac{p_0}{p^{\ominus}} \tag{8-15}$$

另一部分是球形液滴及饱和蒸气压为 p 的蒸气，其化学势为

$$\mu=\mu^{\ominus}+RT\ln\frac{p_r}{p^{\ominus}} \tag{8-16}$$

等温下，若有物质的量为 dn 的液体分子从液体平面移至液滴表面中，系统的吉布斯自由能变化

$$dG=\left(RT\ln\frac{p_r}{p^{\ominus}}-RT\ln\frac{p_0}{p^{\ominus}}\right)dn=RT\ln\frac{p_r}{p_0}dn \tag{8-17}$$

而系统表面能的增量为 $dG=\sigma dA$，即有

$$RT\ln\frac{p_r}{p_0}dn=\sigma dA \tag{8-18}$$

将 $A=4\pi r^2$，$dA=8\pi r dr$，$dn=\frac{\rho dV}{M}=\frac{\rho d\left(\frac{4}{3}\pi r^3\right)}{M}=\frac{4\pi r^2\rho dr}{M}$ 代入式（8-18）中，即

$$\ln\frac{p_r}{p_0}=\frac{2\sigma M}{RTr\rho} \tag{8-19}$$

式（8-19）称为开尔文方程。式中，ρ、M 和 σ 分别为液体的密度，摩尔质量和表面张力，r 是弯曲液滴的半径。

式（8-19）表明，液滴越小饱和蒸气压越大。当液滴半径增加到∞时，即为液体平面，饱和蒸气压降低为 p_0。表 8-2 列出 25℃时，不同半径水滴的蒸气压的变化。

25℃下，不同半径水滴的蒸气压的变化 **表 8-2**

r（m）	10^{-4}	10^{-5}	10^{-6}	10^{-7}
p_r/p_0	1.001	1.011	1.111	2.95

表 8-2 中的数据表明，水蒸气可以达到很高的过饱和蒸气压而不凝结为水滴。过饱和蒸气是温度降至气-液平衡温度以下仍不凝结的蒸气。以水为例，水蒸气凝结时，首先形成半径极小的水珠。根据开尔文方程，半径极小的水珠具有很大的蒸气压。因此，就会出现对正常水来说是过饱和、对小水珠尚未达到饱和的蒸气，即过饱和蒸气。过饱和蒸气是亚稳状态，不是热力学平衡状态。一旦系统中出现液体，在短时间内水蒸气将全部凝结为水。可以向过饱和水蒸气中投放一些作为液相成核核心的固体颗粒，水蒸气在固体颗粒表面上迅速凝结，直接长成大的水珠。人工降雨时向云层中撒 AgI 就是利用这一原理。

开尔文方程也适用于纯物质固-气平衡时气相压力与晶体尺寸的关系及晶体的溶解度与晶体尺寸的关系。这意味着分散度很高的晶体，比正常晶体具有更高的蒸气压和溶解度。例如，半径是 3.6×10^{-7}m 的 $BaSO_4$ 晶体，在水中的溶解度等于 2.29×10^{-3}kg/m^3；而半径降低到 2×10^{-8}m 时，其溶解度提高到 4.15×10^{-3}kg/m^3。因此，$BaSO_4$ 晶体在水中的溶解度随着晶体分散度的提高而增大。

8.2.4 润湿现象和接触角

水滴在玻璃表面铺展成薄层，这种现象叫作玻璃被水润湿；水滴在石蜡表面则聚成水滴，这种现象叫作石蜡不被水润湿。润湿现象伴随的是液体和固体接触后系统吉布斯自由能降低。此处将液-气、固-气和固-液三种界面的表面张力分别表示为 σ_{l-g}、σ_{s-g} 和 σ_{s-l}。图 8-6为固-液表面接触过程的简化表示，在这个过程中，固-气和液-气界面消失，固-液表面生成。在恒温恒压下，对于单位面积的固体和液体接触过程，系统自由能的降低值：

$$-\Delta G=\sigma_{l-g}+\sigma_{s-g}-\sigma_{s-l} \tag{8-20}$$

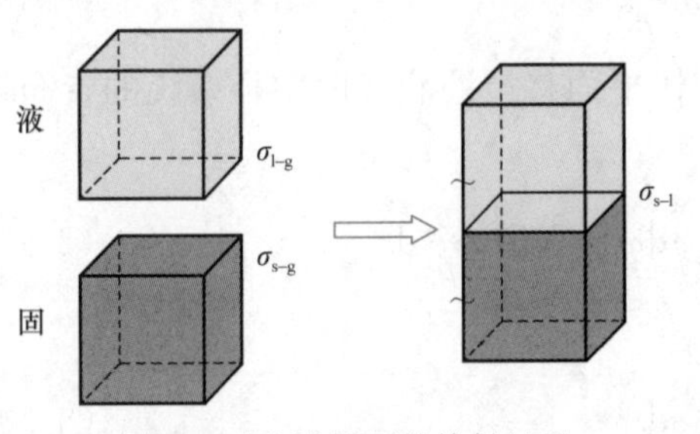

图 8-6　固-液界面的接触过程

系统自由能降低越大，则润湿程度越大，固-液界面结合越稳定。而固-液界面和气-固界面的张力难以通过实验测定。实验结果表明，可以通过气-液界面的张力 σ_{l-g} 和接触角的测定判断液体对固体表面的润湿程度。

图8-7中的A点是固相、液相和气相三相的交界点。从A点画出气-固表面张力σ_{s-g}、液-固表面张力σ_{s-l}和气-液表面张力σ_{l-g}的方向，用符号θ表示界面张力σ_{l-g}和σ_{s-l}之间的夹角，称为接触角。平衡时，三个界面张力和接触角θ之间的关系可从力平衡关系得到，即

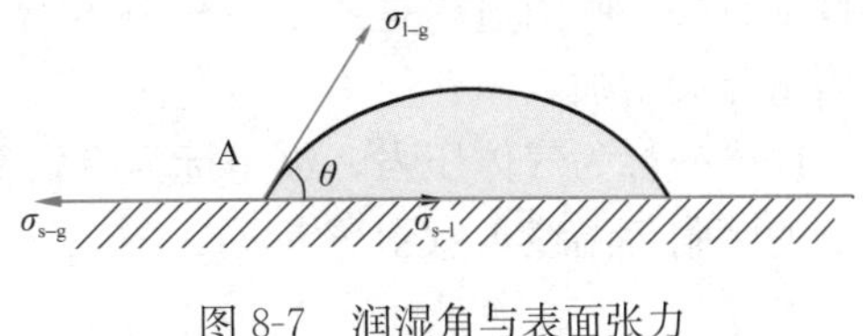

图8-7　润湿角与表面张力

$$\sigma_{s-g}=\sigma_{s-l}+\sigma_{l-g}\cos\theta \tag{8-21}$$

$$\cos\theta=\frac{\sigma_{s-g}-\sigma_{s-l}}{\sigma_{l-g}} \tag{8-22}$$

式（8-21）或式（8-22）均称为杨氏方程。当接触角$\theta<90°$时，液体对固体产生黏附润湿；$\theta=0°$，液体在固体表面上发生铺展，即铺展润湿；$\theta>90°$，液体不润湿固体；$\theta=180°$时，液体完全不润湿固体。

将式（8-21）代入式（8-20），有

$$-\Delta G=\sigma_{l-g}(\cos\theta+1) \tag{8-23}$$

由于液体的表面张力σ_{l-g}和接触角θ都可以实验测定，可以通过式（8-23）得到润湿过程系统自由能的变化量。

8.3　气体在固体表面上的吸附

8.3.1　物理吸附与化学吸附

固体表面的分子与液体表面的分子一样，受力是不对称的，但固体表面的分子几乎不可移动，使固体不像液体以缩小表面积的形式来降低比表面自由能。但固体表面可以吸附空间中的气体分子，从而降低比表面自由能。

气体分子在固体表面发生富集的现象称为吸附。吸附气体的固体物质为吸附剂，被吸附的气体为吸附质。吸附分为两种类型，即物理吸附和化学吸附。

物理吸附中，吸附质和吸附剂分子之间的作用力是范德华力。这种吸附是没有选择性的，任何气体都可以吸附在任何固体的表面；吸附热比较小，接近气体分子的液化热。吸附与脱附的速度都很快，容易达到平衡。吸附可以是单分子层的，也可以是多分子层的。

化学吸附中，可认为吸附质分子和吸附剂表面上的原子发生化学反应，形成新的化学键，化学键力远远强于范德华力，所以化学吸附的作用力远强于物理吸附的作用力。这也决定了该吸附有选择性，特定的吸附剂只对某些气体有吸附作用。吸附热较大，接近化学反应热，一般在$80\mathrm{kJ\cdot mol^{-1}}$以上。发生化学吸附需要一定的活化能，所以吸附和脱附速度较慢。化学吸附总是单分子层的。

需要指出的是，物理吸附和化学吸附会同时发生。一般认为在低温时发生物理吸附，在高温时发生化学吸附。

气体分子可以被吸附在固体的表面，固体表面的吸附分子同时也可以脱附返回气相。当温度和压力一定的时候，如果吸附速率和脱附速率相等，就达到平衡状态。达到吸附平衡时，单位质量的固体吸附剂在标准状态（0℃，100kPa）下吸附气体的体积，为吸附量，用符号a表示。吸附量与吸附剂和吸附质的性质、吸附剂的表面状态、吸附质的压力以及

温度都有关。吸附过程是发生在气-固相界面上的，提高吸附剂分散度，增加其比表面积，吸附量就会增加。

以横坐标为气体压强，纵坐标为吸附量，可以绘出吸附等温线，图 8-8 为常见的五种类型的吸附等温线示意图。

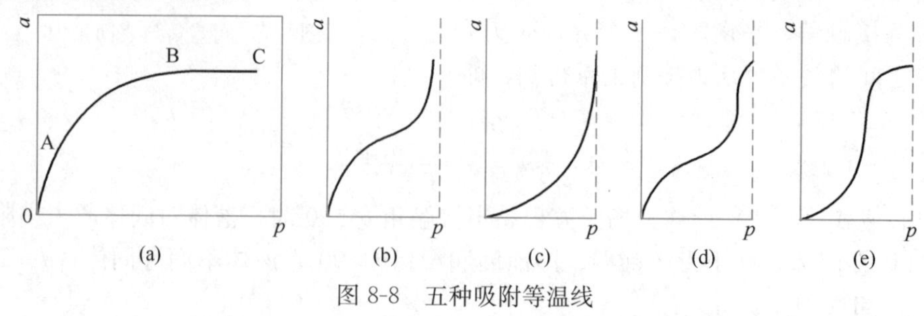

图 8-8　五种吸附等温线

由这五种吸附等温线的变化趋势可知，吸附量均随吸附质压力的增加而增加。图 8-8(a) 所示的第一类吸附最为常见，也最为重要。目前研究已经比较清楚：该类吸附一般为单分子层吸附，在吸附质压力较低时，吸附量随压力增加而线性增大，到达 B 点后，如果继续增加吸附质的压力，吸附量不再有明显增加，可以认为吸附达到了饱和。其他四种吸附方式一般为多分子层吸附，如图 8-8（b）～（e）所示。

8.3.2　吸附等温方程式

恒温条件下吸附量随吸附质压力变化的关系称为吸附等温线。

1. 弗劳因德里希（Freundlich）吸附等温方程

弗劳因德里希吸附等温式考虑了吸附热与等温式之间的关系，即等温时，吸附量 a 与吸附质分压 p 可建立如下关系：

$$a = kp^{\frac{1}{n}} \tag{8-24}$$

式中，k 和 n 均是经验常数，与吸附质、吸附剂的性质及温度有关，$n>1$，$k>0$。对式 (8-24) 取对数得到

$$\lg a = \lg k + \frac{1}{n}\lg p \tag{8-25}$$

由式（8-25）可知，$\lg a$ 与 $\lg p$ 之间呈线性关系，直线的斜率和截距分别等于$\frac{1}{n}$和 $\lg k$。可通过直线的斜率和截距求弗劳因德里希吸附等温方程中的两个常数 k 和 n。

2. 朗格缪尔吸附等温方程

朗格缪尔研究钨丝在低压下的氧化反应时，建立了气体平衡压力与吸附量的数学关系。该理论适用于单分子层吸附的情形。这个理论的基本假设为：

（1）固体表面是均匀的，即各处的吸附能力相同。

（2）每个吸附位置只能吸附一个气体分子，而且吸附分子之间没有相互作用。

（3）吸附只进行到单分子层为止。

（4）吸附平衡是动态平衡，即达到平衡时吸附速率和脱附速率相等。

设 θ 为被气体分子覆盖的面积占总表面积的比例（$0\leqslant\theta\leqslant1$），$1-\theta$ 代表未被气体分子覆盖的固相表面积比例。气体吸附的速率与未被覆盖的表面积成正比，另外还与气体的平

衡压强成正比，压强越大，说明单位时间内撞到单位表面积的气体分子越多，因此吸附速率可表示为

$$v_{吸附}=k_1(1-\theta)p \tag{8-26}$$

式中，k_1 是指定温度下的吸附速率常数。被吸附气体分子的脱附速率与已覆盖的表面积成正比，即

$$v_{脱附}=k_2\theta \tag{8-27}$$

式中，k_2 是指定温度下的脱附速率常数。达到吸附平衡时，吸附速率和脱附速率相等，即

$$k_1(1-\theta)p=k_2\theta \tag{8-28}$$

整理后得到

$$\theta=\frac{\frac{k_1}{k_2}p}{1+\frac{k_1}{k_2}p}=\frac{bp}{1+bp} \tag{8-29}$$

这就是朗格缪尔吸附等温式，式中 $b=k_1/k_2$，为一常数。考虑一种极端情况，即固相表面完全被气体分子覆盖，$\theta=1$，吸附气体的量最大，称为饱和吸附，用符号 a_∞ 表示饱和吸附量；对于未达到饱和吸附的情况，$\theta<1$，吸附量是 a，则有$\frac{a}{a_\infty}=\theta$。将此结果代入式（8-29）后，得到

$$a=\frac{a_\infty bp}{1+bp} \tag{8-30}$$

将式（8-30）取倒数，有

$$\frac{1}{a}=\frac{1}{a_\infty bp}+\frac{1}{a_\infty} \tag{8-31}$$

式（8-31）表明，吸附量的倒数和气体分压的倒数为线性关系，其斜率为$\frac{1}{a_\infty b}$，截距为$\frac{1}{a_\infty}$。对吸附量和分压的实验数据分别取倒数，作图并拟合直线，可获得饱和吸附量 a_∞ 及常数 b。

8.4　BET　理　论

朗格缪尔理论适用于气体分子的单分子层化学吸附形式。事实上，更加普遍的吸附形式是多分子层吸附。层与层之间的吸附可以认为是物理吸附，物理吸附的作用力是范德华力，与化学键力相比，这是一种长程力，会使下一层还没有吸满就发生上面一层的吸附。

描述这种多分子层吸附的理论是 BET 理论，该理论是由布鲁诺尔（Brunauer）、埃米特（P. H. Emmett）和泰勒（E. Teller）在 1938 年提出的，其中 BET 公式为

$$V=\frac{V_m Cp}{(p^*-p)\left[1+(C-1)\frac{p}{p^*}\right]} \tag{8-32}$$

式中，p 为气体压强，p^* 为实验温度下液体的饱和蒸气压，V 为压强为 p 时吸附气体的体积，V_m 为单层吸附的气体分子所对应的体积，C 是常数。

将式（8-32）等号两边取倒数，即

$$\frac{p}{V(p^*-p)}=\frac{(C-1)p}{V_mC}\frac{p}{p^*}+\frac{1}{V_mC} \tag{8-33}$$

该式表明，以$\frac{p}{V(P^*-P)}$为纵坐标，$\frac{p}{p^*}$为横坐标作图，可得一条直线，直线的斜率等于$\frac{(C-1)}{V_mC}$，截距为$\frac{1}{V_mC}$，从而有

$$V_m=\frac{1}{截距+斜率} \tag{8-34}$$

BET公式适用于中等压力范围的等温吸附过程，一般来说，$\frac{p}{p^*}=0.05\sim0.35$。BET公式的最重要应用是利用$V_m$和气体分子的横截面积$A_0$，计算固体吸附剂的比表面积$S_m$

$$S_m=\frac{V_mN_AA_0}{22400m} \tag{8-35}$$

式中，V_m以“cm^3”为单位，N_A是阿伏伽德罗常数，m是吸附剂的质量，S_m为质量比表面积。

【例8-3】 0℃时，实验测得丁烷在3.301g TiO_2粉末上的吸附量a（mL）数据见表8-3。

丁烷在TiO_2粉末上的吸附量 **表8-3**

p (kPa)	7.05	11.31	18.22	26.60	43.62	75.81
a (mL)	1.47	1.91	2.28	2.95	4.03	6.33

已知0℃时，丁烷的饱和蒸气压为103.34kPa，设丁烷分子的横截面积是$0.321nm^2$。求：

（1）BET公式中的饱和吸附量；

（2）TiO_2的比表面积。

解： 计算$\frac{p}{p^*}$和$\frac{p}{a(p^*-p)}$，并列入表8-4。

$\frac{p}{p^*}$和$\frac{p}{a(p^*-p)}$计算结果 **表8-4**

$\frac{p}{p^*}$	0.0682	0.1090	0.1760	0.2570	0.4220
$\frac{p}{a(p^*-p)}$	0.0498	0.0644	0.0884	0.1180	0.1810

以$\frac{p}{a(p^*-p)}$为纵坐标，$\frac{p}{p^*}$为横坐标作图，获得一条直线，如图8-9所示。直线斜率$\frac{C-1}{a_\infty C}=0.371$，截距$\frac{1}{a_\infty C}=2.38\times10^{-2}$，联立解得$a_\infty=2.55mL$，$TiO_2$的表面积为

$$A=\frac{\alpha_\infty N_AA_0}{22.4}=\frac{2.55\times10^{-3}\times6.02\times10^{23}\times0.321\times10^{-18}}{22.4}=22.00m^2$$

比表面积 $S_m = 22.00m^2/3.301g = 6.66m^2/g$。

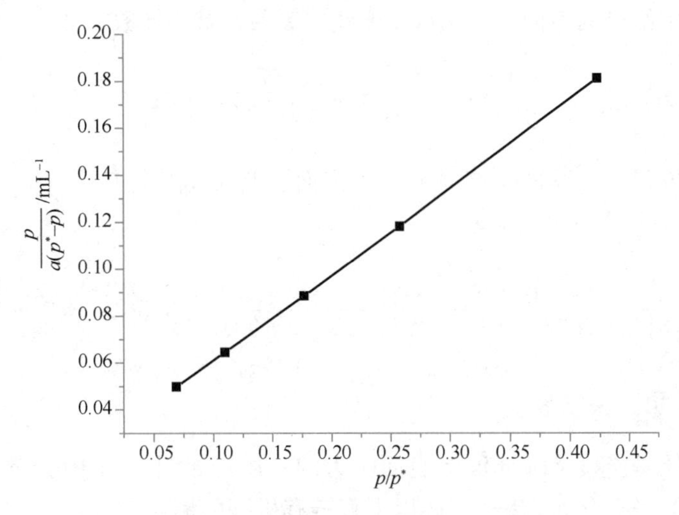

图 8-9 0℃时 TiO_2 吸附丁烷分子

8.5 液体表面的吸附

8.5.1 吉布斯吸附公式

如前面所讨论的，液体表面积缩小或表面张力降低，都能够降低系统的吉布斯自由能。对于溶液系统，其表面张力的大小和界面层组成密切相关。此处用Γ表示单位面积的界面层中溶质的吸附量，该量与温度、浓度及表面张力之间的关系，为

$$\Gamma = -\frac{c}{RT}\left(\frac{\partial \sigma}{\partial c}\right)T \tag{8-36}$$

式中，Γ 是吸附量，单位是“$mol \cdot m^{-2}$”；c 是浓度，单位是“$mol \cdot m^{-3}$”；R 和 T 分别是气体常数和热力学温度。该方程即为吉布斯等温方程式。

从吉布斯等温方程式可知，

（1）当 $\left(\frac{\partial \sigma}{\partial c}\right)_T > 0$ 时，$\Gamma < 0$，即溶液表面张力随溶质浓度的增加而升高时，溶质在表面层中的浓度小于其在溶液本体中的浓度，溶质在溶液表面层上发生负吸附，如图 8-10 中的 A 类物质。

（2）当 $\left(\frac{\partial \sigma}{\partial c}\right)_T < 0$ 时，$\Gamma > 0$，即溶液表面张力随溶质浓度的增加而下降时，溶质在表面层中的浓度大于其在溶液本体中的浓度，溶质在溶液表面层上发生正吸附，如图 8-10 中的 B 类和 C 类物质。

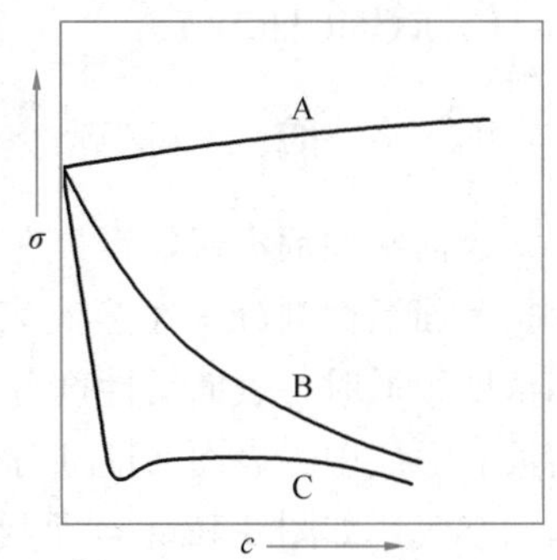

图 8-10 水的表面张力随三类溶质的变化趋势

【例 8-4】 在 20℃时，丁酸水溶液表面张力与丁酸浓度 c（$mol \cdot m^{-3}$）之间的关系如下：

$$\sigma = 7.253 \times 10^{-2} - 1.31 \times 10^{-2}\ln(1 + 1.962 \times 10^{-2} c)$$

求浓度等于 $100mol \cdot m^{-3}$ 的丁酸在溶液表面层中的吸附量 Γ。

解：根据题中给出的表面张力与浓度变化的关系，求其导数，即

$$\left(\frac{\partial \sigma}{\partial c}\right)_T = \frac{d\sigma}{dc} = \frac{2.57 \times 10^{-4}}{1 + 1.962 \times 10^{-2} c}$$

根据吉布斯等温方程式（8-36），溶质在溶液表面层上的吸附量 $\Gamma = \frac{c}{RT}\left(\frac{\partial \sigma}{\partial c}\right)_T$，将各相应的量代入，得

$$\Gamma = \frac{100 \times 2.57 \times 10^{-4}}{8.314 \times 293 \times (1 + 1.962 \times 10^{-2} \times 100)} = 3.56 \times 10^{-6} mol \cdot m^{-2}$$

8.5.2 表面活性物质

表面活性物质是能显著降低液体表面张力的物质，如图 8-11 中少量该类物质即可显著降低溶液的表面张力。如肥皂、8 碳以上直链有机酸的碱金属盐、高碳直链烷基硫酸盐和苯硫酸盐等。

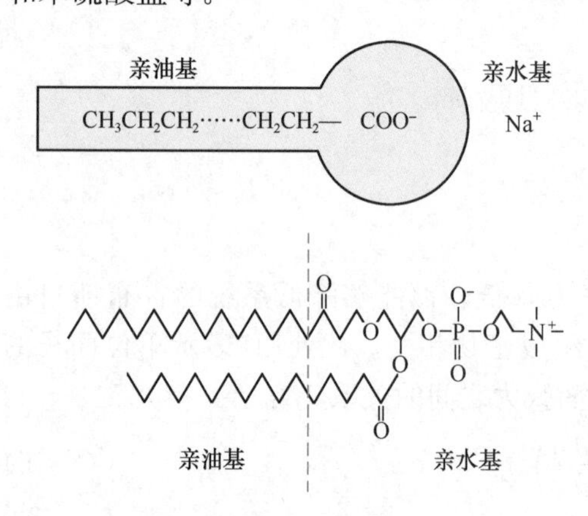

图 8-11 水的表面活性物质的结构

水的表面活性物质的结构如图 8-11 所示，由具有亲水性的极性基团和疏水性的非极性基团（也叫亲油性）构成。这些表面活性物质在水溶液表面上发生定向排列，亲水基指向水中，疏水基指向空气。表面活性物质可分为离子型表面活性物质和非离子型表面活性物质两种。

离子型的表面活性物质在水中可电离出阴、阳离子。例如肥皂是水的阴离子型表面活性物质，在水中的电离反应是

$$C_{17}H_{35}COONa = C_{17}H_{35}COO^- + Na^+$$

十八胺盐酸盐是阳离子型表面活性物质，在水中的电离反应为

$$C_{18}H_{37}NH_2HCl = C_{18}H_{37}NH_3^+ + Cl^-$$

非离子型的表面活性物质在水中不电离，呈分子状态，如聚氧乙烯类的表面活性剂 $C_{12}H_{25}O(CHCHO)_nH$。

8.5.3 胶束和临界胶束浓度

表面活性剂不仅仅聚集在溶液表面，当浓度达到一定程度时，还会在溶液中形成胶束。表面活性剂分子在溶液表面层定向排列和溶液内部形成胶束的过程如图 8-12 所示。当浓度很低时，表面活性剂分子主要分布在表面，如图 8-12（a）所示；逐渐增大浓度后，溶液表面层中的表面活性剂分子数量逐渐增多，而且定向排列，亲水基指向溶液、疏水基指向空气，如图 8-12（b）所示；当溶液表面层被表面活性剂分子占满达到饱和时，继续增加浓度，表面活性剂分子开始在溶液内部聚集，形成胶束，胶束的数量随着表面活性剂的加入而增多，如图 8-12（c）所示，在这个过程中，表面活性剂分子形成胶束时，

其疏水基则指向胶束内部，亲水基指向溶液。表面活性物质在溶液中开始形成胶束的浓度称为临界胶束浓度，大致与溶液表面层完全被覆盖时的表面活性物质的浓度相当。胶束中能包裹一些不溶于水的物质，提高该物质在水中的溶解度，这就是表面活性剂的增溶作用。

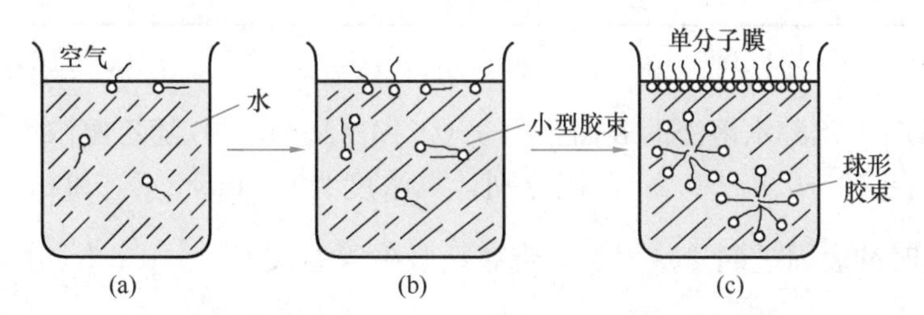

图 8-12　不同浓度的表面活性物质在溶液中的聚集现象

习　　题

1. 用毛细上升法测定某液体的表面张力，液体的密度 $\rho=0.790\text{g}\cdot\text{cm}^{-3}$，在半径 $r=0.235\text{mm}$ 的玻璃毛细管中上升的高度 $h=2.56\times10^{-2}\text{m}$，设液体能很好地润湿玻璃，求此液体的表面张力。

(2.33×10^{-2}N·m^{-1})

2. 在 293.15K、101.325kPa 下，把半径为 1×10^{-3}m 的汞滴分散成半径为 1×10^{-9}m 的小汞滴，求此过程系统的表面吉布斯函数？已知 293.15K 汞的表面张力为 0.470N·m^{-1}。

(5.906J)

3. 在 298K、101.325kPa 下，将直径为 1.0μm 的毛细管插入水中，问需在管内加多大压力才能防止水面上升？若不加额外压力，让水面上升，达平衡后管内液面将升高多少？已知该温度下水的表面张力为 0.072N·m^{-1}，水的密度为 1000kg·m^{-3}，设接触角为 0°，重力加速度为 9.8m·s^{-2}。

(288kPa，29.39m)

4. 20℃时，乙醚-水、汞-乙醚、汞-水的界面张力 σ 分别为 10.7×10^{-3}N·m^{-1}、379×10^{-3}N·m^{-1}、375×10^{-3}N·m^{-1}，在乙醚与汞的界面上滴一滴水，求其接触角。

(68°)

5. 在 298K 时，水的平面上水的饱和蒸气压为 3168Pa，求在相同温度下，半径为 3nm 的小水滴上的饱和蒸气压。已知此时水的表面张力为 0.072N·m^{-1}，水的密度设为 1000kg·m^{-3}，水的摩尔质量为 18.0g·mol^{-1}。

(4489.8Pa)

6. 在 293.15K 时，水的饱和蒸气压为 2.337kPa，密度为 998.3kg·m^{-3}，表面张力为 72.75×10^{-3}N·m^{-1}，试求半径为 10^{-9}m 的小水滴在 293.15K 时的饱和蒸气压？（提示：开尔文公式）

(6.865kPa)

7. 在 351.45K 时，用焦灰吸附 NH_3 气测得如下（表 8-5）数据，试用图解法求公式

$V=kp^n$ [V (dm^3/kg); k (dm^3/kg); p (kPa)] 中的数项 k 及 n 的数值。

用焦灰吸附 NH_3 气数据表 **表 8-5**

p (kPa)	0.7224	1.307	1.723	2.898	3.931	7.528	10.102
V (dm^3/kg)	10.2	14.7	17.3	23.7	28.4	41.9	50.1

(0.6018, 12.46dm^3/kg)

8. 在 25℃时，乙醇水溶液的表面张力 σ ($\times 10^{-3} N\cdot m^{-1}$) 随乙醇浓度 c ($mol\cdot L^{-1}$) 的变化关系为 $\sigma=72-0.5c+0.2c^2$，试分别计算浓度为 0.1$mol\cdot L^{-1}$ 和 0.5$mol\cdot L^{-1}$ 的乙醇溶液在 25℃时的表面过剩量（提示：吉布斯吸附等温式 $\Gamma=-\frac{c}{RT}\left(\frac{d\sigma}{dc}\right)_T$）。

($1.86\times 10^{-8} mol\cdot m^{-2}$, $6.05\times 10^{-8} mol\cdot m^{-2}$)

9. 在 273.15K 及 N_2 的不同平衡压强下，实验测得 1kg 活性炭吸附 N_2 (g) 的体积 V 数据（已换算成标准状况）见表 8-6 所列。

不同压强下，活性炭吸附 N_2 的体积 **表 8-6**

p (kPa)	0.5240	1.7305	3.0584	4.5343	7.4967
V (dm^3)	0.987	3.043	5.082	7.047	10.310

用作图法求朗格缪尔吸附等温式中的常数 b 及 V_m^a。

($0.0543 kPa^{-1}$, $35.7 dm^3\cdot kg^{-1}$)

第9章 胶 体 化 学

胶体等分散系统有巨大的相界面，具有非常特殊的物理化学性质。胶体化学是物理化学的一个重要分支，它所研究的领域是化学、物理学、材料科学和生命科学的交叉与重叠，是这些学科的重要基础理论。胶体化学的主要研究对象是高度分散的多相系统。

9.1 分散系统及其分类

一种或几种物质以一定的分散程度分散在另一种物质中所形成的系统称为分散系统。其中被分散的物质称为分散相或溶质；另一种连续分布的物质，即分散相所处的介质称为分散介质或溶剂。按分散相粒子的大小，可把分散系统分为分子（或离子）分散系统（粒子直径 $d<1nm$)、胶体分散系统（$1nm<d<100nm$）和粗分散系统（$d>100nm$）等，见表 9-1 所列。

按分散相粒子大小进行的分散系统分类 **表 9-1**

分散相的直径 d	分散系统类型	特　性
$<1nm$	分子、离子溶液，混合气体	粒子能通过滤纸，扩散快，能渗析，只能在电子显微镜下看见
$1\sim100nm$	胶体	粒子能通过滤纸，扩散极慢，不能渗析，普通显微镜下看不见，超显微镜下可看见
$>100nm$	粗分散系统	粒子不能通过滤纸，不扩散，不能渗析，普通显微镜下能看见，目测时浑浊

通过对胶体溶液稳定性和胶体粒子结构的研究，又可将胶体系统分为性质颇不相同的两大类：

1. 憎液溶胶

简称溶胶，由难溶物分散在分散介质中所形成的，粒子都是由很大数目的分子构成，大小不等。系统具有很大的相界面，很高的表面吉布斯自由能，很不稳定，极易被破坏而聚沉。聚沉之后往往不能恢复原态，因而是热力学中的不稳定和不可逆系统。

2. 亲液溶胶

大（高）分子化合物的溶液通常属于亲液溶胶。它是分子溶液，但其分子的大小已经达到胶体的范围，因此具有胶体的一些特性（例如：扩散慢，不透过半透膜，有丁达尔效应等）。若设法除去大分子溶液的溶剂使它沉淀，重新再加入溶剂后大分子化合物又可以自动再分散，因而它是热力学中稳定、可逆的系统。

胶体系统也可按分散质和分散剂的聚集状态分为八类，并常以分散介质的相态命名，见表 9-2 所列。

按分散质和分散剂的聚集状态分类的胶体系统的八种类型　　表 9-2

序号	分散介质	分散相	通　称	实　例
1	液	气	泡沫	肥皂及灭火泡沫
2		液	乳状液	牛奶及含水原油
3		固	溶胶、悬浮液	银溶胶、油墨、泥浆
4	固	气	固体泡沫	沸石、泡沫塑料
5		液	凝胶	珍珠
6		固	固溶胶	有色玻璃、合金
7	气	液	气溶胶	云、雾
8		固	悬浮体	烟、沙尘

这其中，泡沫和乳状液的粒子大小虽然已达到粗分散系统，但由于它们的许多性质尤其是表面性质与胶体分散系统有着密切的关系，所以通常也归并到胶体分散系统中来讨论。

9.2 胶体的特性

9.2.1 胶体系统的光学性质

1869 年丁达尔发现，若令一束会聚光通过溶胶，从侧面可以看到一个发光的圆锥体，这就是丁达尔效应，如图 9-1 所示。类似的现象，如在尘雾茫茫的空气中照射时也可以观察到明亮的光柱。丁达尔效应实质就是溶胶对光的散射作用。

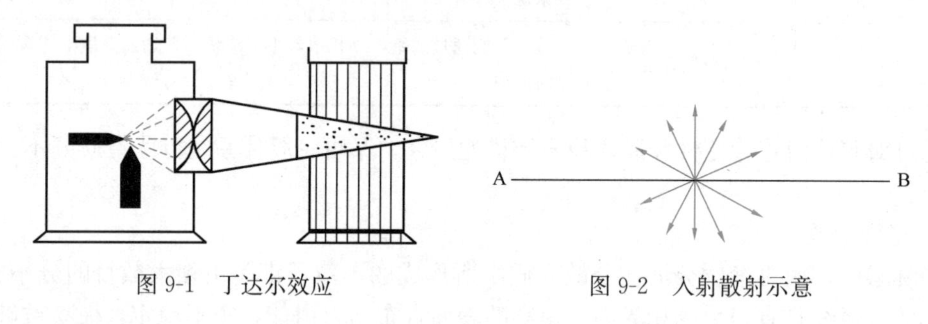

图 9-1　丁达尔效应　　图 9-2　入射散射示意

丁达尔效应与分散粒子的大小及入射光线的波长有关。如果分散粒子的直径远大于入射光线的波长时，主要发生的是光的反射作用；反之，如果分散粒子的直径小于入射光线的波长，那么就不发生光的反射，而发生光的散射作用，即光波可以绕过粒子前进，并从该粒子向各个方向散射，或者说产生乳光，如图 9-2 所示。由于胶体系统中分散粒子的直径在 1～100nm 之间，比可见光波长 400～800nm 要小得多，因此，光散射现象十分明显。其他分散系统也会产生一点散射光，但远不如溶胶显著。

瑞利（Rayleigh）研究了大量的光散射现象，对于粒子半径在 47nm 以下的溶胶，导出了散射光总能量的计算公式，称为瑞利公式。

$$I = K\frac{vV^2}{\lambda^4}\left(\frac{n_1^2 - n_2^2}{n_1^2 + 2n_2^2}\right)^2 I_0 \tag{9-1}$$

式中，I_0为入射光的总强度，K为常数，λ为入射光波长，v为单位体积中的粒子数，V为单个粒子的体积，n_1和n_2分别为分散相和分散介质的折射率。

从瑞利公式可得出如下结论：

（1）散射光总能量与入射光波长的次方成反比。因此入射光波长越短，散射越显著。所以在可见光中，蓝、紫色光散射作用强。那么，当用白光照射溶胶时，在与入射光垂直的方向上可观察到溶胶呈淡蓝色；在入射光的正对面看到的主要是透过光，呈橙红色。

（2）分散相与分散介质的折射率相差越显著，则散射作用亦越显著。憎液溶胶分散相与分散介质间有明显的界面存在，折射率相差较大，丁达尔效应很强；而高分子溶液是均相系统，则散射较差。所以，可依此来区分高分子溶液和憎液溶胶。

（3）散射光强度与单位体积中的粒子浓度成正比。对于物质种类相同的溶胶，在测量条件相同时，两溶胶的散射光强度之比应等于其粒子浓度之比，即$I_1/I_2 = C_1/C_2$。如果其中一份溶胶的粒子浓度为已知，则可以求出另一份溶胶的粒子浓度。

（4）单位体积散射光的强度I与每个分散粒子体积的平方成正比。一般真溶液分子的体积非常小，产生的散射光很微弱；粗分散系统的悬浮液，由于其粒子的尺寸大于可见光的波长，所以只有反射光，没有散射光；而在胶体溶液中可以看出很明显的散射光。因此可由丁达尔效应来鉴别分散系统的种类。

9.2.2　胶体系统的动力学性质

1. 布朗运动

布朗（Brown）运动是不规则运动着的分散剂分子对胶体粒子碰撞的结果。受介质分子的热运动的撞击，在某一瞬间，它所受的来自各个方向的撞击力不会互相抵消，如图9-3所示，加上粒子自身的热运动。因而，它在不同的时刻以不同速度、不同方向作无规则运动。用超显微镜可以观察到溶胶粒子不断地作不规则“之”字形的运动，从而能够测出在一定时间内粒子的平均位移。

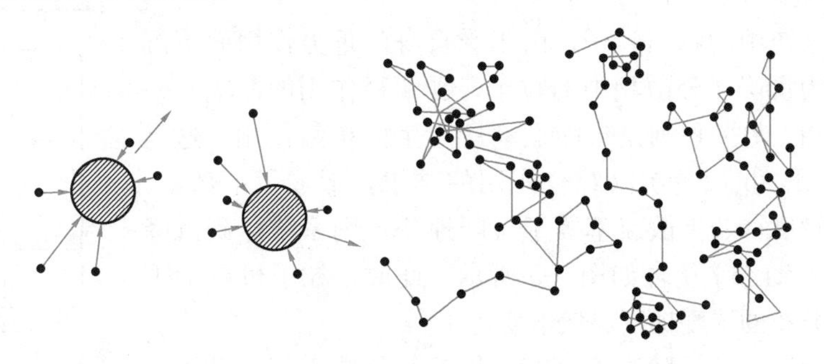

图9-3　布朗运动

通过大量观察，得出结论：粒子越小，布朗运动越激烈。其运动激烈的程度不随时间而改变，但随温度的升高而增加。

爱因斯坦（Einstein）认为，溶胶粒子的布朗运动与分子运动类似，平均动能为$\frac{3}{2}$

kT，并假设粒子是球形的，运用分子运动论的一些基本概念和公式，得到布朗运动的公式为

$$\overline{X}=\sqrt{\frac{RT}{N_{\mathrm{A}}}\frac{t}{3\pi r\eta}} \tag{9-2}$$

式中，$\overline{X}$ 是粒子的平均位移，t 是观察相隔的时间，η 是介质的黏度，r 是粒子半径，T 为热力学温度，R 为摩尔气体常数，N_{A} 是阿伏伽德罗常数。这个公式把粒子的位移与粒子的大小、介质黏度、温度以及观察时间等联系起来。

2. 扩散现象

溶胶有布朗运动，因此在有浓度梯度存在时物质粒子因热运动而发生宏观上定向迁移的现象，称为扩散。

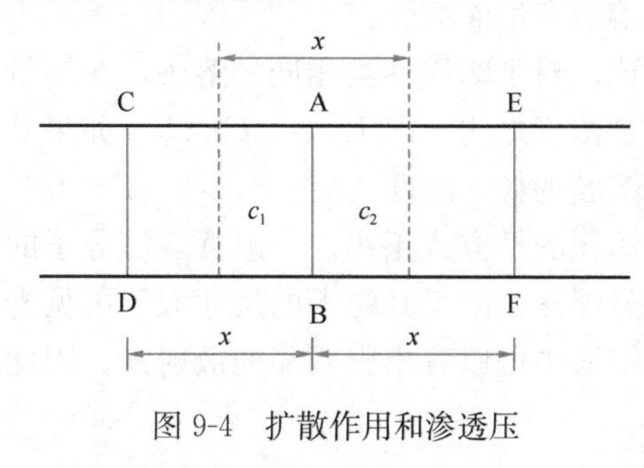

图 9-4　扩散作用和渗透压

如图 9-4 所示，在 CDFE 桶内盛有溶胶，在某一截面 AB 的两侧溶胶的浓度不同，$c_1>c_2$。由于分子的热运动和胶粒的布朗运动，可以观察到胶粒从 c_1 区向 c_2 区迁移的现象，这就是胶粒的扩散作用。设任一平行于 AB 面的截面上浓度是均匀的，但水平方向自左至右浓度变稀，梯度为$\frac{\mathrm{d}c}{\mathrm{d}x}$。

通过 AB 面的扩散质量为 m，则扩散速度为$\frac{\mathrm{d}m}{\mathrm{d}t}$，它与浓度梯度和 AB 截面积 S 成正比

$$\frac{\mathrm{d}m}{\mathrm{d}t}=-DS\frac{\mathrm{d}c}{\mathrm{d}x} \tag{9-3}$$

此式就是菲克（Fick）第一定律。式中，D 为扩散系数，其物理意义是单位浓度梯度、单位时间内通过单位截面积的物质的质量。式中的负号表示扩散发生在浓度降低的方向。菲克第一定律只适用于浓度梯度不变的情况，实际上在扩散过程中浓度梯度是变化的。

3. 沉降与沉降平衡

多相分散系统中的物质粒子，由于受自身的重力作用而下沉的过程，称之为沉降。分散相中的粒子，受两种作用的影响，一是重力场的作用，另一种则是布朗运动所产生的扩散作用，这是两个相反的作用。扩散与沉降综合作用的结果，形成了下部浓、上部稀的浓度梯度，若扩散速率等于沉降速率，则系统达到沉降平衡，这是一种动态平衡，如图 9-5 所示。此时，粒子可以上下移动，但粒子分布的浓度梯度仍然不变。

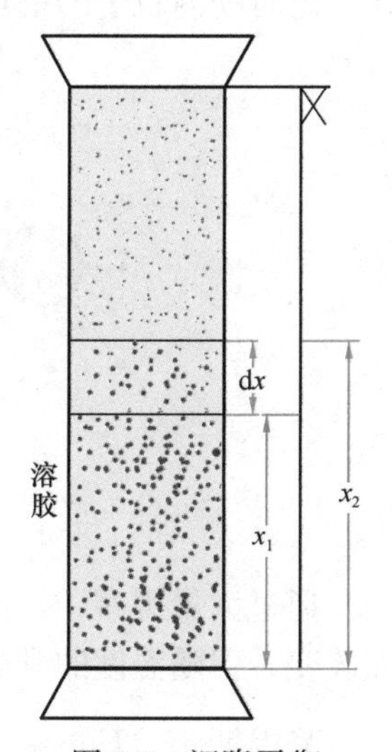

图 9-5　沉降平衡

达沉降平衡时，粒子随高度分布的情况与气体类似，可用高度分布定律

$$\frac{C_2}{C_1}=\mathrm{e}^{\left[-\frac{4}{3}\pi r^3(\rho_{粒子}-\rho_{介质})gN_{\mathrm{A}}(x_2-x_1)\frac{1}{RT}\right]} \tag{9-4}$$

式中，C_1、C_2 为高度 x_1、x_2 处粒子的单位体积分子数，r 为粒子

的半径，g 为重力加速度，$\rho_{粒子}$ 为粒子密度，$\rho_{介质}$ 为分散介质密度，T 为热力学温度，R 为摩尔气体常数，N_A 为阿伏伽德罗常数。

粒子质量越大，其平衡浓度随高度的降低亦越大。表 9-3 列出了一些不同分散系统中粒子浓度降低 1/2 时所需高度的数据。

高度分布定律在一些分散系统中的应用　　**表 9-3**

分散系统	粒子直径 d（nm）	粒子浓度降低一半时高度 x（nm）
氧气	0.27	5000
高度分散的金溶胶	1.86	2.15
超微金溶胶	8.35	2.5×10^{-2}
粗分散金溶胶	186	2×10^{-7}
藤黄的悬浮体	230	3×10^{-5}

9.2.3　胶体的电学性质

胶粒是带电的，实验发现：在外电场的作用下，固、液两相可发生相对运动（电泳和电渗）；在外力的作用下，迫使固、液两相进行相对移动时，又可产生电势差（流动电势和沉降电势）。这两类相反的过程，皆与电势差的大小及两相的相对移动有关，故称为电动现象，这是溶胶的电学性质。下面简单介绍电泳和电渗。

1. 电动现象

（1）电泳

在外加电场作用下，胶体粒子定向移动的现象称为电泳。中性粒子在外电场中不可能发生定向移动，所以电泳现象说明粒子是带电的。大量实验结果表明，在电势梯度、温度、分散介质相同的条件下，胶体粒子的电泳速率与一般离子的电迁移速率的数量级几乎相同，而胶体粒子的质量要比一般离子大很多倍，这说明胶体粒子带有大量的电荷。

（2）电渗

在外加电场作用下，带电分散介质通过多孔性物质（瓷、玻璃粉或石英黏土等）或半径为 1～10nm 的毛细管作定向移动，这种现象称为电渗，如图 9-6 所示。将两根玻璃管插到湿的黏土中，向这两个玻璃管内投入少量沙子，把水灌到相同的高度，再向那里插入两个电极。当在电极上施以适当的外加电压时，在阴极管中，水透过沙层由下向上移动，液面升高。而在阳极管中，水面降低。实验表明，水向阴极流动，表明流体带正电荷；若用氧化铝或碳酸钡做成的多孔膜时，水向阳极流动，表明这时流体带负电荷。产生电渗现象的原因是多孔塞的表面上与水溶液带有不同性质的电荷。电渗现象表明分散介质也是带电的。在分散相固定不动时，分散介质受外加电场的作用而作定向流动。和电泳一样，外加电解质对电渗速度的影响很显著，随电解质浓度的增加电渗速度降低，甚至会改变液体流动的方向。

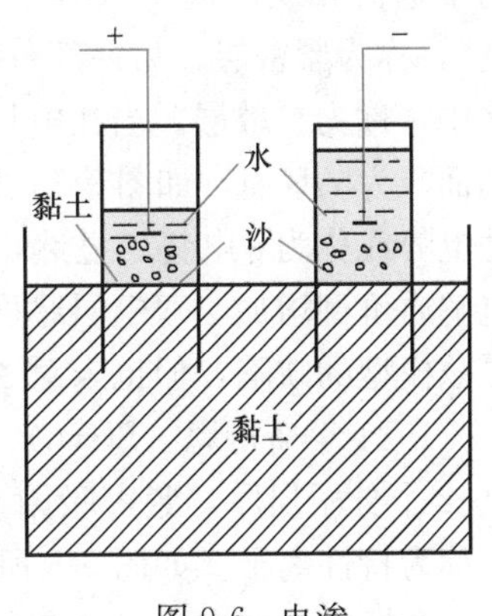

图 9-6　电渗

2. 扩散双电层理论

当固体与液体接触时，可以是固体从溶液中选择性吸附某种离子，也可以是固体分子本身发生电离作用而使离子进入溶液，导致固-液两相分别带有不同符号的电荷，在界面上形成了双电层的结构。

早在 1879 年，亥姆霍兹提出了平板型模型，他认为正、负离子整齐地排列在固-液界面层的两侧，表面与液体内部的电势差称为质点的表面电势 φ_0（即热力学电势），在双电层内 φ_0 呈直线下降，如图 9-7（a）所示，δ 是双电层的厚度。正、负电荷的分布情况就如同平行板电容器那样，故称之为双电容器模型。

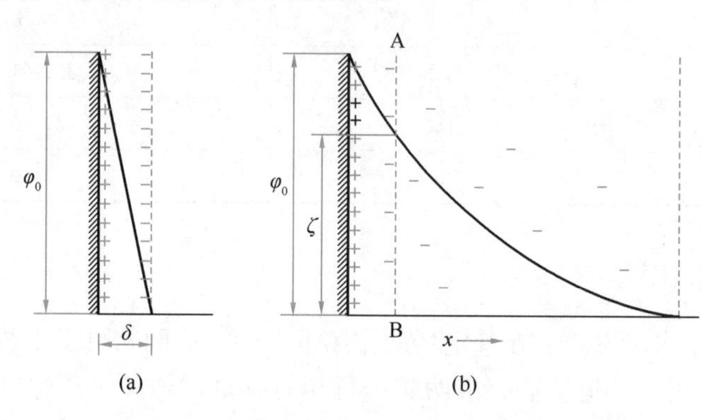

图 9-7　双电层模型

（a）亥姆霍兹平板双电层模型；（b）古依扩散双电层模型

1910 年古依（Gouy）和 1913 年查普曼（Chapman）修正了平板型模型，提出了扩散双电层模型。他们认为由于静电吸引作用和热运动两种效应的结果，在溶液中与固体表面离子电荷相反的离子只有一部分紧密地排列在固体表面上（距离约为 1～2 个离子的厚度），称为紧密层；另一部分离子与固体表面的距离则可以从紧密层一直分散到本体溶液之中，称为扩散层。当在电场作用下，固-液之间发生电动现象时，移动的切动面（或滑动面）为 AB 面，如图 9-7（b）所示，相对运动边界处与溶液本体之间的电势差则称为电动电势或称为 ξ 电势。显然，表面电势 φ_0 与 ξ 电势是不同的。随着电解质浓度的增加，或电解质价型增加，双电层厚度减小，ξ 电势也减小。古依和查普曼的模型虽然克服了亥姆霍兹模型的缺陷，但也未对 ξ 电势赋予更明确的物理意义。

1924 年斯特恩（Stern）做了进一步的修正。他认为：紧密层（又称斯特恩层）约有 1～2 个分子层厚，紧密吸附在表面上，这种吸附称为特性吸附。吸附在表面上的这层离子称为特性离子。如图 9-8 所示，在紧密层中，反离子的电性中心构成了所谓的斯特恩平面，在斯特恩层内电势的变化情形与亥姆霍兹的平板模型一样，φ_0 直线下降到斯特恩平面的 φ_δ。由于离子的溶剂化作用，紧密层结合了一定数量的溶剂分子，在电场作用下，它和固体质点作为一个整体一起移动。

9.3　憎液溶胶的胶团结构

胶粒的结构比较复杂，先有一定量的难溶物分子聚结形成胶粒的中心，称为胶核；然后胶核选择性地吸附稳定剂中的一种离子，形成紧密吸附层；由于正、负电荷相吸，在紧

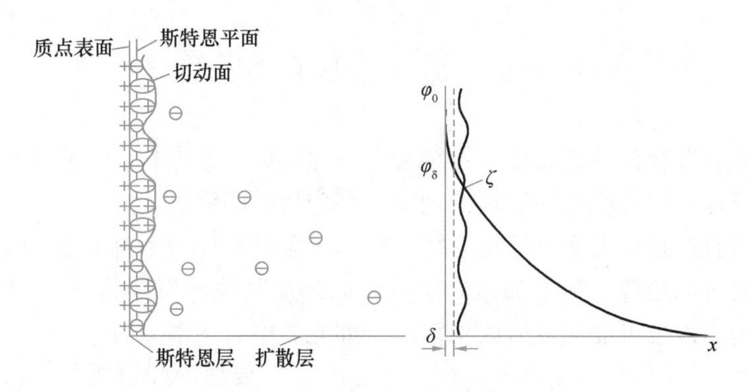

图 9-8　双电层的斯特恩模型

密层外形成反号离子的包围圈，从而形成了带与紧密层相同电荷的胶粒；胶粒与扩散层中的反号离子，形成一个电中性的胶团。实验证明，胶核吸附离子是有选择性的，首先吸附与胶核中相同的某种离子，这样有利于胶核进一步长大。

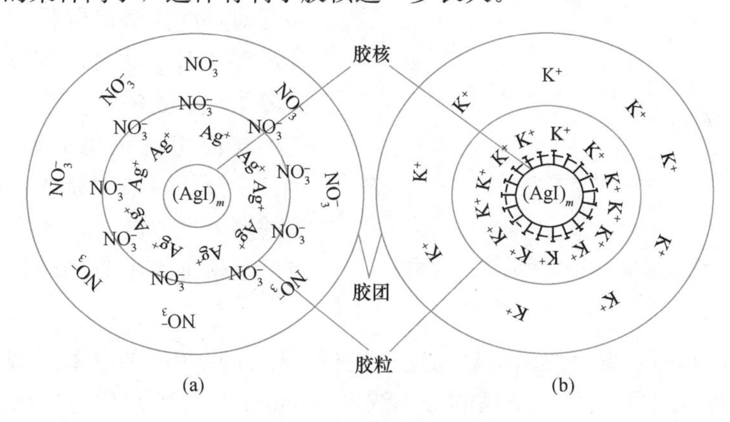

图 9-9　碘化银胶粒的结构

(a) 正电荷胶粒；(b) 负电荷胶粒

带正电荷的和负电荷的碘化银的胶粒结构如图 9-9 所示。现在用 $AgNO_3$ 和 KI 溶液混合制备 AgI 溶胶为例，生成的不溶性 AgI 微粒，称为胶核。如图 9-9（b）所示，m 表示胶核中所含 AgI 的分子数，通常是一个很大的数值。若制备时 KI 是过剩的，则 I^- 在胶核表面被优先吸附。n 表示胶核所吸附的 I^- 离子数，因此胶核带负电。溶液中的 K^+ 又可以部分地吸附在其周围，$n-x$ 为吸附层中带相反电荷的离子数，x 是扩散层中的反号离子数，胶核连同吸附在其上面的离子，包括吸附层中的相反电荷离子，称为胶粒。胶粒连同周围介质中的相反电荷离子则构成胶团。胶团结构如图 9-10 所示。

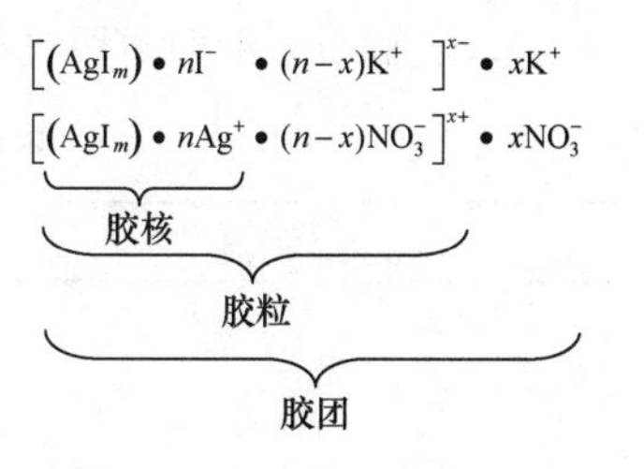

图 9-10　胶团结构

在书写胶团结构时，应注意电量平衡，即整个胶团中反离子所带的电荷数应等于胶核表面上的电荷数，也就是说整个胶团是电中性的。

9.4 憎液溶胶的聚沉

憎液溶胶中胶体颗粒彼此碰撞，并结合在一起形成更大颗粒，在重力的作用下发生沉降，使稳定的胶体分散系统遭到破坏的现象，称为溶胶的聚沉。

任何憎液溶胶都是热力学不稳定系统，在一定温度、压力下都有自动地降低表面吉布斯函数而发生聚沉的趋势。为了加速聚沉，可以外加其他物质作为聚沉剂，如电解质等。此外，某些物理因素也可能促使溶胶聚沉，例如光、电、热等效应。

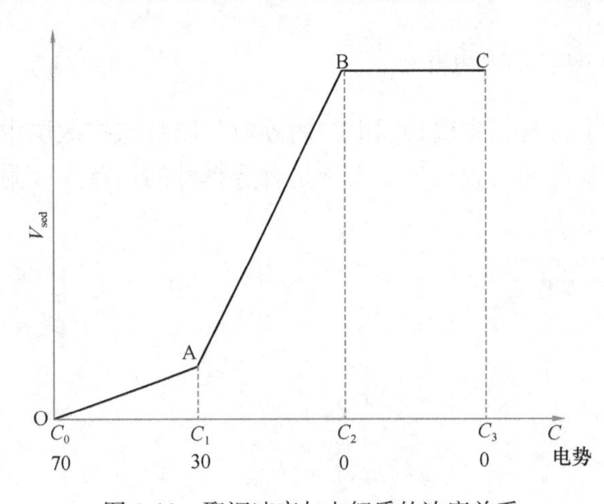

图 9-11 聚沉速率与电解质的浓度关系

要使溶胶聚沉，就必须破坏它的稳定因素，即降低 ξ 电势和减少溶剂化层。ξ 电势和溶剂化的程度都与扩散层的厚度有关，这主要是因为当电解质的浓度或价数增加时，会压缩扩散层，使扩散层变薄，斥力势能降低，当电解质的浓度足够大时，就会使溶胶发生聚沉。实验表明，溶胶的聚沉速率和电解质浓度并不是简单的正比关系，如图 9-11 所示。一开始，电解质浓度较小，所以引起的聚沉也很慢（曲线 OA 部分），过 A 点后，聚沉速率急剧增加，变化十分明显（AB 部分）。

可见，从 A 点后，聚沉便以明显的速率进行，与 A 点相应的电解质浓度 c_1 作为聚沉值，通常以聚沉 1L 溶胶所需电解质的最小浓度（mmol/L 溶胶）称为聚沉值。和 A 点相对应的电势称为临界电势（ζ_c），一般为 25～30。过 B 点后，聚沉速率已达到恒定的最大值，此后，电解质浓度再增加，聚沉速率也不再增加了，因为到达 B 点后，相应的电势已趋于零，溶胶的不稳定性已达极限，胶粒的每一次碰撞都可能引起聚沉，故再加入电解质，也不再增加聚沉速率了。

1. 电解质溶液对溶胶的聚沉作用

不同电解质的聚沉值（单位：$mmol \cdot dm^{-3}$） **表 9-4**

As_2S_3(负溶胶)		AgI(负溶胶)		Al_2O_3(正溶胶)	
LiCl	58	$LiNO_3$	165	NaCl	43.5
NaCl	51	$NaNO_3$	140	KCl	46
KCl	49.5	KNO_3	136	KNO_3	60
KNO_3	50	$RbNO_3$	126		
KAc	110	($AgNO_3$	0.01)		
$CaCl_2$	0.65	$Ca(NO_3)_2$	2.4	K_2SO_4	0.3
$MgCl_2$	0.72	$Mg(NO_3)_2$	2.6	$K_2Cr_2O_2$	0.63
$MgSO_4$	0.81	$Pb(NO_3)_2$	2.43	$K_2C_2O_2$	0.69

续表

As_2S_3(负溶胶)		AgI(负溶胶)		Al_2O_3(正溶胶)	
$AlCl_3$	0.093	$Al(NO_3)_2$	0.067	$K_2[Fe(CN)_6]$	0.08
$1/2Al_2(SO_4)_2$	0.096	$La(NO_3)_2$	0.069		
$Al(NO_3)_2$	0.095	$Ce(NO_3)_2$	0.069		

不同电解质溶液的聚沉值见表9-4所列。根据一系列实验结果，可以总结出如下一些规律：

（1）聚沉能力主要决定于与胶粒带相反电荷的离子的价数。对于给定的溶胶，异电性离子为一、二、三价的电解质，其聚沉值的比例约为100∶1.6∶0.14，亦即约为 $(1/1)^6$ ∶ $(1/2)^6$ ∶ $(1/3)^6$。这表示聚沉值与异电性离子价数的6次方成反比，这就是舒尔策—哈迪（Schulze-Hardy）规则。

（2）价数相同的离子聚沉能力也有所不同。例如，不同的碱金属的一价阳离子所生成的硝酸盐对负电性胶粒的聚沉能力可以排成如下次序：

$$H_3O^+ > Cs^+ > Rb^+ > NH_4^+ > K^+ > Na^+ > Li^+$$

而不同的一价阴离子所形成的钾盐，对带正电的 Fe_2O_3 溶胶的聚沉能力则有如下次序：

$$F^- > Cl^- > Br^- > NO_3^- > I^-$$

这种将带有相同电荷的离子按聚沉能力排列的顺序，称为感胶离子序。

（3）有机化合物的离子也具有很强的聚沉能力，原因是静电作用和吸附能力强。

（4）与胶粒电性相同的离子，一般说来，价数越高，水合半径越小，聚沉能力越弱。原因是吸附使 ξ 电位增大。

2. 胶体之间的相互作用

将胶粒带相反电荷的溶胶互相混合，也会发生聚沉。与加入电解质情况不同的是，当两种溶胶的用量恰能使其所带电荷的量相等时，才会完全聚沉，否则会不完全聚沉，甚至不聚沉。产生相互聚沉现象的原因是：可以把溶胶粒子看成是一个巨大的离子，所以溶胶的混合类似于加入电解质的一种特殊情况。

3. 高分子化合物的絮凝和稳定作用

在溶胶内加入极少量的可溶性高分子化合物，可导致溶胶迅速沉淀，沉淀呈疏松的棉絮状，这类沉淀称为絮凝物，这种现象称为絮凝（或桥联）作用。

高分子对胶粒的絮凝作用与电解质的聚沉作用完全不同：由电解质所引起的聚沉过程比较缓慢，所得到的沉淀颗粒紧密，体积小，这是由于电解质压缩了溶胶粒子的扩散双电层所引起的。高分子的絮凝作用则是由于吸附了溶胶粒子以后，高分子化合物本身的链段旋转和运动，将固体粒子聚集在一起而产生沉淀。絮凝作用具有迅速、彻底、沉淀疏松、过滤快、絮凝剂用量少等优点，特别对于颗粒较大的悬浮体尤为有效。这对于污水处理、钻井泥浆、选择性选矿以及化工生产流程的沉淀、过滤、洗涤等操作都有极重要的作用。

9.5 乳状液

由两种不互溶或部分互溶的液体混合而成的粗分散系统称为乳状液。例如牛奶、含水的石油、乳化农药等均为乳状液。通常其中一种液体是水或水溶液，另一种则是与水不相互溶的有机液体，一般统称为“油”。乳状液的一个特点是对于指定的“油”和水而言，可以形成“油”分散在水中即水包油乳状液，用符号油/水（或O/W）表示；也可以形成水分散在“油”中即油包水乳状液，用符号水/油（或W/O）表示。这主要与形成乳状液时所添加的乳化剂性质有关。决定和影响乳状液形成的因素很多，其中主要有：油和水相的性质、油与水相的体积比、乳化剂和添加剂的性质以及温度等。不管形成何种类型（O/W型或W/O型）的有一定稳定性的乳状液，都要有乳化剂存在。

乳化剂的作用在于，当它吸附在表面上，一方面降低了液滴的表面张力；另一方面由于乳化剂的定向排列，因此，在表面形成一种坚固的弹性薄膜，从而就制止了液滴间的相互接触，导致它们不发生聚结作用，达到了保护的作用。

在有些情况下，我们不希望有乳状液出现，使乳状液破坏的过程，被称为破乳或去乳化作用。此过程一般分为两步：第一步，分散相的微小液滴首先凝成团，但这时仍未完全失去原来各自独立的属性；第二步为凝聚过程，分散相结合成更大的液滴，在重力场的作用下自动地分层。乳状液稳定的主要原因是由于乳化剂的存在，所以凡能消除或削弱乳化剂保护能力的因素，均能达到破乳的目的。常用的方法有下面几种。

（1）用不能形成牢固膜的表面活性物质代替原来的乳化剂。例如异戊醇，它的表面活性很强，但因碳氢链太短而无法形成牢固的界面膜。

（2）加入某些能与乳化剂发生化学反应的物质，消除乳化剂的保护作用。例如在以油酸钠为稳定剂的乳状液中加入无机酸，使油酸钠变成不具有乳化作用的油酸，达到破乳的目的。

（3）加入类型相反的乳化剂也可达到破乳的目的。

此外，通过加热，加入高价的电解质，加强搅拌，离心分离以及电泳法等皆可加速分散相的聚结达到破乳的目的。

9.6 凝聚剂、乳化剂在水处理过程中的应用

胶体分散系统在生物界和非生物界都普遍存在，在实际生活和生产中也占有重要的地位。例如，在日常的水质处理中，胶体化学理论就是水处理工程课的理论基础。在学习本节时，我们要明确一些专业上的用语。对已发生电荷中和的胶体的黏结过程称为“絮凝”，其相应的化学试剂为凝剂。

在日常饮用水的处理和工业用水的制备，常使用絮凝法，这些方法使水中的胶体发生电荷中和作用，并使它们吸附在絮凝过程中所形成的沉淀颗粒表面上。一些溶解物质还能被吸附到絮凝体中去（例如有机物和各种污染物质等）。

经过前面的学习，我们可以知道，江、河、湖、海都可看作是泥土微粒分散在水中的胶体系统，要破坏水中带负电的黏土胶体颗粒，经常使用的絮凝剂为铝盐和铁盐，其中最常使用的是硫酸铝和三氯化铁，这些盐类的絮凝作用来自溶解以后的分步水解的结果，而不是立刻形成氢氧化物，即$Al(OH)_3$，这些铝盐水解后通常形成中间的铝化合物、羟基铝复合物，不但可以提供中和胶体所需要的电荷，并且一些高级工程技术人员认为它们还能够起到聚合作用，即在胶体颗粒之间架桥，由此开始了絮凝过程。

常用的絮凝剂都是高价（如 Al^{3+}、Fe^{3+}）离子，因为价数越高，絮凝效果越好（舒尔策—哈迪价数规则）。这一规则也说明了三价铝盐和铁盐为什么在过去和现在一直广泛地应用于饮用水的絮凝处理过程。絮凝剂可分为无机絮凝剂、有机絮凝剂和高分子絮凝剂三大类。因为无机絮凝剂使用时用量比较多，而且不太好控制，因此，有机和高分子凝聚剂常被采用。

在工农业生产中，要制备高浓度的稳定状态的乳状液，就需要加入第三种物质作为稳定剂，即乳化剂。而乳化剂的性质决定着乳状液的类型。通常，亲水性强的乳化剂有利于形成 O/W 型乳状液，亲油性强的乳化剂有利于形成 W/O 型乳状液。

我们常采用 *HLB*（亲水亲油平衡）值，来表示表面活性物质亲水亲油性强弱。例如对聚乙二醇和多元醇型非离子表面活性剂的 *HLB* 值，计算公式为

$$\begin{aligned}\text{非离子表面活性剂的} HLB \text{值} &= \frac{\text{亲水基部分的摩尔质量}}{\text{表面活性剂的摩尔质量}} \times \frac{100}{5} \\ &= \frac{\text{亲水基质量}}{\text{憎水基质量} + \text{亲水基质量}} \times \frac{100}{5} \\ &= (\text{亲水基质量}\ \%) \times \frac{1}{5}\end{aligned} \tag{9-5}$$

HLB 值越高，分子亲水性越强；相反，*HLB* 值越低，亲油性越强。根据经验 *HLB* 值在 12～18 之间有利于形成 O/W 型乳状液，*HLB* 值在 2～6 之间有利于形成 W/O 型乳状液。

在实际应用时，若某一表面活性剂的 *HLB* 值达不到要求时，也可采用几种表面活性剂的混合物，并按混合比例计算其 $HLB_{\text{mix(混合)}}$。

$$HLB_{\text{mix}} = \frac{HLB_A W_A + HLB_B W_B + \cdots\cdots}{W + W + \cdots\cdots} \tag{9-6}$$

因为石蜡没有亲水性，所以 $HLB=0$；而完全是亲水基的聚乙二醇，$HLB=20$，所以非离子型表面活性剂的 *HLB* 值介于 0～20，见表 9-5。

表面活性剂 *HLB* 值与性质的对应关系　　**表 9-5**

表面活性物质加水后的性质	*HLB* 值	应　用
不分散	0 2 4	W/O 乳化剂（2～6）
分散得不好	6	
不稳定乳状分散系统	8	润湿剂（8～10）
稳定乳状分散系统	10	
半透明至透明分散系统	12 14	洗涤剂（12～14）；O/W 乳化剂
透明溶液	16 18	增溶剂（16～18）；O/W 乳化剂

各种表面活性剂的 *HLB* 值，需要时可查阅表面活性剂方面的专著。*HLB* 值的计算或测定还都是经验的，并且表面活性剂的种类不同时，还没有统一的计算公式和测定方法。

思考题

1. 胶体系统是如何定义的?

2. 胶粒发生布朗运动的本质是什么?这对溶胶的稳定性有什么影响?

3. 丁达尔效应是怎样产生的?其强度与入射光波长有什么关系?产生丁达尔效应的粒子的大小在什么范围?

4. 电泳和电渗是如何定义的?有何异同点?

5. 什么情况下能制备 AgCl 正溶胶和负溶胶?并分别写出它们的胶团结构式。

6. 何谓乳状液?有哪些类型?乳化剂为何能使乳状液稳定存在?通常鉴别乳状液的类型有哪些方法?其根据是什么?

习题

1. 已知某溶胶的黏度 $\eta=0.001\mathrm{Pa\cdot s}$,其粒子的密度近似为 $\rho=1\times10^{3}\mathrm{kg\cdot m^{-3}}$,在1s时间内粒子在 x 轴方向的平均位移 $\overline{x}=1.4\times10^{-5}$,求:

(1) 298K 时,胶体的扩散系数 D;

(2) 胶体的平均直径 d;

(3) 胶团的摩尔质量 M。

(提示:采用菲克第一定律)

($9.8\times10^{-11}\mathrm{m^2\cdot s^{-1}}$,$4.46\times10^{-9}\mathrm{m}$,$27.8\mathrm{kg\cdot mol^{-1}}$)

2. 密度为 $\rho_{粒子}=2.152\times10^{3}\mathrm{kg\cdot m^{-3}}$ 的球形 $CaCl_2$ (s) 粒子,在密度 $\rho_{介}=1.595\times10^{3}\mathrm{kg\cdot m^{-3}}$,黏度为 $\eta=9.75\times10^{-4}\mathrm{Pa\cdot s}$ 的 CCl_4 (l) 中沉降,在100s 的时间里下降了0.0498m,求球形 $CaCl_2$ (s) 粒子的半径。

(提示:沉降平衡) ($2\times10^{-5}\mathrm{m}$)

3. 直径为 $1\mu\mathrm{m}$ 的石英微尘,从高度为1.7m 处(人的呼吸带附近)降落到地面需要多少时间?已知石英的密度为 $\rho=2.63\times10^{3}\mathrm{kg\cdot dm^{-3}}$。

(6h)

4. 写出由 $FeCl_3$ 水解制得 $Fe(OH)_3$ 溶胶的胶团结构。已知稳定剂为 $FeCl_3$。

5. 将12mL 0.02mol·L^{-1}的 KCl 溶液和100mL 0.005mol·L^{-1}的 $AgNO_3$ 溶液混合的方法制得 AgI 溶胶,有两种电解质,$MgSO_4$ 和 $K_3[Fe(CN)_6]$,问哪一种电解质对此溶胶具有较大的聚沉值。

6. 取三支试管,各装入20mL 的 $Fe(OH)_3$ 溶胶。分别加入 NaCl,Na_2SO_4,Na_3PO_4 使其聚沉,最少需要的电解质的数量为:(1)1mol·L^{-1}的 NaCl 21mL;(2)0.01mol·L^{-1}的 Na_2SO_4 125mL;(3)0.01mol·L^{-1}的 Na_3PO_4 7.4mL。试判断各电解质聚沉能力的大小,并指出溶胶的带电符号。

(聚沉能力 Na_3PO_4>Na_2SO_4>NaCl,胶粒带正电荷)

7. 对于混合等体积的0.08mol·L^{-1}KI 溶液和0.1mol·L^{-1} $AgNO_3$ 溶液所得的胶体而言,$CaCl_2$、Na_2SO_4、$MgSO_4$ 电解质中聚沉能力大小顺序如何?

(聚沉能力 Na_2SO_4>Mg_2SO_4>$CaCl_2$)

附录A　某些物质的热力学性质

某些常用物质的标准摩尔生成热、标准摩尔生成吉布斯函数、标准摩尔熵和热容：

表中：$\Delta_f H_{298}^{\ominus}$——25℃的标准生成热；$\Delta_f G_{298}^{\ominus}$——25℃的标准生成吉布斯函数；

$S_{298}^{\ominus}$——25℃的标准熵；　　$C_{P,298}^{\ominus}$——25℃的恒压热容。

分子式后注的意义是：s——晶体；g——气态；l——液态；aq——水溶液。

1. 单质和无机物

物　质	$\Delta_f H_{298}^{\ominus}$ (kJ·mol⁻¹)	$\Delta_f G_{298}^{\ominus}$ (kJ·mol⁻¹)	$S_{298}^{\ominus}$ (J·K⁻¹·mol⁻¹)	$C_{p,298}^{\ominus}$ (J·K⁻¹·mol⁻¹)	$C_p=f(T)$				
					a ($J\cdot mol^{-1}\cdot K^{-1}$)	$b\times10^3$ ($J\cdot mol^{-1}\cdot K^{-2}$)	$c\times10^6$ ($J\cdot mol^{-1}\cdot K^{-3}$)	$c'\times10^{-5}$ ($J\cdot mol^{-1}\cdot K$)	适用温度范围(K)
Ag(s)	0	0	42.712	25.48	24.0	5.28		−0.25	293～124
Ag_2CO_3(s)	−506.14	−437.14	167.36						
Ag_2O(s)	−30.56	−10.84	121.71	65.57					
Al(s)	0	0	28.315	24.5	20.7	12.4			273～912
Al_2O_3(s)	−1669.8	−2213.21	0.986	79.0	114.8	12.8		−35.4	298～180
$Al_2(SO_4)_3$(s)	−3434.98	−3728.73	239.3	259.4	368.6	61.92		−113.5	298～1100
Br_2(g)	30.71	3.142	245.346	35.99	37.2	0.690		−1.19	300～150
Br_2(l)	0	0	152.3	35.6					
C(金刚石)	1.896	2.866	2.439	6.07	9.12	13.2		−6.19	298～120
C(石墨)	0	0	5.694	8.66	17.2	4.27		−8.79	298～230
CO(g)	−110.525	−137.269	197.907	29.142	27.6	5.02			290～250
CO_2(g)	−393.511	−394.38	213.65	37.129	44.14	9.04		−8.59	298～250
$CaCO_3$(s)	−1206.87	−1128.75	92.8	81.89	104.5	21.9		−25.9	298～120

续表

物质	$\Delta_f H_{298}^{\ominus}$ (kJ·mol⁻¹)	$\Delta_f G_{298}^{\ominus}$ (kJ·mol⁻¹)	$S_{298}^{\ominus}$ (J·K⁻¹·mol⁻¹)	$C_{p,298}^{\ominus}$ (J·K⁻¹·mol⁻¹)	$C_p=f(T)$				
					a (J·mol⁻¹·K⁻¹)	$b\times10^3$ (J·mol⁻¹·K⁻²)	$c\times10^6$ (J·mol⁻¹·K⁻³)	$c'\times10^{-5}$ (J·mol⁻¹·K)	适用温度范围(K)
$CaCl_2(s)$	−795.0	−750.2	113.8	72.63	71.88	12.7		−2.51	298～1055
$CaO(s)$	−635.6	−604.2	39.7	42.80	48.83	4.52		−6.53	298～1800
$Ca((OH)_2)(s)$	−986.5	−896.96	76.1	84.5					
$CaSO_4$(硬石膏)	−1432.68	−1320.31	106.7	97.65	77.49	91.92		−6.561	273～1373
$Cl_2(g)$	0	0	222.948	33.93	36.9	1.05		−2.52	273～1500
$Cu(s)$	0	0	33.32	24.47	24.6	4.18		−1.20	273～1357
$CuO(s)$	−155.2	−127.2	43.51	44.4	38.8	20.1			298～1250
$F_2(g)$	0	0	203.4	31.46	34.7	1.84		−3.35	273～2000
Fe-a	0	0	27.15	25.23	17.3	26.9			273～1041
$FeCO_3(s)$	−747.68	−673.89	92.8	82.13	48.66	112			298～885
$FeO(s)$	−266.52	−244.3	54.0	51.1	52.8	6.24		−3.19	273～1173
$Fe_2O_3(s)$	−822.1	−741.0	90.0	104.6	97.74	72.13		−12.9	298～1100
$Fe_3O_4(s)$	−1117.1	−1014.2	146.4	143.42	167.0	78.9		−41.9	298～1100
$H_2(g)$	0	0	130.586	28.83	29.1	−0.837	2.01		300～1500
$HBr(g)$	−36.24	−53.22	198.49	29.12	26.2	5.86		1.09	298～1600
$HBr(aq)$	−120.92	−102.80	80.71						
$HCl(g)$	−92.311	−95.265	186.677	29.12	26.5	4.60		1.09	298～2000
$HCl(aq)$	−167.44	−131.17	55.10						
$H_2CO_3(aq)$	−698.7	−623.42	191.2						
$HI(g)$	25.94	1.30	206.31	29.12	26.3	5.94		0.92	298～1000
$H_2O(g)$	−241.825	−228.593	188.723	33.571	30.1	10.71			273～1000

续表

物质	$\Delta_f H^\ominus_{298}$ (kJ·mol^{-1})	$\Delta_f G^\ominus_{298}$ (kJ·mol^{-1})	$S^\ominus_{298}$ (J·K^{-1}·mol^{-1})	$C^\ominus_{p,298}$ (J·K^{-1}·mol^{-1})	$C_p=f(T)$				
					a (J·mol^{-1}·K^{-1})	$b\times10^3$ (J·mol^{-1}·K^{-2})	$c\times10^6$ (J·mol^{-1}·K^{-3})	$c'\times10^{-5}$ (J·mol^{-1}·K)	适用温度范围(K)
H_2O(l)	−285.838	−237.191	69.940	75.296					
H_2O(s)	−291.850	(−234.08)	(39.4)						
H_2O_2(l)	−187.61	−118.11	102.26	82.29					
H_2S(g)	−20.146	−33.020	205.64	33.97	29.3	15.7			273～1300
H_2SO_4(l)	−811.35	(−866.5)	156.85	137.57					
I_2(s)	0	0	116.7	55.97	40.1	49.8			298～387
I_2(g)	62.242	19.37	260.49	36.87					
N_2(g)	0	0	191.489	29.12	27.32	6.226	−0.9502		273～2500
NH_3(g)	−46.19	−16.636	192.50	35.65	29.8	25.5		−1.67	273～1400
NO(g)	89.866	90.37	210.200	29.861	29.6	3.85		−0.586	273～1500
NO_2(g)	33.85	51.84	240.64	37.90	42.93	8.54		−6.74	
N_2O(g)	81.55	103.60	219.99	38.70	45.69	8.62		−8.54	
N_2O_4(g)	9.660	98.29	304.31	79.0	83.89	39.7		14.9	
N_2o_5(g)	2.51	110.4	342.3	108.0					
O_2(g)	0	0	205.029	29.37	31.5	3.39		−3.77	273～2000
O_3(g)	142.3	163.43	237.6	38.15					
S(单斜)	0.297	0.096	32.55	23.64	14.9	29.1			369～392
S(斜方)	0	0	31.9	22.60	14.98	26.1			273～368.6
S(g)	222.80	182.30	167.716						
SO_2(g)	−296.90	−300.37	248.53	39.79	47.7	7.28		−8.54	298～1800
SO_3(g)	−395.18	−370.42	256.23	50.70	57.3	26.9		−13.1	273～9000

2. 有机化合物 $C_p = a + bT + cT^2 + dT^3$

物质	$\Delta_f H_{298}^{\ominus}$ (kJ·mol⁻¹)	$\Delta_f G_{298}^{\ominus}$ (kJ·mol⁻¹)	$S_{298}^{\ominus}$ (J·K⁻¹·mol⁻¹)	$C_{p,298}^{\ominus}$ (J·K⁻¹·mol⁻¹)	$C_p = f(T)$				
					a (J·mol⁻¹·K⁻¹)	$b \times 10^3$ (J·mol⁻¹·K⁻²)	$c \times 10^6$ (J·mol⁻¹·K⁻³)	$d \times 10^9$ (J·mol⁻¹·K⁻⁴)	适用温度范围(K)
烃类									
CH_4(g)，甲烷	−74.847	−50.794	186.19	35.715	17.45	60.46	1.12	−7.205	298～1500
C_2H_2(g)，乙炔	226.748	209.200	200.819	43.928	23.46	85.77	−58.34	15.87	298～1500
C_2H_4(g)，乙烯	52.283	68.124	219.45	43.56	4.197	154.6	−81.09	16.82	298～1500
C_2H_6(g)，乙烷	−84.667	−32.886	229.49	52.650	4.494	182.26	−74.856	10.80	298～1500
C_3H_6(g)，丙烯	20.414	62.718	266.94	63.89	3.305	235.86	−117.60	26.68	298～1500
C_3H_8(g)，丙烷	−103.847	−23.489	269.91	73.51	−4.799	307.31	−160.16	32.75	298～1500
C_4H_{10}(g)正丁烷	−126.15	−17.15	310.12	97.45	0.4685	385.38	−198.88	39.97	298～1500
C_4H_{10}(g)异丁烷	−134.52	−20.92	294.64	96.82	−6.841	409.64	−220.55	45.94	298～1500
C_6H_6(g)苯	82.927	129.658	269.20	81.67	−33.90	471.87	−298.34	70.84	298～1500
C_6H_6(l)苯	49.028	124.499	172.80	135.77	59.50	255.01			281～353
C_6H_{12}(g)，环己烷	−123.14	31.76	298.24	106.27	−67.66	679.45	−380.76	78.01	298～1500
$C_6H_5CH_3$(g)，甲苯	49.999	122.290	319.74	103.76	−33.88	557.05	−342.37	79.873	298～1500
$C_6H_5CH_3$(l)甲苯	11.995	114.148	219.58	157.11	59.62	326.98			281～382
含氯化合物									
HCOH(g)，甲醛	−115.90	−110.0	220.1	35.36	18.82	58.379	−15.61		291～1500
HCOOB(g)，甲酸	−362.63	−335.72	251.0	54.4	30.7	89.20	−34.54		300～700
HCOOH(l)，甲酸	−409.20	−346.0	128.95	99.04					
CH_3OH(g)，甲醇	−201.17	−161.88	237.7	49.4	20.4	103.7	−24.64		300～700
CH_3OH(l)，甲醇	−238.57	−166.23	126.8	81.6					
CH_3COH(g)，乙醛	−166.36	−133.72	265.7	62.8	31.05	121.5	−36.58		298～1500

续表

物　质	$\Delta_f H_{298}^{\ominus}$ (kJ·mol^{-1})	$\Delta_f G_{298}^{\ominus}$ (kJ·mol^{-1})	$S_{298}^{\ominus}$ (J·K^{-1}·mol^{-1})	$C_{p,298}^{\ominus}$ (J·K^{-1}·mol^{-1})	$C_p=f(T)$				
					a (J·mol^{-1}·K^{-1})	$b\times10^3$ (J·mol^{-1}·K^{-2})	$c\times10^6$ (J·mol^{-1}·K^{-3})	$d\times10^9$ (J·mol^{-1}·K^{-4})	适用温度范围(K)
CH_3COOH(g)，乙酸	−436.4	−381.6	293.3	72.4	21.8	193.1	−76.78		300～700
CH_3CH_2OH(l)，乙醇	−277.63	−174.47	160.7	111.46	106.5	166	575.3		283～348
CH_3CH_2OH(g)，乙醇	−235.31	−168.62	282.0	71.1	20.69	−205.4	−99.81		300～1500
CH_3COCH_3(l)丙酮	−248.283	−155.44	200.0	124.73	55.61	232.2			298～320
CH_3COCH_3(g)丙酮	−216.69	−152.3	295.89	75.3	22.41	29.8	−63.52		298～1500
$C_2H_5OC_2H_5$(l)乙醚	−273.2	−116.65	253.1		171				290
$CH_3COOC_2H_3$(l)乙酸乙酯	−463.2	−315.5	259		169				293
C_6H_3COOH(s)苯甲酸	−384.55	−245.6	170.7	155.2					
卤代烃 CH_3Cl(g)氯甲烷	−82.0	−58.6	234.18	40.79	14.9	96.2	31.6		273～800
CH_2Cl_2(g)，二氯甲烷	−88	−59	270.62	51.38	33.5	65.3			273～800
$CHCl_3$(l)，氯仿	−131.8	−71.5	202.9	116.3					
$CHCl_3$(g)，氯仿	−100	−67	296.48	65.81	29.5	148.9	−90.7		273～800
CCl_4(l)，四氯化碳	−139.3	−68.6	214.43	131.75	97.99	111.7			273～330
CCl_4(g)，四氯化碳	−106.7	−64.0	309.41	85.51					
C_6H_5Cl(l)，氯苯	116.3	198.3	197.5	145.6					
含氮化合物									
$NH(CH_3)_2$(g)，二甲胺	−27.6	59.0	273.2	69.37					
C_5H_5N(l)吡啶	78.87	159.8	179.1		140				293
$C_6H_5NH_2$(l)苯胺	35.31	153.22	191.6	199.6	338.3	−1069	2022		278～348
$C_6H_5NO_2$(l)硝基苯	15.90	146.23	244.3		185				293

附录 B　电极反应的标准电势 ε^{Θ} (25℃还原电势)

1. 在酸性溶液中

电极反应	$\varepsilon^{\Theta}(V)$	电极反应	$\varepsilon^{\Theta}(V)$
$Li^{+}+e=Ll$	−3.045	$[Ag(S_2O_3)_2]^{3-}+e=Ag+2S_2O_3^{2-}$	0.010
$K^{+}+e=K$	−2.924	$CuBr+e=Cu+Br$	0.033
$Ba^{2+}+2e=Ba$	−2.90	$P+3H^{+}+3e=PH_3(g)$	0.060
$Sr^{2+}+2e=Sr$	−2.89	$Si+4H^{+}+4e=SiH_4$	0.102
$Ca^{2+}+2e=Ca$	−2.76	$S+2H^{+}+2e=H_2S$	0.141
$Na^{+}+e=Na$	−2.711	$Sn^{4+}+2e=Sn^{2+}$	0.150
$Ce^{3+}+3e=Ce$	−2.48	$Sb_2O_3+6H^{+}+6e=2Sb+3H_2O$	0.152
$Mg^{2+}+2e=Mg$	−2.375	$Cu^{2+}+e=Cu^{+}$	0.158
$Al^{3+}+3e=Al$	−1.706	$AgCl+e=Ag+Cl^{-}$	0.221
$Mn^{2+}+2e=Mn$	−1.029	$HAsO_2+3H^{-}+3e=As+2H_2O$	0.247
$SiO_2+4H^{+}+4e=Si+2H_2O$	−0.84	$Cu^{2+}+2e=Cu$	0.34
$Zn^{2+}+2e=Zn$	−0.763	$[Fe(CN)_6]^{3-}+e=[Fe(CN)_6]^{4-}$	0.360
$Cr^{3+}+3e=Cr$	−0.74	$2H_2SO_3+2H^{+}+4e=S_2O_3^{2-}+3H_2O$	0.40
$Ca^{3+}+3e=Ca$	−0.53	$Ag_2CrO_4+2e=2Ag+CrO_4^{2-}$	0.446
$H_3PO_3+2H^{+}+2e=H_3PO_2+H_2O$	−0.50	$H_2SO_3-4H^{+}+4e=S+3H_2O$	0.45
$Fe^{2+}+2e=Fe$	−0.440	$Cu^{+}+e=Cu$	0.522
$Cr^{3+}+e=Cr^{2+}$	−0.41	$I_2+2e=2I^{-}$	0.535
$Cd^{2+}+2c=Cd$	−0.4028	$AgNO_3+e=Ag+NO_3$	0.564
$Pbl_2+2e=Pb+2I^{-}$	−0.365	$MnO_4^{-}+e=MnO_4^{2-}$	0.564
$PbSO_4+2e=Pb+SO_4^{2-}$	−0.356	$AgC_2H_3O_2+e=Ag+C_2H_3O_2^{-}$	0.643
$C_0^{2+}+2e=Co$	−0.277	$Ag_2SO_4+2e=2Ag+SO_4^{2-}$	0.653
$H_3PO_4+2H^{+}+2e=H_3PO_3+H_2O$	−0.276	$O_2+2H^{+}+2e=H_2O_2$	0.682
$PbCl_2+2e=Pb+2Cl^{-}$	−0.268	$Fe^{3-}+e=Fe^{2+}$	0.770
$Ni^{2+}+2e=Ni$	−0.23	$Hg_2^{2+}+2e=Hg$	0.796
$2SO_4^{2-}+4H^{+}+2e=S_2O_6^{2-}+2H_2O$	−0.22	$Ag^{+}+e=Ag$	0.7996
$Agl+e=Ag+I^{-}$	−0.1521	$NO_3^{-}+2H^{+}+e=NO_2+H_2O$	0.80
$Sn^{2+}+2e=Sn$	−0.1366	$2Hg^{2-}+2e=Hg_2^{2+}$	0.905
$Pb^{2+}+2e=Pb$	−0.125	$NO_3^{-}+3H^{+}+2e=HNO_2+H_2O$	0.94
$2H^{+}+2e=H_2$	0.000	$NO_3^{-}+4.I++3e=NO+2H_2O$	0.96

续表

电极反应	ε$^{\ominus}$(V)	电极反应	ε$^{\ominus}$(V)
$Pd^{2+}+2e=Pd$	0.987	$Mn^{3+}+e=Mn^{2+}$	1.51
$HNO_2+H^++e=NO+H_2O$	1.00	$2BrO_3^-+12H^++10e=Br_2+6H_2O$	1.52
$Br_2(l)+2e=2Br^-$	1.065	$2HBrO+2H^++2e=Br_2+2H_2O$	1.59
$N_2O_4+2H^++2e=HNO_2$	1.07	$2HClO+2H^++2e=Cl_2+2H_2O$	1.63
$Cu^{2+}+2CN+e=Cu(CN)_3$	1.12	$HClO_2+2H^++2e=HClO+H_2O$	1.64
$ClO_4^-+2H^++2e=ClO_3^-+H_2O$	1.19	$Pb_2+SO_4^{2-}+4H^++2e=PbSO_4+2H_2O$	1.685
$21O_3^-+12H^++10c=I_2+6H_2O$	1.195	$MnO_4^-+4H^++3e=MnO_2+2H_2O$	1.695
$ClO_3+3H^++2e=HClO_2+H_2O$	1.21	$H_2O_2+2H^++2e=2H_2O$	1.77
$O_2+4H^++4e=2H_2O$	1.229	$Co^{3+}+e=Co^{2+}$	1.808
$MnO_2+4H^++2e=Mn^{2+}+2H_2O$	1.23	$FeO_4^{2-}+8H^++3e=Fe^{3+}+4H_2O$	1.90
$2HNO_2+4H^++4e=N_2O+3H_2O$	1.29	$Ag^{2+}+e=Ag^+$	1.98
$Cr_2O_7^{2-}+14H^-+6e=2Cr^{3+}+7H_2O$	1.33	$S_2O_8+2e=2SO_4^{2-}$	2.00
$Cl_2+2e=2Cl$	1.3580	$O_3+2H^++2e=O_2+H_2O$	2.07
$2HIO+2H^++2e=I_2+2H_2O$	1.45	$F_2O+2H^++4e=H_2O+F_2$	2.10
$PbO_2+4H^++2e=Pb^{2+}+2H_2O$	1.455	$O(g)+2H^++2e=H_2O$	2.42
$MnO_3^-+8H^++5e=Mn^{2+}+4H_2O$	1.491	$F_2+2e=2F^-$	2.87

2. 在碱性溶液中

电极反应	ε$^{\ominus}$(V)	电极反应	ε$^{\ominus}$(V)
$Ca(OH)_2+2e=Ca+2OH^-$	−3.03	$2H_2O+2e=H_2+2OH^-$	−0.828
$Ba(OH)_2\cdot 8H_2O+2e=Ba+8H_2O+2OH^-$	−2.97	$Cd(OH)_2+2e=Cd+2OH^-$	−0.809
$Mg(OH)_2+2e=Mg+2OH^-$	−2.69	$FeCO_3+2e=Fe+CO_3^{2-}$	−0.756
$H_2AlO_3^-+H_2O+3e=Al+4OH^-$	−2.35	$Ni(OH)_2+2e=Ni+2OH^-$	−0.72
$Mn(OH)_2+2e=Mn+2OH^-$	−1.55	$[Cd(NH_3)_4]^{2+}+2e=Cd+4NH_3$	−0.597
$Cr(OH)_3+3e=Cr+3OH^-$	−1.30	$Fe(OH)_3+e=Fe(OH)_2+OH^-$	−0.56
$[Zn(CN)_4]^{2-}+2e=Zn+4CN^-$	−1.26	$PbCO_3+2e=Pb+CO_3^{2-}$	−0.506
$Zn(OH)_2+2e=Zn+2OH^-$	−1.245	$NiCO_3+2e=Ni+CO_3^{2-}$	−0.45
$ZnO_2^{2-}+2H_2O+2e=Zn+4OH^-$	−1.216	$[Cu(CN)_2]+e=Cu+2CN^-$	−0.43
$CrO_2^-+2H_2O+3e=Cr+4OH^-$	−1.20	$[Hg(CN)_4]^{2-}+2e=Hg+4CN^-$	−0.37
$2SO_3^{2-}+2H_2O+3e=S_2O_4^{2-}+4OH^-$	−1.12	$Cu_2O+H_2O+ae=2Cu+2OH^+$	−0.358
$ZnCO_3+2e=Zn+CO_3^{2-}$	−1.06	$CuCNS+e=Cu+CNS^-$	−0.27
$[Zn(NH_3)_4]^{2+}+2e=Zn+4NH_3$	−1.03	$CrO_4^{2-}+4H_2O+3e=Cr(OH)_3+5OH^-$	−0.13
$SO_4^{2-}+H_2O+2e=SO_3^{2-}+2OH^-$	−0.93	$[Cu(NH_3)_2]^++e=Cu+2NH_3$	0.11
$HSnO_2^-+H_2O+2e=Sn+3OH^-$	−0.91	$2Cu(OH)_2+2e=Cu_2O+2OH^-H_2O$	−0.080
$P+3H_2O+3e=PH_3+3OH^-$	−0.88	$MnO_2+2H_2O+2e=Mn(OH)_2+2OH^-$	−0.050
$Fe(OH)_2+2e=Fe+2OH^-$	−0.877	$NO_3^-+H_2O+2e=NO_2^-+2OH^-$	0.010

续表

电极反应	$\varepsilon^{\ominus}(V)$	电极反应	$\varepsilon^{\ominus}(V)$
$HgO+H_2O+2e = Hg+2OH^-$	0.098	$2Ag_2O+H_2O+2e = Ag_2O+2OH^-$	0.57
$Mn(OH)_3+e = Mn(OH)_2+OH$	0.100	$MnO_4^-+2H_2O+2e = MnO_2+4OH^-$	0.60
$PbO_2+H_2O+2e = PbO+2OH^-$	0.248	$BrO_3^-+3H_2O+6e = Br^-+6OH^-$	0.61
$IO_3^-+3H_2O+6e = I^-+6OH^-$	0.260	$ClO_2+H_2O+2e = ClO+2OH^-$	0.66
$Ag_2O+H_2O+2e = 2Ag+2OH^-$	0.344	$BrO^-+H_2O+2e = Br^-+2OH^-$	0.76
$[Ag(NH_3)_2]^++e = Ag+2NH_3$	0.373	$ClO+H_2O+2e = Cl^-+2OH$	0.89
$O_2+2H_2O+4e = 4OH^-$	0.401	$ClO_2+e = ClO_2$	1.16
$Ag_2CO_3+2e = Ag+CO_3^{2-}$	0.47	$O_3+H_2O+2e = O_2+2OH$	1.24
$NiO_2+2H_2O+2e = Ni(OH)_2+2OH^-$	0.49		

高等学校给排水科学与工程学科专业指导委员会规划推荐教材

征订号	书 名	作 者	定价(元)	备 注
40573	高等学校给排水科学与工程本科专业指南	教育部高等学校给排水科学与工程专业教学指导分委员会	25.00	
39521	有机化学(第五版)(送课件)	蔡素德等	59.00	住建部"十四五"规划教材
41921	物理化学(第四版)(送课件)	孙少瑞、何　洪	39.00	住建部"十四五"规划教材
27559	城市垃圾处理(送课件)	何品晶等	42.00	土建学科"十三五"规划教材
31821	水工程法规(第二版)(送课件)	张　智等	46.00	土建学科"十三五"规划教材
31223	给排水科学与工程概论(第三版)(送课件)	李圭白等	26.00	土建学科"十三五"规划教材
32242	水处理生物学(第六版)(送课件)	顾夏声、胡洪营等	49.00	土建学科"十三五"规划教材
35065	水资源利用与保护(第四版)(送课件)	李广贺等	58.00	土建学科"十三五"规划教材
35780	水力学(第三版)(送课件)	吴　玮、张维佳	38.00	土建学科"十三五"规划教材
36037	水文学(第六版)(送课件)	黄廷林	40.00	土建学科"十三五"规划教材
36442	给水排水管网系统(第四版)(送课件)	刘遂庆	45.00	土建学科"十三五"规划教材
36535	水质工程学（第三版)(上册)(送课件)	李圭白、张　杰	58.00	土建学科"十三五"规划教材
36536	水质工程学（第三版)(下册)(送课件)	李圭白、张　杰	52.00	土建学科"十三五"规划教材
37017	城镇防洪与雨水利用(第三版)(送课件)	张　智等	60.00	土建学科"十三五"规划教材
37018	供水水文地质(第五版)	李广贺等	49.00	土建学科"十三五"规划教材
37679	土建工程基础(第四版)(送课件)	唐兴荣等	69.00	土建学科"十三五"规划教材
37789	泵与泵站(第七版)(送课件)	许仕荣等	49.00	土建学科"十三五"规划教材
37788	水处理实验设计与技术(第五版)	吴俊奇等	58.00	土建学科"十三五"规划教材
37766	建筑给水排水工程(第八版)(送课件)	王增长、岳秀萍	72.00	土建学科"十三五"规划教材
38567	水工艺设备基础(第四版)(送课件)	黄廷林等	58.00	土建学科"十三五"规划教材
32208	水工程施工(第二版)(送课件)	张　勤等	59.00	土建学科"十二五"规划教材
39200	水分析化学(第四版)(送课件)	黄君礼	68.00	土建学科"十二五"规划教材
33014	水工程经济(第二版)(送课件)	张　勤等	56.00	土建学科"十二五"规划教材
29784	给排水工程仪表与控制(第三版)(含光盘)	崔福义等	47.00	国家级"十二五"规划教材
16933	水健康循环导论(送课件)	李　冬、张　杰	20.00	
37420	城市河湖水生态与水环境(送课件)	王　超、陈　卫	40.00	国家级"十一五"规划教材
37419	城市水系统运营与管理(第二版)(送课件)	陈　卫、张金松	65.00	土建学科"十五"规划教材
33609	给水排水工程建设监理(第二版)(送课件)	王季震等	38.00	土建学科"十五"规划教材
20098	水工艺与工程的计算与模拟	李志华等	28.00	
32934	建筑概论(第四版)(送课件)	杨永祥等	20.00	
24964	给排水安装工程概预算(送课件)	张国珍等	37.00	
24128	给排水科学与工程专业本科生优秀毕业设计(论文)汇编(含光盘)	本书编委会	54.00	
31241	给排水科学与工程专业优秀教改论文汇编	本书编委会	18.00	

以上为已出版的指导委员会规划推荐教材。欲了解更多信息，请登录中国建筑工业出版社网站：www.cabp.com.cn查询。在使用本套教材的过程中，若有任何意见或建议，可发Email至：wangmeilingbj@126.com。